U0193348

石元春全集

COMPLETE WORKS OF SHI YUANCHUN

黄淮海平原水盐运动卷

石元春◎著

中国农业大学 出版社
China Agricultural University Press
·北京·

内 容 简 介

为治理黄淮海平原的旱涝盐碱，我们国家20世纪七八十年代曾组织过一次多学科、跨领域，持续达30年的大规模国家科技攻关战役。旱涝盐碱治理的核心是对区域水盐运动的调节，本书是作者及其团队长达20年研究的系统总结。本书从黄淮海平原水盐运动特点、调节模式、监测预报技术到"半湿润季风气候区水盐运动理论"的提出，具有科学和技术上的基础性特点，对认识黄淮海平原的水盐运动具有重要参考意义。

图书在版编目（CIP）数据

石元春全集. 黄淮海平原水盐运动卷 / 石元春著. --北京：中国农业大学出版社，2022.2

ISBN 978-7-5655-2686-2

Ⅰ.①石… Ⅱ.①石… Ⅲ.①石元春 – 全集②黄淮平原 – 盐碱土改良 – 文集 Ⅳ.①N53②S156.4-53

中国版本图书馆CIP数据核字（2021）第 264078 号

书　名	石元春全集·黄淮海平原水盐运动卷
作　者	石元春　著

总 策 划	席　清　丛晓红	责任编辑	刘　聪
策划编辑	刘　聪	封面设计	李尘工作室
出版发行	中国农业大学出版社		
社　　址	北京市海淀区圆明园西路 2 号	邮政编码	100193
电　　话	发行部 010-62818525，8625	读者服务部 010-62732336	
	编辑部 010-62732617，2618	出　版　部 010-62733440	
网　　址	http://www.cau.edu.cn/caup		
经　　销	新华书店	E-mail cbsszs @ cau.edu.cn	
印　　刷	涿州市星河印刷有限公司		
版　　次	2022 年 12 月第 1 版　　2022 年 12 月第 1 次印刷		
规　　格	170 mm × 240 mm　16 开本　19.75 印张　385 千字　插页　2		
定　　价	220.00 元		

滴水粒沙集

——代全集序

科教生涯快 70 年了。

前 40 年主要从事土壤地理科教工作。参加过中国科学院黄河中游水土保持综合考察和新疆综合科学考察；参加过土壤地理教学；"文革"后参加黄淮海平原旱涝盐碱综合治理达 20 年之久。

世纪之交，参加过国家高技术研究发展计划（863 计划）、国家重点基础研究发展计划（973 计划）以及国家中长期科学和技术发展规划等三次国家重大科技发展战略的研究。

学术生涯的最后一站，是年过古稀还满怀激情地投入到一个全新领域，倡导生物质科技与产业化。

20 世纪八九十年代，担任过 8 年北京农业大学校长。

自研究生学习以来，养成了一种"随做随总随写"的勤于笔耕习惯。为庆祝中国工程院成立 20 周年，不到一年时间就编撰出版了 280 多万字五卷册《石元春文集》。当了 8 年校长，秘书没为我起草过一篇文稿。因勤于笔耕，70 年积淀了一大箩筐的陈年旧纸。

2016 年夏得短暂性脑缺血症，即小中风，体能明显衰退，毕竟已是 85 岁的人了。于是减少外勤学术活动，增加室内写作，启动了整理编撰《全集》计划。

《全集》包括：文集类 6 卷册，《土壤文集卷》《农业文集卷》《教育文集卷》《生物质文集卷》《杂文文集卷》和《研究报告文集卷》；专著类 4 卷册，《黄淮海平原水盐运动卷》《战役记卷》《决胜生物质卷》《决胜生物质Ⅱ卷》，其中《决胜生物质卷》上一版出版后，美国和韩国的两家出版社又分别出版了英文版和韩文版，此次一并纳入《全集》中；其他类 5 卷册，《PPT 选辑卷》《视频选辑卷》《自传卷》《影像生平卷》和《全集总览卷》。《全集》中的部分卷册是新编的，部分卷册之前出版过，此次在原有版本基础上稍做修改补充，尽量保持原貌。作为科技与教育成果，《全集》内容与资料都已经过时了，但却留下了一些时代印痕。《全集》工程，打算 2023 年底收官。

感谢一生中鼓励、支持和帮助我的贵人；感谢我的老伴李韵珠教授；感谢中国农业大学出版社席清社长和丛晓红总编辑等同志为出版《全集》所做的巨量工作；感谢王崧老师在《全集》出版过程中提供的种种帮助。

我是新中国培养的知识分子。通过《全集》，将自己一生工作做一番清理，像整理打扫一间老旧住房一样。也想以此作为一种交代，对培养我的祖国与人民的一个交代与感恩，对辛勤一生的自己的一个交代与慰藉。

科学是一条流淌不息的长河，科技工作者是一滴水；科学是一座巍峨雄伟的大山，科技工作者是一粒沙。科技工作者的岗位就是做好滴水粒沙工作。

石元春

识于北京燕园，2021 年末

序

"黄淮海平原中低产田综合治理和农业发展"项目获得"1993年度国家科技进步特等奖"后,有出版社多次约我组织编写专著,我都婉言谢回了。当时我还在科技跑道上迅跑,顾不上去咀嚼已经做过的事情,因为前面还有很多的科技问题在等待着我,吸引着我。60岁还不是写历史的时候!

一晃眼,20年过去了,"80后"的我是到"盘点故纸"的时候了。

本打算由近及远、一段一段地"盘点","厚近薄远"嘛!20世纪七八十年代的黄淮海工作既然已经随时间流淌远去,早两年晚两年整理没什么关系。不想2011年9月发生了一件事,互联网上冒出一篇"举报"我学术腐败的诽谤文章,闹得沸沸扬扬,其内容主要是拿黄淮海项目说事。个别人为了发泄私愤,全部用虚构的"事实"编造了一个二三十年前的所谓学术腐败故事。作为这个项目的第一主持人和第一获奖人的我,有责任挺身而出,捍卫这段历史,捍卫这项集体成果与荣誉。

为了应对谎言,我将保存了三四十年的参加黄淮海项目研究的"故纸"翻找了出来,一些零散的记忆片段被逐渐地拼接了起来。于是想到不如就势将这些故纸整理成册,也算提前完成自己的一桩心愿。这个事件给了我们一个提醒,要尊重历史就要注意保存史料。

"黄淮海平原中低产田综合治理和农业发展"是当时在国家科委、农业部、水利部和林业部主持下,有十多个学科,一百多个科研教学单位,一千多名科技人员参加,历时20年的国家大型和综合性科技攻关项目,曾对我国科技、农业,以至整个国民经济有过一定影响与贡献,并获得"1993年度国家科技进步特等奖"的成果。当她与现代社会渐行渐远,走向历史的时候,居然20年后有人跳出来,在她身上泼脏水,太可怕了。如果时间过得再久远一些,这一代人都故去了,那真会使这段令人骄傲的历史蒙羞受辱了。

面对20世纪70年代和80年代如此气势恢宏的一个历史性的科技大战役,我很难恢复和介绍她的全貌,仅就个人的经历与手头保存的资料整理出一些片段。我拟将其分写成两本小书,一本是学术性的,书名是《黄淮海平原的水盐运动》，这是我个人参加黄淮海国家科技攻关项目的主要学术研究领域与成果；另一本是参与黄淮海科技战役的个人回忆录，书名是《战役记》。两书体裁相异却能相补和映对，乃"姊妹篇"也。

在参与黄淮海研究的20年（1973—1993）中，我主编出版过5部学术性著作，发表过多篇文章。出版个人"论文集"简单易行，但难以对某个科学问题进行系统整理与阐述，所以这个想法被我放弃了。《黄淮海平原的水盐运动》一书是围绕水盐运动这个科学问题，将过去发表的相关成果拆散重组，作系统性阐述。所以，本书是一坛经重新调制和包装的"陈年老酒"。但我还要处理好"时间差"问题，例如书中叙述的事和所用的"当前""迄今为止"之类的词，指的都是20世纪七八十年代时段，不是21世纪的现在。为此，我在每章的章头都加了一段"本章按语"。"时差"问题可能给读者带来不便，望祈谅宥。

科技发展日新月异，黄淮海平原也今非昔比，二三十年前的那些研究成果早已经过时，作者只为了却心愿而整理一份科技档案而已。但是，近闻2011年"南水北调"工程建设不断提速，开工速度、在建规模、完成投资等指标均创历史新高。根据网上查询，目前"南水北调"主体工程已全部开工建设，累计完成投资1 376亿元，占已批投资的60%，2012年完成投资640亿元以上。按计划，东线一期工程将于2013年通水，中线一期主体工程于2013年完工，2014年汛后通水。实际上，京津冀等地已经用上"长江水"了。

无论是东线或中线，一旦正式输水，都必将成为打破黄淮海平原水盐平衡现状的重大影响因素，水盐运动方式和方向也将会发生很大改变。因此，黄淮海平原水盐运动研究的这坛"老酒"没准能派上些新用场，也许能"枯木逢春"地对"南水北调"工程中的黄淮海平原水盐运动管理有些参考价值。

黄淮海项目是国家级大型科技攻关项目，北京农业大学（现为中国农业大学）曲周试验区和水盐运动研究是其中两个专题。本书收录的内容主要是作者本人在该子课题研究中发表的论文，凡涉及集体成果或其他合作者的研究成果，均在相关部分和章节加注。由于这是黄淮海项目和曲周试验区整体研究中的一个组成部分，故离不开辛德惠、李韵珠、陆锦文、雷浣群、黄仁安、林培、陶益寿、邵则瑶、周裴德、李保国、陈研、汪强等许多老师及当时研究生们的工作和帮助；离不开北京农业大学以外的项目参与单位科技人员的工作和帮助；离不开曲周县领导、县水利局、袁海峰工程师等的支持和帮助；更离不开像亲人般的曲周试验区的乡亲们的爱护和支持，谨对他们一并表示由衷的感谢。特别要感谢我的老伴李韵珠教授，她既是我在黄淮海项目水盐运动研究的主要合作者，又是对出版本书最大的支持者和严格的审稿人。

旱涝盐碱综合治理是一个长达20年的大型试验研究工作，田间观测和室内化验工作十分繁重，我要感谢沈广成、安延修、李学斌、巩春堂、宋焕章等试验人员数十年如一日的辛苦付出。此次成书过程中，需要将过去纸版的书刊、文章，以至油印稿和手写稿转换成电子版文稿，这是一项十分繁重和细致的工作，特别是其中的许多插图需要加工和重绘，王崧、崔萍和祖国红三位老师付出了许多辛劳。中国农业大学出版社汪春林社长、丛晓红副总编辑和洪重光编辑为此次图书出版做出了很大的努力，谨此一并致以谢忱。

石元春识于北京

2012 年 5 月

目 录

CONTENTS

1 绪 论

【本章按语】

分别于 1986 年和 1991 年出版的《盐渍土的水盐运动》和《区域水盐运动监测预报》两书中均有作者写的绪论，前者偏国内外土壤盐渍化方面，后者偏水盐运动和监测预报方面。本绪论的前三部分是在该二绪论基础上重新组织改写的，重点放在了水盐运动上。文中资料及文字用语都是指 20 世纪 80 年代时段，阅读时敬请注意。本书的第四部分简要介绍了当年我们在曲周试验区和黄淮海平原进行水盐运动研究的成果。第五部分是此次出版本书时写的。

水是一切生命之源。一切生命现象的物质基础是植物体通过光合作用，利用太阳辐射能将二氧化碳与水合成的碳水化合物。进行植物性生产的农业，从它的诞生开始，就要去适应所在地的水分条件，应对水分的不足或过量，争取更佳的水环境，所以才有"水利是农业的命脉"一说。

进行植物性生产只有二氧化碳和水不行，还必须有足够的矿质营养元素去构建生物体的各种器官，如碳、氢、氧、氮、磷、硫、钾、镁、钙等近 20 种的大量元素和微量元素。这些元素常以离子态的、易溶于水的盐类形式，通过植物根系在土壤中吸收水分（溶液）时一并进入植物体内的。同样，这些矿质营养元素的不足或过量也会影响植物体的正常生长。水分与易溶性盐分是地球表面景观与生态系统中最活跃和循环运动的物质成分之一，只有以物质运动观才有可能科学地认识生态系统中水分和盐分运动的本质和活动规律。只要人类社会存在植物性生产，水盐运动研究就是一个永恒的主题。

1. 灌溉与土壤盐渍化防治是个世界性问题[1]

在奴隶社会，能生产食物的土地和从事生产的奴隶是主要生产资料，是战争与胜利者掠夺的主要对象。为了生存与扩张，战争胜利者总是不忘在掠夺的土地上引水灌溉，以获取更多的食物。古巴比伦王国国王汉谟拉比在夸耀他的赫赫战功时也不忘说："我修通了运河，带来充沛的水源，灌溉苏美尔区和阿卡德区的田畴。我把两岸的土地变成了绿野，我保证了谷物的丰收。"秦始皇为巩固西部疆土，在今宁夏平原修秦渠，以便种粮屯边。水利是农业文明中的一支绚丽花朵。

引水灌溉带来了农业丰收。全球 17% 的灌溉土地提供了 56% 以上的农产品，全球灌溉面积将由现在的 2.65 亿 hm² 增加到 2000 年的 4.2 亿 hm²，比现在的灌溉面积增加 60% 左右。当前的现实是，一方面全世界的 15 亿 hm² 耕地中，60%都因降水不足而需灌溉；另一方面是哪里有不良灌溉，哪里就会发生土壤次生盐渍化。1800—1980 年的 180 年间，由于不良灌溉和次生盐渍化而废弃的土地每年达 100 万～150 万 hm²[2]。19 世纪以来，一些古老灌区，如底格里斯 – 幼发拉底河、尼罗河、印度河以及许多国家和地区因灌溉不善而发生土壤盐渍化，导致大量土地荒废，昔日粮仓消失。中东和远东的许多国家的土地多受水盐因素的困扰，伊朗约 50%、巴基斯坦也有 30% 以上的土地盐渍化[3]。

据美国农业部调查统计（1985），全美 408 万 hm² 灌溉土地中，有 117 万 hm²显示出被盐碱破坏的迹象。目前，盐渍化可能已影响到美国灌溉土地的 25%。据估计，科罗拉多河流域年增 900 万～1 000 万 t 易溶盐的负荷，使所有用户一年损失 113 亿美元以上，如不进行控制，到 2010 年预计损失费用将翻一番还多。又据澳大利亚的资料（1982），估计盐渍化造成澳大利亚的经济损失为1.5 亿美元，年损失额为 2 114 万美元，到 2000 年年损失额将超过 2 600 万美元，总损失额将超过 2.8 亿美元，需要投入 2.6 亿美元进行治理。

与此同时，在世界银行的援助下，巴基斯坦在印度河平原灌区执行了一项规模宏大、以管井工程为主的盐渍土改良计划（SCAP 计划）；在 FAO 资助下，埃及在尼罗河三角洲的 200 万 hm² 土地上实施了以暗管排水为主要内容的盐碱土改良计划。这两项具有世界影响力的巨大工程，以及美国西部盐河河谷和加州中央河谷等大型灌区、匈牙利的蒂萨河灌区等均取得了良好的治理效果。印度政府也以分期付款的方式与农民建立了盐渍土改良的合作项目，七八年间使 30 万 hm²的盐渍化土壤得到不同程度的改良。

20 世纪 50 年代，中国在西北和东北等地大规模垦殖，揭开了发展灌溉与防治土壤盐渍化的新的一页。在新疆维吾尔自治区垦殖盐碱荒地 87 万 hm²，通过建立排灌系统，采取人工冲洗、种稻改良、牧草轮作等措施，变大片荒原为万顷良田，将其变为我国北方的重要粮棉生产基地；宁夏的银川平原，引黄河水种稻改良盐渍土，使 5 万 hm² 盐碱荒地成为"塞外江南"；内蒙古的河套平原、东北的松嫩平原和辽河三角洲等地盐渍土的开发也是硕果累累。

以上成就是令人鼓舞的，但这些成就仍然是局部性的。巴基斯坦的 SCAP 计划执行了 25 年，初步治理的面积为 282 万 hm²，仅是印度河平原灌区总面积的19%，而广大灌区仍处于大量引水和有灌无排的状况。在美国，黑水河大河谷等灌区的次生盐渍化仍在漫延，加州中央河谷的排水出路问题并未得到解决。伊朗、伊拉克、秘鲁、巴西、阿根廷等许多国家 40% 以上的灌溉土地受到次生盐渍化的影响，土地次生盐渍化至今仍保持发展的趋势。

在中国的一些地区，由于灌溉工程不配套，排水系统不健全，土地不平整，灌水和农业管理技术粗放，导致地下水位抬升，土壤次生盐渍化广为扩张。如黄河中下游 17 个灌区的土壤次生盐渍化面积为灌区总面积的 36%；内蒙古河套灌区，因无渠首建筑和缺少必要条件，致使土地面积的 1/3 次生盐渍化，银北灌区、东北郭前灌区等亦深受水盐之害。黄淮海平原自 20 世纪 50 年代初至今，农田灌溉面积由近 70 万 hm² 发展到 900 万 hm²，大大推动了这个地区农业生产的发展。但是，这里的渍涝和土壤盐渍化时起时伏，对农业生产造成严重威胁。

我们不得不承认这样一个事实，就是人类至今在土壤盐渍化方面还没有从实质上控制它和取得突破性进展，这原因是多方面的。Kovda[2] 指出："可惜在当今世界，一些简单的、业已证明的事实还没有得到真正的认识。改良盐土的排水系统建设缓慢和达不到应有深度，其原因是文化水平低，缺乏有关地下水的作用的知识以及空想，这个问题不会在我们国家出现，以及'太花钱了'，等等。"Szabolcs[4] 认为："几千年来，既没有足够的知识，又没有很好的技术手段来预测、解释和防治土地盐渍化过程。结果是，问题发生后，要制止这个过程的发展已是无能为力了。"尽管他们提出的认识上和技术上的原因是十分重要的，但是盐渍土改良和次生盐渍化的防治不仅是技术问题，还受到经济及社会因素的制约，这就更增加了问题的复杂性和解决问题的难度。

令人不安的是，现在和可以预测到的将来，多数的灌区仍将存在不同程度的灌溉不善和缺乏排水设施等问题。这就是我们要提出的，盐渍土不仅分布广（世界上有近百个国家分布有盐渍土）、面积大（10 亿 hm²——FAO，1984；9.6 亿 hm²——Szabolcs[4]），而且与灌溉事业的发展如影随形，使灌溉与土壤盐渍化防治成为一个世界性的问题。保护土地质量就是保护粮食生产，是人类生存的第一需要。

2. 灌溉与土壤盐渍化防治的核心是区域水盐运动的调节与管理[1]

随着对土地资源保护的关注，农业生产规模的扩大，以及科学技术的迅速发展，人们在灌溉与土壤盐渍化防治上日益摆脱小农生产影响，向着大生产和现代化方向发展；向着大范围和流域性的整体治理方向发展；向着以区域水盐运动的科学调节和管理的方向发展。巴基斯坦的 SCAP 计划、埃及尼罗河三角洲的暗管排水工程、美国加州中央河谷和匈牙利蒂萨河大灌区的治理等都体现了治理的流域性和整体性特征。

大洋洲垦殖历史仅百余年，在年降水量低于 500 mm 的西部，古老剥蚀的高原上丘陵起伏，垦殖不仅带来灌区及丘间洼地的次生盐化，而且在丘陵的坡地部位也大面积出现次生盐化和草场退化。澳大利亚科学家十分重视地下水补给 – 排泄系统的盐渍水文学研究，认为人工垦殖使丘陵上部的深根系森林植被被浅根系人工植被代替，导致植物对土壤水分的利用减少和对地下水补给增加。

生产和社会的实践推动着科学技术的发展。人们已不局限于仅从单个土体（pedon）和田块的角度来认识和利用改良盐渍土，而是将某一盐渍区及与其水盐运动有关的邻区作为一个整体，把这个地区的水盐运动作为一个统一的系统来观察研究和进行调节管理。这种趋势是与水文学和水文地质学日益渗透到盐渍土的研究领域和越来越受到重视分不开的。

盐渍水文学的研究一般分补给区（recharge area）和排泄区（discharge area），两区间距离可以很小，如加拿大艾伯塔州一般在 1.6 km 以内[5]，也可以较大，如数千米或数万米。这种区域水盐运动和水文学上的特点决定了水盐管理的方向和原则。

从 20 世纪 60 年代开始，盐渍水文学研究逐渐由简单的物质平衡发展到数学和计算机的模拟，使这种十分复杂的大范围水盐运动的概念更加清晰和定量化。Tanji（1981）[6] 总结了近 20 年美国西部的 10 个水文盐渍化模型后指出，不可能存在一个简单的模型包罗土壤、地下水和地表径流三个子系统中的水分和盐分的运动。

他也指出，大部分模型是在某些具体条件和专门目标下建立的，缺乏验证和一般性的指导意义。此外，对这些简化了的模型在复杂的实际情况下的实用性，他也表示担心。

我国新疆乌鲁木齐河是全流域性统一治理的一个案例。山区修水库，对水量做多年性调节；平原建水库，调蓄冬季的泉水和井水；加强渠道防渗和灌溉管理，使渠系有效利用系数由 0.3 提高到 0.6；在潜水溢出带及下游冲积平原，渠灌的同时配合竖井（1 817 眼）灌排，年提水量达 2.5 亿 m³；灌溉面积由 1.93 万 hm² 增至 7.93 万 hm²，灌区盐渍土由 2 万 hm² 减至 0.1 万 hm²。此外，黄运祥等[7]（1985）利用系统工程方法，通过计算机对焉耆盆地的盐渍土综合治理中的多因素、多目标问题进行处理，研究和提出了整个盆地的盐渍土综合治理的优化方案以及博斯腾湖生态保护的优化模型。无论是在一个小的田块，还是在一个大的流域，无论是采取农业技术措施，还是搞大型水利工程，人们在与旱涝和土壤盐渍化斗争时，自觉或不自觉地在逐步加深对水盐运动规律的认识，并不断增强对水盐运动的控制能力，以改善区域水盐状况和生产条件，促进农业生产。

全流和跨流域实行统一治理的另一个案例是 20 世纪 50 年代以来在我国黄淮海平原的综合治理工程。一方面，在治理了黄河、淮河和海河三大河系，开挖了行洪排涝工程的同时，在周围山区修建了 4 000 多座、总库容量为 250 亿 m³ 的水库，平原地区发展渠灌的同时打机井数十万眼，使灌溉面积由 70 万 hm² 发展到 900 万 hm²，从整体上改善了这个地区的水盐状况；另一方面，20 世纪 80 年代以来在不同自然条件的各种类型区，设置了数十个旱涝盐碱综合治理和农业发展的试验区，提出了不同条件下进行综合治理的模式。由世界银行和联合国农业发展基金会贷款的 11 个县 350 万亩（1 亩 ≈ 667 m² ≈ 1/15 hm²）盐渍土改良项目（1982 年开始执行）进展良好。在长期和大量工作的基础上，将理论和实践结合，总结和提出了黄淮海平原盐渍土综合治理的基本经验以及分区的治理途径和主要措施。

在一个区域，或是一片农田，大气降水、地面水、土壤水和地下水都是周年不停地在转化与循环着，土壤中易溶性盐分也随之在土壤及浅层地下水上下左右运移并发生着化学组分上的变化。这是一个随时空变化的庞大而复杂的水盐运动场，一个大的水盐运动系统，春旱、夏涝、土盐和水咸只是外在的和静态的一些表征。我们要解决旱涝碱咸问题需要认识其水盐运动的机理与规律，才能辨证施治。如同医治心脑血管病人的头晕目眩、头痛胸闷、气短心慌，必须在心脑血管病理基础上，诊断具体致病原因才能提出合理治疗方案一样。心脑血管病的病理基础在于人体血液循环系统，旱涝碱咸综合治理的"病理"是区域水盐运动系统。

3. 水盐运动研究概述[8]

近代水盐运动研究是在三个层次上展开的，即土体中水盐运动过程及其机理的微观性研究、田间水盐运动过程研究和区域或流域性的水盐运动过程研究。

土壤中的水分运动主要基于达西定律，通过对多孔介质中饱和流和非饱和流的水动力学进行研究，建立水流运动的基本方程。而含有易溶盐和其他溶质的溶液在多孔介质中的运动则要复杂得多。早在 1905 年 Slichter[9] 就曾报道过，在土壤中溶质并不是以相同速率移动的。之后，色层分离理论进一步说明了不同溶质通过多孔介质时运动速率的差别。Lapidus、Taylor、Nielsen 和 Biggar 等[10-14] 根据一系列实验，提出了易混合置换的理论，认为溶质的通量（Js）是由对流、扩散和弥散的综合作用引起的。

20 世纪 60 年代和 70 年代对溶质运动方程的运用和完善，说明了对溶质运移机理理解的逐步深化。Bresler[15]（1982）所著《盐化与苏打化土壤》一书中，总结了有关盐分运动的原理和模型，可以代表当前盐分运移方面的主要观点和动向。

我国在这方面的研究是从 20 世纪 80 年代开始的。张蔚榛[16, 17] 介绍了土壤水盐运动的基本原理和提出了土壤水盐运移模拟的初步研究结果。雷志栋等出版了《土壤水动力学》[18]。此后，结合黄淮海旱涝盐碱综合治理工作，我国科学工作者在此领域的研究逐步深入开展，取得了明显成果。如对土壤水分运动参数和土壤盐分扩散——弥散系数等的获得、计算方法的研究和研究地区参数的测定等方面均取得了进展[19-22]。在土壤水盐运移模型的建立和计算方法的改进方面，也取得了可喜的成果[23-26]。

与实验室可控条件下的研究相比，田间水盐运动过程研究的难度更大。因为土壤的空间变异性极大，且气候与人为活动的非稳态条件十分复杂。有关田间的主要研究工作有：

• 土壤空间变异性研究。这方面研究的目的是定量说明土壤组成、性质和水盐运动参数在空间上的分布规律，以便使在一定情形下所建立的模型能推广应用到田间。国内外学者在这方面做了有意义的工作[27-32]。目前空间变异的研究应用，仅限于取样点的选择与土壤某些性质在空间上的插值运算方面。

• 田间某一特定条件下的水盐运动的研究。如对不同的作物发育阶段、灌溉制度、土体构型条件下的土壤水分运动和土壤盐分运移方面的研究所取得的成果[33-37]已应用于盐碱地改良等方面。近年来盐分运移中的物理化学过程变化研究是一大研究热点。

• 水盐平衡方法是研究田间水盐运动的重要和常用方法[38-42]。田间水盐均衡方程的建立，可以从整体上定量地确定田间各种情况下水盐的来龙去脉及田间的水盐动态变化[43]。石元春等[44]还研究了不同自然和人为活动条件下的水盐平衡类型和分区。

• 随着电子计算机技术的发展，对复杂田间条件下水盐运动定量化和建立模型的研究有了发展。Jury 等[45, 46]将田间水盐运动模型分为确定性模型和随机模型，并对后者进行了研究。从总体上看，这项工作还处在初期阶段，尚难应用于复杂的田间条件。

第三个层次是区域或流域性的水盐运动过程研究。大规模的区域性旱涝和土壤盐渍化综合治理，促进了区域水盐运动的研究。即在一个流域的大范围内，对水盐运动的过程及其规律进行宏观性的研究，以作为区域综合治理和水盐调节管理的科学依据。研究工作主要是用系统分析方法，对影响区域水盐运动诸要素进行分解、综合，建立模型和探讨系统中各状态变量的动态。在欧洲，20 世纪 70 年代末和 80 年代初，英国、丹麦、法国合作开发欧洲水文系统，包括对径流、土壤水、蒸散、积雪融化模型的研究与耦合，应用于欧洲水资源的合理开发与利用。索柯洛夫等[47]（1983）系统总结了苏联水资源区域再分配的研究成果。

我国区域水盐运动的研究，从20世纪70年代末至今取得了一系列研究成果。黑龙江省水利勘测设计院（1978）为审议"引嫩"工程（北引嫩江水）进行的面积为 2.4 万 km² 的水盐均衡分析，指出工程实施后将有 26% 的灌溉水进入地下，并会使地下水位抬升 0.32 m，并提出了应采取的预防措施。石元春[48]（1983）提出了黄淮海平原的水均衡方程和模型，从宏观和战略上探讨了这个地区旱涝盐碱综合治理中的水盐调节问题并提出了以小流域或县级为单位划分区域水盐运动类型的原则、方法和不同条件下的水盐调节管理模式。魏由庆[49]对鲁西马颊河流域的陵西背河洼地、刘世春[50]对商丘古黄河背河洼地的研究也都取得了成果。

从世界范围来看，对区域水盐动态研究多采取分区方法进行，研究方法大多是水盐均衡法。石元春在提出地学综合体概念的基础上，划分区域水盐运动类型[44]。近年来，另外一种方法是对区域地下水水盐动态的研究，多应用分布参数模型（Huggins，1968[51]；Gupta，1977[52]；Williamson，1980[53]；Bear，1979[54]；张蔚榛，1983[55]；薛禹群，1980[56]；孙讷正，1981[57]），研究方法以水动力学为主。区域水盐运动系统的研究涉及面广，系统中土壤水、地表水、地下水各子系统相互作用。因此，在研究区域水盐运动规律时，不可能采取单一的方法，而是众多研究方法的综合。这也决定了对区域水盐运动研究要从系统论的观点出发，采取系统分析的方法进行，即先给出研究区水盐运动系统概念模型，然后对区域水盐运动进行剖析分层，最终利用已有的研究成果与方法，如水均衡法、水动力学法或两者的结合，有时还辅加数理统计方法与运筹学方法一同完成既定的目标。近年来，运用系统工程的方法对区域水盐运动系统进行研究，黄运祥等[7]在新疆进行了有益尝试。

以上所述，说明对区域水盐运动规律的研究已进入以系统理论作指导、多种研究方法相结合的时期，进而研究对区域水盐运动的科学管理与调控。这就必然导致一个新的重要课题的提出，即区域水盐运动监测预报的研究，这是对水盐运动研究及调节管理的一种深化，是使之走向科学化和实用化的一个新的阶段。

4. 我们在黄淮海平原的水盐运动研究

黄淮海平原是我国第一大平原①和主要农区，小麦、玉米和棉花的总产量分别占全国总产量的1/3以上。但是，由于受半湿润季风气候和地形低平、排水不畅的影响，旱涝灾害频发，土壤盐碱化以及地下水咸，使这里农作物产量低而不稳，一直过着"南粮北济"的日子。

新中国成立后开始对黄淮海平原进行大规模治理，打坝建库、修渠引水，旱象缓解了，但是大量灌溉水进入地下，抬高了地下水位，引起土壤次生盐渍化，加重了渍涝灾害。20世纪五六十年代的"一定要把淮河修好"和"一定要根治海河"，以及大量田间排水工程，有效地减轻了洪涝灾害和土壤盐渍化，但是旱情加重。在旱涝盐碱治理中，人们总是顾此失彼，此消彼长，20世纪60年代末和70年代初，全国北方连续三年大旱，根据周恩来总理在北方17省、市抗旱工作会议上的指示，1973年开始组织"河北省黑龙港地区地下水合理开发利用"的国家科技攻关项目；70年代末，"黄淮海平原中低产地区综合治理"相继被列为"六五"和"七五"国家科技攻关项目，以求索黄淮海平原旱涝盐碱综合治理之道。

1973年，北京农业大学②承担了当时的国家科技攻关项目——"河北省黑龙港地区地下水合理开发利用"项目中的"旱涝盐碱综合治理试验区"课题，于

① 东北平原面积35万km²，但为三江平原、松嫩平原和辽河平原三个平原的总称，黄淮海平原是一个统一的平原，面积30万km²。
② 北京农业大学现改名为中国农业大学，本书中其他部分同此，不再注释。

1973 年秋在河北省曲周县建立了旱涝碱咸综合治理曲周试验区，以后又参加和主持了国家"六五"和"七五"的"黄淮海平原中低产地区综合治理和农业发展"科技攻关项目。黄淮海项目为我们提供了长达 20 年的水盐运动研究的机会和现场实践的机会。

前期水盐运动研究是密切配合试验区旱涝盐碱综合治理实践进行的，水盐运动状况的观测是对治理措施的过程与效果的记录，进而由点的观测研究拓展到地块和区域水盐均衡的观测研究与评价，以及对调节措施和模式的研究。在围绕综合治理实践进行水盐运动观测研究的同时，也设计了背景性与基础性的水盐运动观测研究，为制定综合治理措施提供科学依据和指导。

20 世纪 80 年代开始应用现代水盐动力学原理和方法研究水盐运动过程与机理；研究提出了湿润季风区的水盐平衡类型以及大区、中区以至田块不同尺度下的水盐平衡典型；研究提出了旱季、雨季及周年水盐运动的人为调节模式等系列研究成果。

点上研究与综合治理实践的成功，也推动了黄淮海平原面上以至全国中低产田的综合治理和农业发展工作的进展。为了将黄淮海平原的多个点上成果在面上应用，国家科委和当时的国家农委部署了"黄淮海平原旱涝盐碱综合治理区划"项目和"黄淮海平原农业发展战略研究"项目。在面上研究工作中，我们应用地理学理论与方法研究了全球性季风现象，半湿润季风气候区域的全球地理分布，以及我国东部季风区的降水特征，并通过对水分进入、转化、排出诸项的建模与定量分析研究了黄淮海平原的水均衡特征；应用地球化学方法研究了第四纪期间黄淮海平原易溶盐在时间和空间上的古地球化学分异特征以及近代易溶盐的地球化学分异的规律与分区，并提出了"半湿润季风气候水盐运动理论"。

20 世纪 70 年代和 80 年代初期的黄淮海平原旱涝盐碱综合治理取得的成功，在盐渍土的改良和提高中低产地区农业产量方面取得了显著成效，也推动了黄土高原、松嫩 – 三江平原、西北旱作区、南方红黄壤等中低产地区的综合治理，被列为"七五"和"八五"的国家科技攻关课题。20 世纪 80 年代末，国家还实施了涉及 20 个省、自治区、直辖市，3.8 亿人口，3 100 万 hm² 耕地的"区域综合治理和农业开发计划"（1988—2000 年）。区域综合治理成为 20 世纪后 30 年我国经济、农业和科技发展中的一项标志性内容，为我国 1997 年全国粮食总产超过 5 亿 t 中做出了重要贡献。

本书作者及其研究团队曾将初期研究结果汇编成了《旱涝碱咸综合治理的研究》（1977，内部资料），这是该工作第一部综合治理研究的技术报告。1983 年正式出版了《黄淮海平原的水盐运动和旱涝盐碱综合治理》一书，是 1973—1982 年张庄试验区的综合治理研究及黄淮海平原面上研究工作的系统总结。1986 年出版的专著《盐渍土的水盐运动》，是有关此前运用现代的水盐动力学原理和方法研究水盐运动过程与机理、相关参数的测定，以及一维土壤水盐运动的数值模型研究的成果。20 世纪 80 年代中后期本书作者及其研究团队集中于水盐运动的监测预报研究，并于 1991 年出版了《区域水盐运动监测预报》一书。以上正式出版的三部专著是水盐运动研究三个阶段的系统总结，此外，研究组还发表论文近百篇。

这项历时 20 年的水盐运动研究有以下的特点。

• 这是一项紧密结合国家需求和治理实践的研究成果。它是曲周试验区综合治理旱涝碱咸试验的结果，是由实践到理论，又由理论指导实践的一次实践与理论的互动，一次对黄淮海平原旱涝碱咸复杂自然现象认识上的深化，一次在科学理论指导下的成功实践。

• 这是一项由单点到多点、由点到面的研究成果。多点的综合治理实践以及对黄淮海平原自然和农业生产条件的认识，汇集而有黄淮海平原旱涝盐碱综合治理区划的研究成果，成为指导黄淮海平原旱涝盐碱综合治理的科学依据。黄淮海平原综合治理的成功又带动了黄土高原、三江平原、南方红黄壤以至全国中低产地区的综合治理。点面结合是一种科学的认识论和工作方法。

• 这是一项传统研究方法与现代研究方法相结合的研究成果。20 世纪 70 年代主要是应用土壤学、农学、地理学等的传统理论与研究方法，改革开放使此项研究迅速引入和应用了系统论、控制论等先进理论，以及现代土壤水盐动力学原理与方法、系统分析与数学模型、地理信息系统和专家识别等方法。先进理论与方法使此项研究较快地缩短了与国外的差距，进入世界先进行列。

• 这是一项大跨度、多学科交叉的研究成果。历时 20 余年的"河北省黑龙港地区地下水合理开发利用"和"黄淮海平原中低产地区综合治理"工程实践为国家大型科技攻关项目提供了机会与平台，使土壤学、农学、地理学、水文学、水文地质学、水利学等多学科得以协同，使北京农业大学、中国科学院、中国农业科学院、中国水利水电科学院、中国林业科学院以及 5 省 2 市的科技人员之间互相交流与切磋，这就避免了对黄淮海平原旱涝碱咸复杂现象认识上的偏颇和单一学科视野的狭窄。

三四十年的时光逝去，当时的总结、文章和书籍已经发黄和尘封。但是，这是一段历史，它的光影依在，在"南水北调"中线与东线方案积极推进中，它或将重新焕发青春活力。

黄淮海平原项目在"八五"和"九五"期间仍为国家科技攻关项目，因作者没有参加，故本书不含此期间内容。

5. **本书内容简介**

本书作者在 20 世纪 70 年代和 80 年代参加了"河北省黑龙港地区地下水合理开发利用"和"黄淮海平原中低产地区综合治理"两个国家大型科技攻关项目，在北京农业大学旱涝碱咸综合治理曲周实验区工作期间曾就水盐运动方面进行了多年的研究，撰写过多篇技术总结报告、学术论文和专著。作者在撰写此书时没有采用编撰"论文集"的形式，而是围绕水盐运动这个主题，按专著体例对黄淮海平原水盐运动这个科学问题的研究成果做系统地介绍。

第 1 章"绪论"概括地回顾和介绍了 20 世纪以来，特别是 70 年代和 80 年代国内外在水盐运动领域方面研究的进展。第 2 章是"中国的黄淮海平原"，介绍了黄淮海平原的气候、地质、地貌、水文和水文地质、土壤等自然地理条件以及农业生产与旱涝盐碱危害的情况。第 3 章是"旱涝碱咸综合治理曲周试验区"，这是我们试验研究工作的主要基地，在介绍试验区和曲周县的自然条件与农业生产情况后，重点介绍了旱涝碱咸综合治理的思路、措施、效果以及经济评价。第 4 章是"旱涝碱咸综合治理试验 1974"，这是一个比较特殊的安排，专门介绍试验区建立后第一年，即 1974 年进行的旱涝碱咸综合治理试验的情况和结果。因为重新阅读 40 年前的这份技术总结时，深感当时我们的科学思想是多么活跃，试验设计是多么大胆，这是一次真正意义上的、全面的旱涝碱咸综合治理试验，实在舍不得将它打散而给了它完整的一章篇幅，以保证这份最早的科技资料的完整性。此 4 章主要是由我执笔的集体工作成果。

第 5—8 章以四章篇幅分别介绍了黄淮海平原的水盐运动、水盐运动的调节与管理、水盐平衡以及区域水盐运动监测预报的研究成果，这是我们水盐运动研究的主体部分。第 9 章"黄淮海平原水盐运动的地学研究与理论体系的形成"则汇集了水盐运动的地学方面的研究，其中"地学综合体思想"和"半湿润季风气候区水盐运动理论的形成"的内容为全书"画龙点睛"之笔。

1973—1991 年，北京农业大学曲周实验站在承担国家科技攻关项目中进行了大量旱涝碱咸综合治理实践和研究工作，取得了大量优秀的研究成果，其中本书作者主持的水盐运动研究团队也有出色的表现。本书内容以作者本人在水盐运动方面的研究成果为主而非本团队的全部成果。凡涉及本研究团队他人的研究成果均在文献等有关部分进行了注明。

1991 年以后，"八五"和"九五"期间，黄淮海平原国家科技攻关项目仍在继续，中国农业大学曲周实验站至今仍有许多好的工作和成果，因本书作者未有参加而此期间工作均未提及，故本书只是一部有明确时间段的以个人研究成果为主的撰述。

参考文献

[1] 石元春,李韵珠,陆锦文.盐渍土的水盐运动 [M].北京:北京农业大学出版社,1986:1-4.

[2] Kovda V A.水盐平衡和盐渍化引起的耕地损失 [C] //国际盐渍土改良学术讨论会论

文集（济南）.1985: 113-118.

　　［3］联合国粮农组织.怎样改造盐碱地［M］.北京：中国对外翻译出版公司，1983.

　　［4］Szabolcs I.盐渍土是个世界性的问题［C］//国际盐渍土改良学术讨论会论文集（济南）.1985: 9-17.

　　［5］Chang C, Sommerfeedt T G.加拿大艾伯塔州盐渍土的改良［C］//国际盐渍土改良学术讨论会论文集（济南）.1985: 344-351.

　　［6］Tanji K K. River basin hydrosalinity modeling［J］.Agic.Water Management.1981: 4（1-3）: 207-225.

　　［7］黄运祥，钟新才，勾仲芳，等.新疆焉耆盆地盐碱土综合治理与博斯腾湖生态保护优化模型［C］//国际盐渍土改良学术讨论会论文集（济南）.1985: 212-225.

　　［8］石元春，李保国，李韵珠，等.区域水盐运动监测预报［M］.石家庄：河北科学技术出版社，1991: 3-4.

　　［9］Slichter C S.Field measurements of the rate of movement of underground waters［J］.Water Supply and Irrigation, Paper No.140, US Dept Interior, US Geol Survey, 1905: 9-122.

　　［10］Lapidus L, Amundson N R.Mathematics of adsorption in beds: VI.The effects of longitudinal diffusion in ion exchange and chromatographic columns［J］.J Phys Chem,1952, 56: 984-988.

　　［11］Taylor G I.The dispersion of soluble matter flowing through a capillary tube［J］.Pro Lon Math Soc Ser A, 1953, 219: 189-203.

　　［12］Nielsen D R, Biggar J W. Miscible displacement in soils: Ⅰ.Experimental information［J］.SSSAP, 1961, 25: 1-5.

　　［13］Nielsen D R, Biggar J W. Miscible displacement in Soil: Ⅲ.Theoretical Consideration［J］.SSSAP, 1962, 26: 216-221.

　　［14］Biggar J W, Nielsen D R. Miscible displacement: Ⅱ Behavior of tracers［J］.SSSAP, 1962, 26(2): 125-128.

　　［15］Bresler E, McNeal B L, Carter D L.Saline and Sodic Soils: Principles-Dynamics-Modeling［M］.Berlin Heidelberg: Springer-Verlag, 1982.

　　［16］张蔚榛.包气带水分运移问题讲座(一)——包气带水分运移基本方程.水文地质工程地质，1981（1）: 45-49.

　　［17］张蔚榛，等.土壤水盐运移模拟的初步研究［C］//土壤物理学术讨论会论文集.1982.

　　［18］雷志栋，杨诗秀，谢森传.土壤水动力学［M］.北京：清华大学出版社，1988.

　　［19］张效先，贾大林.一维非饱和条件下水动力弥散系数的计算方法［J］.灌溉排水，1987, 6（2）: 8-15.

　　［20］黄康乐.野外条件下非饱和弥散系数的确定［J］.土壤学报，1988（2）: 125-131.

　　［21］张效先.饱和条件下田间土壤纵向及横向弥散系数的试验与计算［J］.水利学报，1989（1）: 1-8.

［22］陆锦文，李韵珠，黄坚．土壤非饱和导水率（K）的几种计算方法的比较［M］//盐渍土的水盐运动．北京：北京农业大学出版社，1986: 91-108.

［23］Chen W L, Li Y Z, van der Ploeg R R.Modelling multi-ion transport in saturated soil and parameter estimation: Ⅰ.Theory.Z.Pflanzenernähr Bodenk, 1990, 153: 167-173.

［24］Chen W L, Li Y Z, van der Ploeg R R.Modelling multi-ion transport in Saturated soil and parameter estimation: Ⅱ.Experimental.Z.Pflanzenernähr Bodenk, 1990, 153: 175-179.

［25］刘亚平．稳定蒸发条件下土壤水盐运动的研究［C］//国际盐渍土改良学术讨论会论文集（济南）.1985: 212-225.

［26］杨金忠．各种求解对流－弥散方程数值方法的比较［J］.武汉水利水电学院学报，1987（5）: 11-18.

［27］Nielsen D R, Biggar J W, Erh K T.Spatial variability of field measured soil water properties［J］. Hilgardia, 1973, 2: 215-259.

［28］Biggar J W, Nielsen D R.Spatial variability of the leaching characteristic of a field soil［J］. Water Resour Res, 1976(12): 78-84.

［29］Jury W A, Biggar J W.Field scale water and solute transport through unsaturated Soils［C］// Shaubberg I.,Shalhevet J.Soil Salinity under Irrigation: Processes and Management.Berlin: Springer-Verlag, 1984.

［30］Russo D, Biggar J W.Spatial variability considerations in salinity management［C］.// Shaubberg I,Shalhevet J. Soil Salinity Under Irrigation: Processes and Management.Berlin: Springer-Verlag, 1984.

［31］雷志栋，杨诗秀，许志荣，等．土壤特性空间变异初步研究［J］.水利学报，1985（9）: 10-20.

［32］胡毓琪．田间土壤可溶盐变异性问题探讨［C］//国际盐渍土改良学术讨论会论文集（济南）. 1985: 191-199.

［33］Hillel D.Computer simulation of soil physics［M］. Academic Press, 1977.

［34］Feddes R A, Kowalik P J, Zaradny H.Simulation of field water use and crop yield［J］. Simulation Monograph, 9.Pudoc, Wageningen, 1978, 189.

［35］Bresler E.Two-dimensional transport of solutes during nonsteady infiltration from a trickle source［J］. SSSAP, 1975, 39(4): 604-612.

［36］陆锦文，龚元石，郭焱，等．黄淮海平原盐渍化土壤在有限水源下小麦节水灌溉方案的研究//国际盐渍土动态学术讨论会论文集（南京）.1989: 274-284.

［37］李韵珠，陆锦文，黄坚．蒸发条件下黏土层与土壤水盐运移［M］//盐渍土的水盐运动．北京：北京农业大学出版社，1986: 161-174.

［38］柯夫达 B A.盐渍土的发生与演变（1946）［M］.席承藩，等译.北京：科学出版社，1957.

［39］Woods P C.Management of hydrologic systems to water quality control［C］// Water Resources Center Contribution No.121.University of California, 1967: 121.

［40］Szabolcs I.Salt balance in salt-affected soils［C］// Proceeding of International Symposium on New Development In the Field of Salt-affected Soils.Cairo, 1972: 22-39;Cairo, Ministry of Agriculture.1975.

［41］Kaddah M T, Rhoades J D.Salt and water balance in imperial valley［J］.California: SSSAJ 40(1), 1976: 93-100.

［42］石元春.半湿润季风气候区的水盐平衡［M］//石元春,辛德惠,等.黄淮海平原的水盐运动和旱涝盐碱的综合治理.石家庄:河北人民出版社,1983: 72-106.

［43］陈焕伟,石元春.旱涝盐碱综合治理单元的水盐平衡分析［M］//盐渍土的水盐运动.北京:北京农业大学出版社,1986: 41-67.

［44］石元春,陈介福,谢经荣.区域水盐运动的类型及其划分［M］//盐渍土的水盐运动.北京:北京农业大学出版社,1986: 22-40.

［45］Jury W A, Sposito G, White R E.A transfer function model of solute transport through soil: 1. Fundamental concepts［J］.Water Resour Res, 1986, 22: 243-247.

［46］Jury W A, Roth K.Transfer functions and Solute movement through soils:theory and applications［M］. Birkhauser,Verlag,Basel,1990.

［47］索柯洛夫 A A,希克洛曼诺夫 N A.水资源的区域再分配［M］.北京:水利电力出版社, 1983.

［48］石元春.黄淮海平原的水均衡分析［J］.北京农业大学学报,1982(1): 13-21.

［49］魏由庆,刘思义.区域土壤潜在盐渍化监测预报分区方法的研究［J］.土壤肥料, 1987(6): 1-6.

［50］刘世春,南鸿飞.古黄河背河洼地地下水动态和井灌井排改良盐渍土［C］//国际盐渍土改良学术讨论会论文集(济南).1985: 352-358.

［51］Huggins L F, Monker E J.A Mathematical model tor simulating the hydrologic response of a watershed［J］.Water Resour Res, 1968, 4(3): 529-539.

［52］Gupta S K, Solomon S I.Distributed numerical model for estimating runoff and sediment discharge of ungaged rivers: 2.Model development［J］.Water Resour Res,1977, 13(3): 619.

［53］Williamson R J, Turner A K.The role of soil moisture in catchement hydrolagy［M］. Canberra:Australian Goverment Publishing Service, 1980.

［54］Bear J.Hydraulics of ground-water［M］. New York:Mc Gran-Hill Inc, 1979.

［55］张蔚榛.地下水非稳定流计算和地下水资源评价［M］.北京:科学出版社,1983.

［56］薛禹群,谢春红.水文地质学的数值法［M］.北京:煤炭工业出版社,1980.

［57］孙讷正.地下水流的数值模型和数值方法［M］.北京:地质出版社,1981.

2 中国的黄淮海平原[1]

【本章按语】

自 20 世纪 70 年代初，黄淮海平原的旱涝盐碱综合治理试验在多个点上取得显著成效后，国家科委和国家农委为了以点带面地在整个平原推广，于 1979 年下达了"黄淮海平原旱涝盐碱综合治理区划"的任务，本书作者是该规划项目的主持人之一和文字报告的主要执笔人。本章内容取自该区划报告的自然条件与农业生产概况部分，文与图表中的文字叙述及数据资料均取自 20 世纪 80 年代而非指当前，敬请阅读时注意。

黄淮海平原位于北纬 32 ～ 40°，东经 114 ～ 121° 之间。东临渤海、黄海，西倚太行山和伏牛山，北沿燕山南麓，南迄淮河两岸，跨冀、鲁、豫、苏、皖五省和京、津二市，面积 30.3 万 km²，是我国最大的一个平原。这里地处中原腹地，气候宜人，地势平坦，交通便利，商业发达，是我国的政治、经济和文化中心。

黄淮海平原有耕地 0.18 亿 hm²（约 2.7 亿亩），人口 1.6 亿（不包括大、中城市人口），其中农业人口 1.43 亿，是我国重要的粮棉产地。粮食播种面积和总产约为全国的 1/6 ～ 1/5，小麦达 1/3 左右。棉花的播种面积和总产占全国的 40%以上。黄淮海平原农业的丰歉，对全国农产品供应和国民经济都有较大的影响。

2.1 黄淮海平原的气候

黄淮海平原属暖温带半湿润季风气候区。年平均气温 10 ～ 15℃，稳定通过 0℃初日为 2 月 10 日到 3 月 10 日；0℃以上生长期为 250 ～ 350 d。稳定通过 10℃初日为 4 月 10 日到 5 月 3 日；10℃以上生育期 180 ～ 220 d。年降水量500 ～ 1 000 mm。作物生育期间水、热、光资源较丰富，适于小麦、玉米、水稻及大豆、花生、棉花等多种作物生长。黄淮海平原农业气候有以下特点。

2.1.1 热量资源较丰富，为一年两熟地区

本地区 > 0℃积温为 4 200 ~ 5 500℃，> 10℃积温为 3 800 ~ 4 900℃，其分布特点为：北由唐山、昌黎一带向西、向南热量逐渐增加，沿海热量略低于内陆。西部山前地带温度偏高，最热月平均气温为 24 ~ 28℃，可以满足喜温作物的要求，为两年三熟或一年两熟农作区。最冷月平均气温一般高于 –8℃。年绝对最低平均气温为 –19 ~ –8℃，南北差异较大。在河北省霸县、高阳、饶阳一带出现了 –19 ~ –18℃的低温区。在这些地区，冬小麦应注意采用抗寒性强的冬性品种，以保证小麦和冬季绿肥作物的安全越冬。

本地区除沿海外，受大陆性气候影响，具有春季气温回升迅速、秋季降温快以及干热风危害较重的气候特点。入春气温迅速上升，3—5 月温差可达 11 ~ 16℃，比江南、华南等地温差要大。因此，抓紧早春农事活动，对充分利用早春热量具有重要的意义。

由于春季升温快，降水量少，雨季来得迟，再加上干旱的西南风天气影响，在 5 月中、下旬至 6 月上、中旬，经常出现干热风天气，危害小麦籽粒灌浆，造成减产。冀中、冀东、豫北、豫东及鲁西、鲁西北等地为我国的重干热风地区。干热风年平均日数达 6 d 以上的轻和重年型机遇为 10 年 5 ~ 7 遇。其中以河北南宫、大名、邢台、邯郸及山东德州一带为最重。京、津、鲁西北、黄河下游、豫东南等地为次重地区，干热风年平均日数为 3 ~ 5 d。

进入秋季，降温迅速，一般在 9 月中、下旬气温降至 20℃以下（喜温作物安全成熟的下限指标），8—10 月温差可达 10 ~ 12℃。秋季降温快，使秋作物籽粒正常成熟受到威胁，尤其对秋凉年份威胁更大。因此，应根据各地秋季热量变化特点，合理搭配作物和品种。

2.1.2 年降水量季节分配不均，年际间变化大，旱涝频繁

本地区年降水量为 500 ~ 1 000 mm，干燥度为 0.9 ~ 1.6。因受纬度和海洋影响，降水量由北向南、由内陆向沿海逐渐增加，干燥度逐渐降低。降水量等值线呈东北、西南向倾斜。河北省境内又因地形和海洋影响，等值线几乎与沿海呈平行走向，并在南部地区出现年降水量在 500 mm 以下、干燥度 > 1.5 的少雨干旱区。

降水的最大特点是年内分配十分不均，冬、春两季降水量只占全年降水量的 15% 左右（80 ~ 90 mm），而 6—8 月雨季降水量占全年降水量的 55% ~ 70%，这是造成春旱夏涝和土地盐碱的主要气候原因。但有利的是降水集中期与作物积极生长期相匹配，4—10 月的降水量占全年降水量的 85% ~ 90% 以上，有利于作物生长。不同地区年内降水量分配特点见表 2–1。

表 2-1 不同地区年内降水量分配特点

降水情况		北京	德州	淮阳	新乡
全年	降水量 /mm	682.9	573.7	982.1	622.1
4—10 月	降水量 /mm	654.0	530.1	826.5	538.0
	占全年 /%	95.8	92.4	84.2	86.5
12 月—翌年 2 月	降水量 /mm	12.1	20.3	70.1	23.8
	占全年 /%	1.8	3.5	7	3.8
3—5 月	降水量 /mm	67.6	73.3	173.5	112.5
	占全年 /%	9.9	12.8	17.7	18.1
6—8 月	降水量 /mm	510.5	411.3	551.6	359.9
	占全年 /%	75	72	56	58

降水的另一个特点是年际间变化率大，年相对变化率为 20%～34%。近 30 年内该地区多雨年与少雨年降水量相差可达 5～6 倍之多。按近 100 年降水资料计算相差达 10 倍之多。如北京地区 1959 年年降水量 1 406 mm，而 1965 年仅有 261.8 mm；又如沧州 1964 年降水量 1 160 mm，1968 年仅有 246.5 mm。

降雨季节的年际变化率更大。如沧州地区 1964 年春季（3—5 月）降水量为 190 mm，1960 年只有 17 mm；黄骅 1964 年为 209 mm，1960 年仅为 13.6 mm，相差达 10～15 倍以上。月际间的变化率更大，如邯郸 1963 年 8 月降水量为 1 106.2 mm，1965 年 8 月仅为 17.7 mm；北京地区 1956 年 8 月为 428.7 mm，1936 年 8 月仅为 8 mm，邢台地区 1962 年 8 月为 8.9 mm，1963 年 8 月则为 817.5 mm，相差达 90 倍之多。这样大的年际、季际、月际间的变化是造成旱涝灾害的重要气候因素。

2.1.3 光照充足，增产潜力较大

本地区年总辐射为 460～585 kJ/cm^2，年日照时数由北部的 2 800 h 向南逐渐减少，至长江流域沿岸为 2 100 多小时。河北省光照条件大部分在 2 600～2 800 h，河南、山东、安徽及江苏部分地区年日照为 2 300～2 500 h。本地区光照条件比江南地区和华南地区要优越得多，尤其是 3—5 月（150～167 kJ/cm^2，600～750 h）更为突出。在此期间光照条件好，气温回升快，相对湿度低，使麦类作物光合效率高，病害少。从全年看，6—8 月为光、温、水最优时期，故生育期间光、热、水基本同季，在排灌条件好的地区，能充分利用本地丰富的气候资源，作物增产潜力很大。

2.2 黄淮海平原的地貌

中生代晚期，在燕山运动的影响下，形成了华北构造盆地。由于周围山体急剧上升和盆地不断下降，这里长期承受了来自我国北半部大多数河流带入的物质，堆积成了厚达数百米的第四纪松散沉积物。河流最长，携带泥沙最多，对本区影响最大的是黄河。除近山麓的狭长洪积平原以外，整个平原都有黄河的沉积物，对现代地貌的构成有着深刻影响。

黄河横贯平原中部，自西向东入海。由于河道高抬超过两岸地面 4～8 m，成为整个平原的天然分水岭。北部属海河和滦河水系，南部属淮河水系，进入黄河的支流仅有金堤河与天然文岩渠。

黄淮海平原地貌由三个部分构成：即山前洪积冲积平原、滨海平原和构成黄淮海平原主体的冲积平原（或称泛滥平原）。

太行山和燕山的山前洪积冲积平原由一系列的山前洪积冲积扇组合而成，处于黄淮海平原西侧和北缘的最高地形部位。平原地面向东倾斜，坡降一般大于 1/1 500。沉积物质主要由两个部分组成，一是中更新统（Q_2）或上更新统（Q_3）的黄土状沉积物，构成山前台地或低山；二是近代河流出山后切入早期的黄土状沉积物构成的山前洪积冲积平原。这里地下径流状况良好，为全淡水富水区，地下水埋深多大于 5 m。土壤类型以褐土为主。由于这里自然条件优越，多为农业高产稳产区。

冲积平原是整个黄淮海平原的主体部分，主要有三种地貌组合：冲积扇地貌组合、黄河沉积地貌组合和河间平原地貌组合。

2.2.1 冲积扇地貌组合

除黄河构成的大型冲积扇外，主要有滦河冲积扇、潮白蓟运河冲积扇、永定河冲积扇、滹沱河冲积扇、漳河冲积扇等。这些冲积扇具有一般扇形地的特征，纵坡自轴部向外缘逐渐减小，沉积物质逐渐变细。地表常有河泛或改道的沙垄、平铺沙地和浅平洼地呈指状相间分布。地面排水条件较好。土质偏砂，以褐土化潮土和潮土为主。由于古河道发育，地下径流条件好，多为全淡富水区，地下水埋深 2.5～4 m。滹沱河冲积扇的下部和前缘部分伸延较远，其地形和土质虽同于一般扇形平原，但地下径流滞缓，有咸水层，盐渍土分布比较普遍。

冲积扇扇缘一线，断续地排列着大大小小的交接洼地。特别是自豫北进入河北境内的西南—东北向的黄河、漳河故道缓岗地的阻截，使漳河冲积扇扇缘到白洋淀、贾口洼一线，扇缘洼地连续相接，素有"南北七十二连洼"之说。交接洼地中以河北的白洋淀和鲁西的南四湖最大，常年积水。其他洼地在近一二十年因修建大量蓄水排水工程以后，多成为浅平洼地。只是部分洼地中心有季节性的积水。洼地地形平坦，起伏小，地下水埋藏很浅，多小于 2 m。除文安洼和贾口洼为咸水区外，多为浅层淡水区。从洼地中心到边缘，土壤多为沼泽土、潮土和盐化潮土。

2.2.2　黄河沉积地貌组合

黄河沉积地貌组合中，一部分是现黄河的河床、内滩地、决口扇形地和背河浸润洼地，一部分是古黄河的高滩地、缓岗坡地和背河洼地。

内滩地主要分布在河南境内黄河滩地上。有的河段由于随着河床淤积和堤岸的逐渐升高而在河床之下形成大片滩地。它低于河床而又高于背河洼地。地上、地下水源丰富，地下水属全淡富水区。土壤为沙壤质潮土。决口扇形地系黄河决口堆积而成。地形起伏不平，主要由决口时形成的指状大溜及大溜两侧堆积的沙岗、沙丘组成。有些地方经风力搬运，成为不连续的沙丘、沙洼。沉积物沙性强，易旱。地下径流条件一般较好，溜道两侧和积水沙洼的周边土壤常有轻度盐化。古河滩高地是由古黄河河道、河漫滩及自然堤堆积并经风力和人为活动的影响而形成的。

黄河故道在地面以高滩地表现的主要有 4 条，河北境内 1 条，豫北、鲁北1 条，豫、鲁、皖、苏交接处 1 条，金堤河 1 条。古河滩高地高出两侧地面2～3 m，宽度在 2～30 km 不等。以砂质或砂壤质褐土化潮土和潮土为主。潜水埋深3～5 m。河北、豫北、鲁北的河滩高地的浅层淡水较发育，上游厚近百米，下游二三十米，富水性较好，局部地方有浅层咸水。地面和地下径流比较通畅，涝和盐碱的危害较小。

在河北境内的古黄河高滩地与漳河故道沉积相重合，构成一个古河道带。地表的微地貌复杂，正负地形相互穿插，既有古河床砂质缓岗分布（如威县、南宫等地），又分布有各种洼地，但总的地势高于东西两侧的平原。沉积物以砂质为主，古河道带的浅层地下水淡水发育较好。

黄河两岸大堤以下的背河浸润洼地一般较河床低 5～10 m，为常年受黄河水侧渗补给的封闭或半封闭条带状洼地。西起郑州，东到利津，全长 700 km。这里地势低洼，微地形受决口泛滥影响而有起伏。由于排水不畅，又受黄河水的浸润，地下水埋深 1～2 m，雨季可接近地面，属淡水富水区。土壤多为砂质和砂壤质，渍涝和盐渍化较严重。

古黄河背河洼地主要分布在卫河右岸古黄河河滩高地的两侧和兰考以下豫、鲁边界的古黄河河滩高地的两侧。背河洼地与上述浸润洼地属同一地貌类型，但因没有现黄河的影响，自然条件更差。它不仅地势低洼，排水困难，潜水位高，涝害严重，而且缺乏黄河水沙资源，浅层地下水又为咸水，盐渍土分布广而程度重。

2.2.3　河间平原地貌组合

冲积平原的第三种地貌组合是河间平原。在冲积扇、现黄河及数条古河河滩高地之间为大片面积的、由大大小小河道分割交织着的河间平原。按所处的地形部位、地面坡降、沉积物质、水文地质条件以及土壤等方面的不同，有微斜平原、低平原和低洼平原三种类型。

微斜平原是指处于河流上、中游，地势较高，有一定地面坡度（1/3 000～1/5 000）的河间平原。如猪笼河－滹沱河河间微斜平原、徒骇－马颊河河间微斜平原、新万福河河间微斜平原、金堤河河间微斜平原、涡惠河河间微斜平原等。这些平原的地形平坦，地上、地下径流排泄条件尚可，潜水埋深2～3 m，多为淡水较富水区，土壤以潮土和盐化潮土为主，盐化程度不高。

低平原是指上述河间微斜平原的下游部分。地面坡降更加低缓，沉积物质渐细，地面排水条件变差。特别是由于受到滨海、湖泊（如南西湖区）、河流（如南运河）低山残丘等因素对地下径流的阻截顶托作用，这里径流滞缓，浅层淡水不发育，厚度不到20 m，多数地区为浅层微咸水和咸水，矿化度2～5 g/L，也有5～10 g/L的，潜水埋深仅2 m左右。这里盐渍土分布广，盐化程度较重。

低洼平原主要是指黄河冲积扇形地南翼的末端，诸河下梢的淮北大片河间低洼地。颍河、涡河、浍河、沱河等河流多为半地上河，沿河有高起的自然堤及人工堤，犹如凸起的网络将河间平原分割为各种形状和大小的浅平洼地。这里地形封闭平缓，涝渍严重。地下径流滞缓，潜水埋深1～2 m，水质淡。土壤为质地黏重、结构不良的砂姜黑土。

冲积平原以下的滨海平原高程一般在海拔5～10 m以下，宽30～40 km，地面坡降极缓，分布着大大小小的浅平洼地和潟湖。这里地下径流几近停滞，潜水埋深1 m左右，矿化度多在10 g/L以上。距海越近，矿化度越高。土壤普遍盐化，以海滨盐土为主。渤海滨海平原和黄海滨海平原处于不同气候带，温度和降水上的巨大差异使这两个滨海平原在土壤盐化、地下水矿化和农业利用程度上有着很大不同。

黄河三角洲为现代黄河河口的堆积，地面坡度较滨海低平地为大，海拔可达13 m。在受海水浸渍的沉积物之上覆有一层厚1～4 m的含盐量低的黄河现代沉积物，且又有黄河水的浸润补给，故土壤盐化程度不高。古黄河三角洲位于黄海之滨，由于没有黄河水沙资源的补给，土壤盐化严重，有大面积盐渍土和径流几近停滞的高矿化地下水。

2.3 黄淮海平原的水系

流经黄淮海平原的河流可分为三种类型：一是源远流长、汇集山区洪水的主干河道，多为地上河或半地上河，如黄河、海河、滦河、淮河等；二是源短流急的山区型小河，流经平原的河段很短，如滦河两岸的冀东滨海小河；三是排出平原涝水的雨源型河流，自北而南主要有黑龙港流域的北排水河、南排水河、马颊河、徒骇河，南四湖周边诸河，以及淮北诸河。

山区流经本平原的河川多年平均年径流量共 1 262.45 亿 m^3，其中滦河水系（包括冀东沿海小河）51.49 亿 m^3，海河水系 173.07 亿 m^3，黄河水系 470 亿 m^3，淮河水系 567.89 亿 m^3。由于山区用水增加，出山口控制性水库的修建，大部分山区水资源已就近被山前平原所利用，已很难对平原受旱涝碱严重威胁的地区提供可靠的灌溉水源。平原涝水的利用，又苦于保证率太低，蓄水工程也受到自然条件和经济合理性限制，利用不易。目前黄河以北广大平原区缺水最为严重，主要靠有限的地下水作为可供水源。

滦河位于黄淮海平原的东北部，源出于丰宁县，至乐亭县南入海。滦河出山后南入渤海，河道水流远较海河水系通畅。滦河水量丰富，平均每年入海水量为44 亿 m^3，水资源的开发刚刚开始，充分利用滦河水利资源，对河北和天津工农业的发展都有很大意义。

海河流域中有漳卫南运河、大清河、永定河、潮白河和蓟运河等 5 大水系。诸河发源于太行山东麓和燕山南麓。上游坡陡流急，进入平原后坡平流缓，历史上洪涝灾害很重。根治海河规划中，已按蓄泄兼施，洪涝分家，高低水分流的原则调整了水系，新辟了入海尾闾，改变了洪水向天津集中的局面。自南而北有：漳卫新、子牙新河、独流减河、永定新河、潮白新河等泄洪出路，还有运东宣惠河南排水河、北排水河、青静黄等人工排河。总泄洪能力为 24 600 m^3/s，排涝能力为 2 400 m^3/s，干流防洪已近 20～50 年一遇的标准。平原除涝区的标准大部分为 3～5 年一遇，田间配套工程的任务还很大。

徒骇河和马颊河发源于黄河左岸，为海河流域的平原雨源型河道，是除黄河外鲁北的主要水系。非汛期径流甚少，灌溉价值较小。汛期泄洪，又常淤积不畅。经治理后，排水能力已达 5 年一遇除涝标准，涝碱灾害已有明显减轻，两河年径流总量为 8.42 亿 m^3。海滦河流域上游山区已建大型水库23座，中型水库97座，小型水库 1 480 座，总库容 217 亿 m^3，灌溉面积 7 164 万亩。

黄河横贯平原中部，自西向东入海。由于泥沙淤积，河床高悬，一般比两岸地面高 4～8 m。平原区进入黄河的支流，豫北有金堤河和天然文岩渠，山东有大汶河经东平湖入黄河。黄河在郑州市花园口站的多年平均实测年径流量为

470 亿 m³（不包括上中游灌溉用水量 90 亿 m³），为沿黄河两岸农业生产提供了丰富的水源。根据 1972—1978 年统计，豫、鲁两省年平均引水量约 68 亿 m³，其中灌区内抗旱灌溉面积约为 2 000 万亩。另在干旱年份向灌区外送水可灌 800 万亩农田。由于黄河河床逐年淤高，汛期洪水对两岸威胁很大，不利于金堤和天然文岩渠的排水，加上黄河河水向两岸的侧渗，加重了沿黄地区的渍涝和土地盐碱的为害。

淮河水系中的淮北平原地区自西向东较大的河道有洪汝河、沙颍河、涡河、浍河、漴潼河、新汴河和奎濉河。除奎濉河发源于江苏徐州外，其余都发源于河南，自西北流向东南。在涡河以西的流入淮河，以东的流入洪泽湖。淮北地区河道的共同特点是：河道排水能力差，灌溉设施少，防洪除涝灌溉标准低，普遍存在洪涝旱灾害和高低水矛盾。经过 30 年的治理，淮河干流防洪标准约为 40 年一遇，新汴河接近 20 年一遇，颍河、涡河在 10 ～ 20 年一遇。其余河道的防洪标准都较低。除涝标准除新汴河接近 5 年一遇，涡河、浍河部分段在 3 年到 5 年一遇外，其余河道都不到 3 年一遇。由于地面上排水沟工程做得少，容易造成大面积内涝，抗涝能力很低。本地区浅层地下水比较丰富，可以常年开采利用。为建设旱涝保收高产稳产田，必须采取以井灌为主，河灌为辅，适当引用外水的方针。目前在水利上仍存在洪涝旱渍碱五方面的问题，在统一整治必要的排水骨干河的同时，搞好田间沟洫和配套工程是一项紧迫的任务。

鲁西的南四湖水系两面受黄河高滩地的夹持，一面临湖，周围水流均汇入南四湖，经韩庄运河、中运河入骆马湖再由新沂河入海。流域内主要河流是泗河、梁济运河、洙赵新河、万福河、红卫河和复新河。流域内湖西坡降平缓，易涝易碱易旱。目前湖西大部分河道经治理防洪标准已达到 20 年一遇，除涝标准为 3 年一遇。存在的主要问题是除涝标准低，工程不配套，易淤积。南四湖湖内排水不畅，出口韩庄运河在水位 33.5 m 时仅能下泄流量 1 000 m³/s，不能满足湖西地区泄洪、排涝和降低地下水位的需要。另一方面是水源不足，常受干旱威胁，用水矛盾很大，不能满足工农业生产发展的要求。

淮河下游苏北里下河地区及沂沭河下游赣榆、灌云一带为滨海平原区。里下河地区是四周高中间低的锅洼地，河道较多，有灌溉总渠、里运河、盐河、串场河、通扬运河，还有独流入海的灌河、射阳河、新洋港、斗龙港、东台河、拼茶运河等。经治理已初步防止了西部洪水泛滥及东边潮卤倒灌，扩大了入海、入江排水出路，开辟抽引江水水源，提高了抗御旱涝能力。目前的问题是内涝严重、渍害突出、水源不足，治理要求是涝渍旱淤盐兼治，以治涝治渍为重点，突出降低地下水位。

黄淮海平原水系的总的特点是：水流纵横交错，多地上（或半地上）河，宣泄不畅，洪沥涝害严重。经多年治理，条件已有很大改善，泄洪能力大大加强，但防涝标准仍然不高，同时，田间配套工程很差，至今年年都有上千上万亩农田受涝。

2.4 黄淮海平原的水文地质

黄淮海平原属构造沉降带，堆积了深厚的第四系沉积物，厚度一般在200～600 m。地下水主要贮存于这些第四系的砂层、卵砾石层及亚砂土的孔隙中。平原上的水文地质条件是和气候、区域地貌特征以及古地理条件密不可分的。从山前平原到滨海有着明显的水平分布规律。

山前洪积冲积平原是由一系列的洪积冲积扇群所组成，岩性组成中以砂砾石，粗沙或中细沙为主。地下水的补给和径流条件很好，富水性强，单位涌水量为30～50 m^3/（h·m），扇形地的下部和扇间地带的富水性较差，单位涌水量一般为10～30 m^3/（h·m）。第四纪以来，由于新构造运动的影响造成黄河南北沉积环境上的差异，北部的太行山和燕山的山前洪积冲积扇发育，富水性好，而南部的伏牛山桐柏山的山前洪积冲积扇不发育，富水性差，后者的单位涌水量多在10～30 m^3/（h·m）。山前平原区地下水水质好，为矿化度小于1 g/L 的重碳酸盐类型淡水。地下水多在5 m 以下埋藏。

冲积平原主要是由黄河多次改道泛滥而成。近千年来黄河南移后，海河水系又在其上堆积其沉积物。冲积平原上古河道带和河间带呈条带状相间分布，垂直方向上相互倾覆叠置，故沉积物多为不同粒径的沙和黏性土交互成层，含水层层数多而厚度不大，富水性不如山前洪积冲积平原。古河道带有条状分布的浅层淡水透镜体，含水层主要由中沙、细沙和粉沙组成，单位涌水量为10～30 m^3/（h·m）；地下水埋深一般为3～5 m。河间地带的径流条件和富水性更差，单位涌水5～10 m^3/（h·m），地下水埋深一般在2 m 左右。

由于地下径流滞缓，埋藏浅，垂直排泄很盛，强烈进行着大陆的积盐矿化过程，地下咸水层广为分布。地下咸水层有时直接出现在地面以下，有时在咸水层以上有厚薄不一的浅层淡水。咸水层以下均为深层淡水。所以，地下水质的垂直结构主要有两种类型：咸（浅）–淡（深）型和淡（浅）–咸（中）–淡（深）型。

咸水区的面积为98 985 km^2，其中浅层咸水（包括厚度小于10 m 的浅层淡水）区的面积为46 996 km^2，浅层淡水区（下有咸水层）的面积为51 995 km^2。在浅层咸水区，矿化度小于5 g/L 的咸水占80% 以上。

咸水顶界面受浅层淡水的发育程度所控制。浅层地下淡水的厚度和水量对旱涝盐碱的综合治理关系极大。海河冲积平原区浅层淡水的发育程度和古河道的分布有着密切的联系。在大名–临西–故城–景县一线的黄河漳河古河道带内，浅层淡水的底板深达 30 ～ 50 m，局部达 50 ～ 80 m。鲁北的徒骇 - 马颊河流域，浅层淡水底板埋深自西向东，自上游到下游逐渐变浅。莘县、冠县一带 70 ～ 80 m，茌平、高唐约 50 m，临邑、宁津仅 20 ～ 30 m。

咸水层的底界面自西而东呈台阶式逐渐加深，由中部平原的 10 ～ 40 m，40 ～ 80 m 至滨海平原达 160 ～ 280 m。青县东北部、黄骅及海兴东南为全咸区。

冲积扇前缘和扇缘交接洼地的咸水层厚度不大，一般不到 40 ～ 50 m，矿化度 2 ～ 5 g/L，水化学类型为硫酸盐重碳酸盐 - 钠镁或硫酸盐 - 钠镁及硫酸盐重碳酸盐氯化物 - 钠镁水为主。冲积平原中部的咸水层厚度增至 100 ～ 120 m，矿化度多为 2 ～ 5 g/L，部分 5 ～ 10 g/L，水化学类型以硫酸盐氯化物 - 钠镁及氯化物硫酸盐 - 钠镁水为主。而东部受海浸影响的咸水层厚度达 150 ～ 300 m 以上，矿化度多大于 10 g/L，高者超过 35 g/L，水化学类型以氯化物 - 钠水为主。

在滨海平原，含水层以薄层粉细沙和粉沙为主，厚度不大，富水性很差，单位涌水量小于 2 m³/（h·m）。广泛分布有硫酸盐氯化物和氯化钠型水，矿化度大于 5 g/L，部分地区大于 30 g/L。地下水埋藏很浅。

深层淡水均具有承压性，其顶界面的埋深自西向东逐渐加大，由四五十米增加到二三百米，而含水层的厚度由百米左右降低到二三十米。单位涌水量也由 30 ～ 50 m³/（h·m）逐渐降低到 5 m³/（h·m）以下。深层淡水的矿化度多小于 1 g/L。东部接近滨海平原的河北运东地区的深层淡水碱度高，灌溉后对作物和土壤产生不同程度的不良影响。

关于地下水资源，地质部最近利用地下水长期观测资料，进一步核算了现有自然和人为因素作用下的浅层地下水资源。计算结果表明，黄淮海平原浅层地下水多年平均淡水补给资源每年有 476 亿 m³，咸水补给资源有 91 亿 m³，详见表 2-2。

表 2-2　黄淮海平原地下水资源量

地区	淡水资源 /（亿 m³/年）	咸水资源 /（亿 m³/年）		合计 /（亿 m³/年）
		矿化度 2 ～ 5 g/L	矿化度 > 5 g/L	
黄河以北	204	38	23	265
黄河以南	272	16	14	302
全平原合计	476	54	37	567

黄淮海平原水文地质条件有利于近期开展地下蓄水的地段共 74 个，包括砂层裸露和砂层浅埋两大类型。地下蓄水地段的总面积为 27 588.5 km²，可蓄水量为 98.4 亿 m³/年，详见表 2-3。

表2-3　黄淮海平原水文地质条件有利于近期开展地下蓄水的地段

类别	地段数 /个	合计面积 /km²	占全区 面积 /%	可蓄水量 /（亿 m³/年）	黄河以北		黄河以南	
					地段数 /个	可蓄水量 /（亿 m³/年）	地段数 /个	可蓄水量 /（亿 m³/年）
裸露型	20	3 733.5	1.2	19.24	13	16.82	7	2.42
浅埋型	54	23 855.0	7.9	79.16	32	50.84	22	28.32
总计	74	27 588.5	9.1	98.40	45	67.66	29	30.74

　　黄淮海平原浅层地下水的开采以北部为多，河南1979年的开采量为93.84亿 m³；河北年开采量为88亿 m³（1974—1978年平均值）；北京年开采量约为25.6亿 m³。根据水利部门统计，在偏旱的1978年，黄淮海平原浅层地下水的开采量为271亿 m³，其中黄河以北地区为185亿 m³，为浅层淡水补给资源的90.6%，而黄河以南开采量仅为浅层淡水补给资源的31.6%，故浅层淡水黄河以南潜力较大，而黄河以北潜力不大。

　　浅层地下水受当地大气降水、河流、渠系和灌溉水等地表水的入渗补给和山区地下潜流的侧向补给，同时，潜水又通过土壤毛管作用上升供应植物需要和从地面蒸发，所以和旱涝以及土壤盐渍化的关系很大。这部分水容易更新（开采后年内或多年周期中可以得到补充恢复）和开采，又可借此调节地下水位，以利于防涝和盐渍土的改良。所以，浅层地下水的开采，不仅用于抗旱灌溉，而且有利于防涝改碱，是综合治理旱涝盐碱的一项关键性措施。

　　深层承压水的补给源远，补给量有限，开采强度虽远小于浅层淡水，但各地已形成大大小小的水位下降漏斗。根据天津、德州、沧州、衡水等漏斗的开采量的估算，深层承压水在水位每年下降1 m的情况下，每平方千米每年可开采量为2 000～3 000 m³。目前，深层承压水以河北开采为多，其他省开采很少。河北深层承压水的调节储量约为42.28亿 m³（据河北省地质局），远远不能满足工农业用水需要。不适当的超量开采深层承压水将会带来一系列严重后果。一般应以开采浅层地下水和引用地表水为主，深层承压水作为后备水源。当前，在农业用水严重不足的地区可以适当开发利用，但是切忌超量开采。

2.5 黄淮海平原的土壤

　　黄淮海平原幅员广大，地形平坦，土层深厚，分布面积较大的土壤有褐土、潮土、盐渍土和砂姜黑土。此外，尚有棕壤、沼泽土和水稻土零星分布。黄淮海平原处于北纬32°～40°，自南而北，气候有着显著差异，对土壤的空间分布影响较大。沂蒙山南麓及苏北、皖北孤山山前的酸性母岩上发育的地带性土壤多为棕壤，而中部和北部的太行山、燕山山前的地带性土壤为褐土。在盐渍土方面，北部和中部以盐化为主，苏北、皖北则多碱化及苏打化土壤。此外，苏北尚有水稻土的分布。除气候因素对土壤的发育有着影响以外，多种地学因素（地貌、沉积物、水文地质等）对土壤的性质和分布的影响也很大。黄淮海平原主要土壤类型有棕壤、褐土、潮土、内陆盐渍土、滨海盐渍土、砂姜黑土、沼泽土和水稻土8 大类。以下分别对其形成条件、分布和特性作一简单介绍。

1. 棕壤

棕壤是发育在沂蒙山南麓及苏北、皖北孤山山前的酸性母岩残积物及山麓洪积冲积台地上的一种地带性土壤，面积不大。这里气候温暖湿润，年平均温度为 12 ℃以上，无霜期约 220 d，年降雨量 750 ～ 900 mm。土壤矿物质风化和有机质分解比较强烈，淋溶作用比较明显，土壤中可溶性盐基和碳酸盐受到淋溶。土壤一般呈微酸性至中性反应，无石灰反应，代换性盐基总量一般为 10 ～ 20 me/100 g（土）[①]，胶体的硅铝铁率在 2 以上。有机质含量低，含钾量较高。

棕壤可分为棕壤和潮棕壤（即草甸棕壤）2 个亚类。潮棕壤是在棕壤形成过程的基础上附加了潮土过程，亦即附加了地下水参与土壤形成过程。主要分布在淮河及其主要支流的沿河缓坡地上。

2. 褐土

褐土是黄淮海平原主要的地带性土壤，多发育于太行山、燕山山麓平原第四纪洪积冲积台地。太行山山麓平原及冲积扇上多为黄土性洪积冲积物，燕山山麓洪积冲积扇多为山地岩石风化的洪积冲积物。在淮北及苏北的褐土主要发育在石灰岩、页岩、玄武岩等的风化残积物、坡积物上。

褐土地区夏季高温多雨，春、秋干旱少雨。年降雨量 500 ～ 700 mm，蒸发量大于降雨量几倍。褐土分布地势较高，排水条件良好，地下水埋藏较深。除潮褐土外，地下水埋深在 4 ～ 6 m 以下，地下水矿化度一般小于 0.5 g/L，水质属钙质重碳酸淡水。褐土地带由于干湿季节明显，排水条件良好，土壤有一定淋溶作用，可溶盐淋洗殆尽，土壤无盐碱化现象，亦无内涝，但旱情比较突出。土壤中游离钙质有不同程度淋洗，形成含有不同程度石灰质的土壤。有黏化作用，表土以下黏粒含量增多，较黏重，呈核状、棱块状结构。各层次的硅铁铝率无大变化，在 2.5 ～ 2.8 之间。土壤胶体呈盐基饱和状态，盐基交换量很低，约在 15 me/100 g（土），呈中性至微碱性反应。有机质含量随熟化程度变异在 0.5% ～ 1.2% 之间。

褐土因气候条件、地形部位、淋溶及发育程度不同可区分为棕褐土、淋溶褐土、褐土、潮褐土及褐土性土等 5 个亚类。

---

① 1 me 指 1 毫克当量，表示某均质和 1 mg 氢的化学活性或化合力相当的量。

3. 潮土（学名：浅色草甸土）

潮土广泛分布在黄淮海平原，是主要的农业土壤类型。潮土系指地下水直接参与成土过程、地表有机质积累少、颜色较浅的土壤。潮土的成土母质主要为近代河流泛滥沉积物，土壤有机质含量低，富含钙质，呈微碱性反应。质地变化大，从砂土到黏土均有，且质地剖面多为不同质地的层次成层排列。

除典型的潮土外，有分布在平原中地形相对较高的部位上的褐土化潮土，有长期耕种、土壤肥力较高的灰潮土，还有盐化潮土、碱化潮土、沼泽化潮土等。

4. 内陆盐渍土

盐渍土是一种发生盐化过程和碱化过程土壤的总称，既包括盐土和碱土（两个土类），又包括各种盐化和碱化的土壤（黄淮海平原上主要是盐化潮土和碱化潮土）。黄淮海平原耕地中有盐渍土 3 850 万亩（不包括京、津二市），盐碱荒地约 1 000 万亩。此外，尚有约 8 000 万亩的易盐化和有盐化威胁的土壤。各种类型的盐化土壤、碱化土壤、盐土、碱土以及与各种非盐化土壤大多是按一定的组合，以复区形式分布。为了便于叙述和考虑盐渍土的改良问题，在此没有按发生学分类系统介绍。

黄淮海平原的盐渍土有内陆盐渍土和滨海盐渍土两大类。

在冲积平原上，地形平坦低洼，坡降很缓，排水不畅，地下水位较高。当地下水埋深超过土壤积盐的临界深度，含盐的地下水通过土壤的毛管作用而上升到地面，不断蒸发，盐分即在土壤中不断积聚。所以在潮化过程中同时发生了盐渍化过程。土壤盐渍化过程不仅受气候因素影响，而且直接与地下水位、水质、土壤的质地剖面等因素密切相关。

在一定的地貌部位上，往往有着相应的地形、沉积物、土壤、地下水的埋深和矿化度。所以，盐渍土的分布常常是和一定的地貌类型和部位分不开的。从中、小地貌来说，盐渍土主要分布在河间微倾平原（二坡地）、冲积扇扇缘、背河洼地和由于地貌和水文条件造成的地下径流滞缓区。从黄淮海平原土壤图中可以看到，盐渍土比较集中地分布在以下的地貌部位：

黑龙港低平原（曲周—南皮一线）；徒骇‑马颊河下游低平原；南四湖西低平原；淮北低平原；黄河背河浸润洼地；古黄河背河洼地。

内陆盐渍土主要有以下 4 种类型：

● 盐化潮土：一般表土含盐量为 0.15%～0.6%，分布地形为微斜平地，地下水位 2 m 左右，地下水矿化度 1～2 g/L，也有 2～7 g/L 的。

● 碱化潮土：土壤含盐量低，表土含盐为 0.1%～0.3%，碱性强，pH 为 8.5～9.5。土壤中阴离子以 HCO_3^- 为主并有 CO_3^{2-} 出现，阳离子以 Na^+ 为主。地表有灰白色碱化层，质地较轻，渗透性弱，多与盐化潮土呈复区分布。

● 盐化沼泽潮土：分布在地势比较低洼的地区。地下水位高，每年雨季地表有不同程度的积水，土壤剖面有潜育化的特征。土壤盐渍化多为中度至重度。

● 盐土：一般呈斑状分布在背河槽形洼地和碟形洼地等重盐渍区，表土含盐量可达 1% 以上，严重影响农作物生长，自然植物有柽柳、盐蒿、黄须菜等耐盐植物。地下水位 1～1.5 m，地下水矿化度 2～5 g/L 或更高，盐分组成以氯化物硫酸盐或硫酸盐氯化物为主。

当地农民对盐渍土的划分多以盐分组成和性质为据，如以氯化钠为主者多称之"盐碱"，以硫酸钠为主者多称之"白碱"，富含氯化钠、氯化钙、氯化镁，地面常返潮者多称之"卤碱"，以碳酸钠和碳酸氢钠为主者多称之"马尿碱"等。

5. 滨海盐渍土

滨海盐渍土区东北起自河北昌黎县沿海，南至长江口以北，这些曾受海潮直接或间接影响的平原地区（包括以前的海退平原），宽度一般为 30～50 km，北部较窄，一般为 5～20 km。

滨海盐渍土区由于地势低平，排水不畅，并受海潮顶托，地下水埋深多为 1～2 m。其中潟湖型滨海洼地地下水位仅 1～1.5 m，三角洲因地面坡降较大，地下水埋深在 1.5～2 m。滨海盐土及地下水中盐分来源主要为海水，具有含盐量高（多在 1% 以上），盐分组成中氯化钠占绝对优势和盐分在剖面的上、下部分化不明显的特点。滨海盐渍土盐分含量，因脱离海潮影响时间久暂、离海远近及人为活动等因素而变化。一般离海越远，脱离海潮影响时间越久，自然淋洗程度越强。土壤盐渍度越轻，经过耕种改良的滨海土壤盐渍度亦轻。

渤海滨海平原盐渍土广布，盐化程度重。黄海滨海平原降水多在 900 mm 以上，脱离海水影响的土壤较快地进行自然脱盐过程。脱盐化土壤和轻盐化土壤较多。

6. 砂姜黑土（学名：脱沼泽化草甸土）

砂姜黑土在安徽、河南、江苏等省均有分布，而以安徽分布面积最大。砂姜黑土区地势比较平坦，成土母质多为湖相沉积，含有多量游离碳酸钙。地下水埋深 1～2 m 之间，雨季可上升到 1 m 之内，有时接近地表。地下水矿化度多低于 1 g/L。

砂姜黑土是由沼泽草甸土经过脱沼泽耕作熟化过程而形成的一种土壤。这种土壤过去排水条件很差，一年之中可能有两三个月积水。在草甸植物生长腐解和渍水，干、湿交替作用影响下形成了黑土层和砂姜层。黑土层厚 30～40 cm，质地黏重，有机质含量一般为 1%～1.5%，中性至微碱性反应。砂姜层位于黑土层之下，多为棕黄色重壤土，有潜育特征，并有锈斑。夹有未硬化的石灰结核，群众称为砂姜。

砂姜黑土一般有非碱化及碱化两种类型，主要由于受地下水质的影响所致。

7. 沼泽土

分布于不同类型的洼地，径流汇集，无排水出路，有不同程度的积水。地下水位高，土壤的潜育化现象明显。沼泽土中有盐化和非盐化之分。

8. 水稻土

黄淮海平原水稻栽培已有400多年历史。苏北、皖北、沿黄、南四湖滨、天津军粮城、芦台一带均有分布。水稻土是在栽培水稻的情况下，经过长期水耕熟化过程形成的一种土壤类型。

2.6 黄淮海平原的农业生产及经济概况 [①]

黄淮海平原有耕地2.7亿亩（按统计数字），土地利用率为55.2%。农业人口1.43亿，人均耕地1.8亩，平均每个农业劳动力拥有耕地4.8亩，均稍低于全国平均水平。人均占有土地面积分布不均，石家庄等生产水平较高的地区，人均耕地1亩左右，而涝洼盐碱等低产区，人均耕地3～4亩，也有的地方可多达7～8亩，且有部分未垦荒地。

耕地复种指数平均为154，年总播种面积为3.96亿亩。粮食是这里的主要农作物，播种面积3.3亿亩，占全区总播种面积的81%。粮食中夏粮的比重相当大，占粮播面积的42.4%，约1.4亿亩。秋粮播种面积为1.9亿亩，占粮播面积的57.6%。1978年粮食总产480.3亿kg，按耕地面积计算，每亩产量222 kg，按播种面积计算每亩产量148.5 kg。与全国同期相比，黄淮海平原粮播面积占全国粮播面积18亿亩的18.3%；粮食产量为全国总产3 155.75亿kg的15.2%；1978年全国按耕地面积计算，每亩粮食产量263.5 kg，按播种面积计算，粮食每亩产量174.5 kg，单产低于全国平均水平。

粮食作物的构成中，主要是小麦、玉米、薯类、大豆、水稻和高粱等（按播种面积的大小为序）。黄淮海平原是我国重要的小麦产地，以1978年计，小麦播种面积1.23亿亩，为全国小麦播种面积的28.6%；总产172.18亿kg，为全国小麦总产的32%；单产109 kg，稍高于全国平均水平。在有水浇条件下可以高产、稳产，增产潜力大，且可提高复种指数。但是小麦主要生长期正处干旱季节，产量构成因素中，灌溉和自然降水占有重要位置。在旱地和水源不足，灌溉条件差的地区，小麦需水与当地水源之间矛盾很大，产量低，成本高。

玉米是第二位的粮食作物，1978年播种面积和总产分别为6 570万亩和96.85亿kg，分别为全国的21.9%和17.3%。单产147.5 kg，低于全国平均水平

---

① 本节资料是根据国家1976—1978年以县为单位的三年统计数字所取得的平均值。

（187 kg）。玉米的播种面积中，夏玉米占大多数。特别是平原中部和南部水肥条件较好的地区，小麦－夏玉米构成的一年两熟制相当普遍，具有较高的生产力水平。麦类、玉米、水稻、谷子和高粱的有关资料列入表2-4。

表2-4　粮食作物的播种面积和产量（1976—1978年三年平均水平）

作物	播种面积 /万亩	占粮食播种 面积/%	总产 /亿kg	单产 /（kg/亩）	占粮食总产 /%
麦类	12 461	38.5	145.35	116.5	33.38
玉米	6 570	20.3	96.85	147.5	22.24
水稻	1 860	5.8	46.49	250	10.68
谷子	1 122	3.5	11.08	99	2.55
高粱	1 731	5.4	15.17	87.5	3.48

大豆是一种营养价值高，口好，可以养地的作物。在淮北，可实现小麦－大豆一年两熟，是很有发展前途的一种轮作制度。在片面执行"以粮为纲"期间，大豆种植面积大大缩减，近年来逐渐恢复。1976年种植面积2 415万亩，1978年发展到2 917万亩，占全区播种面积的7.4%，占全国大豆总播种面积的近1/3。大豆年总产1.55亿kg，约为全国总产的1/5。单产53 kg，低于全国平均水平70.5 kg，主要原因仍然是重粮轻豆，水肥待遇差，管理不善。

棉花播种面积在1976—1978年逐年增加，从占总播种面积的6.9%上升到11.3%，达2 986.4万亩，为全国棉花播种面积的40.9%（1978年）。总产1 471.9万担（1担＝50 kg），占全国棉花总产的34%。单产25 kg，低于全国平均水平。黄淮海平原的棉花田一般占耕地面积的5%～30%，只有苏北滨海、邯郸地区东南部和石家庄地区东部一带棉田面积占30%以上。棉花是一种需水少、耐盐碱、经济价值高的作物，黄淮海平原的气候资源特征也适合棉花生长。因地制宜，适当扩大棉花的种植是合适的。

油料作物主要是花生和油菜籽，1978年的播种面积为1 074万亩，只占全区农作物播种面积的3.3%，总产5.95亿kg，单产50 kg左右。油料作物的种植有进一步扩大的趋势。

黄淮海平原的粮食生产水平很不平衡，南部高，北部低，山麓平原高，冲积平原低。1976—1978年，平均每年有130个县需要调入粮食，149个县可以调出粮食，16个县自给。由于产量不高和大中城市需粮较多，平均每年需由国家调拨粮食5亿kg左右。近两三年来，由于农业联产承包责任制的贯彻，粮棉产量均有明显增长。但平原北部灾情较重，国家调入的粮食数又有所增加。

关于黄淮海平原农业经济的一般情况可参见表2-5。

表 2-5 黄淮海平原农业经济状况

地区	年份	总收入/亿元	总费用/亿元	纯收入*/亿元	生产费用/亿元	每投资1元的纯收入/元	总费用占总收入的百分比/%	纯收入占总收入的百分比/%	生产费用占总收入的百分比/%
黄河以南地区	1976	87.5	33.0	54.5	29.4	1.6	38	62	34
	1977	75.7	30.2	45.5	26.9	1.5	40	60	36
	1978	87.4	32.7	54.6	28.5	1.6	37	62	33
黄河以北地区	1976	81.0	36.5	44.5	30.6	1.2	45	55	38
	1977	83.5	36.3	47.2	32.5	1.0	44	56	39
	1978	101.0	40.6	60.5	36.8	1.5	40	60	36
黄淮海平原合计	1976	168.5	69.5	99.0	60.0	1.4	41	59	36
	1977	159.2	66.5	92.7	59.4	1.4	42	58	37
	1978	188.4	73.3	115.1	65.3	1.5	39	61	35

*纯收入＝总收入－总费用。

1976—1978 年的农业收入合计为 516.1 亿元，相当于此期间全国农业收入的 16.9%。1978 年每个农业劳动力平均创造的国民收入为 338 元，稍低于全国平均水平（364 元）。农业总费用和生产费用及其占总收入的百分率均高于全国平均水平，而每元投资的纯收入较全国平均数（1.8 元）少 0.4 元。生产总费用高的原因是多方面的，旱涝灾害频繁和灌溉费用高昂是重要原因。

有 1.43 亿农业人口的黄淮海平原，1978 年的人均总收入为 131.2 元，人均总费用 51 元，人均纯收益 80 元，实际分得（从集体）66.81 元。平均每个劳力分得 172 元。农业人口的人均口粮为 201.5 kg（原粮，不包括自留地部分）。人均收入较全国平均值少 7.06 元，人均口粮少 20 kg。

2.7 黄淮海平原的旱涝盐碱发生情况

旱涝和土壤盐渍化是影响黄淮海平原农业生产的三大自然灾害。

旱和涝是发生次数多、影响面非常大的自然灾害。受季风影响的半湿润气候，以及地势低洼径流不畅的地形条件是旱涝灾害频繁的主要原因。

从表 2-6 中可以看出，这一带历来就是个旱涝灾害严重的地区。据冀、鲁、豫、皖四省近 500 年的统计，旱涝灾害的成灾率分别在 25% ～ 39% 和 32% ～ 66%，即 3 ～ 4 年发生 1 次旱灾和 1.5 ～ 3 年发生 1 次涝灾。新中国成立以后，黄淮海平原上进行了大规模的水利建设，旱涝灾害显著减少。但是目前抗灾能力还不强，旱涝灾害仍然在不同程度上威胁着这个地区的农业生产。

表2-6　黄淮海平原5省旱涝灾害情况（14—20世纪）

省和地区		旱涝情况	统计年份	统计年数	成灾次数	成灾率/%	说明
河北省		旱	1470—1948	479	187	39.0	
		涝	1368—1948	581	383	65.9	
山东省	鲁北	旱	1470—1976	507	187	36.9	
		涝	1470—1976	507	165	32.5	
	鲁西	旱	1472—1974	503	126	25.0	
		涝	1472—1974	503	174	34.6	
河南省	豫北	旱	1501—1910	410	158	38.5	410年间黄河决口122次，平均每3～4年1次，未计入成灾率
		涝	1501—1910	410	153	37.3	
	豫东	旱	1501—1910	410	149	36.3	
		涝	1501—1910	410	211	51.2	
江苏省	淮北	旱	1368—1949	582	107	18.4	
		涝	1368—1949	582	135	23.2	
	滨海	旱	1368—1949	582	183	31.4	
		涝	1368—1949	582	139	23.9	
安徽省		旱	1471—1949	478	127	26.6	
		涝	1471—1949	478	197	41.2	

　　从表2-7中可以看出，河北省在1949—1977年的旱灾成灾率多在10%以上，涝灾的成灾率多在20%以上，特别是沧州和廊坊地区，每2年就有1年受涝。另据1949—1978年的统计，鲁北地区有12个旱年，9个涝年；鲁西地区有10个旱年，13个涝年。也就是说，正常年景只有20%～30%，而百分之七八十的年份非旱即涝。据河南省1951—1978年的统计，28年中平均每隔6～8年1次大旱，4年左右1次中旱，4～5年1次小旱。平均每9～10年发一次大水（1954年、1963年、1975年），3～5年1次重涝（1952年、1956年、1957年、1964年、1965年、1968年、1971年），4～5年1次轻涝。

　　新中国成立以来，苏北每年都有不同程度的旱涝灾害，全省性涝灾有7年。受灾面积在1000万亩以上的有12年，其中1949年、1961年、1962年、1978年受灾面积在2000万亩以上，1978年特大干旱、6000万亩农田受旱。1949—1978年皖北发生洪涝灾害11年，其中5年大灾（受灾面积在1000万亩以上）。1949—1978年受洪涝灾害的累计面积共19 370.53万亩，平均每年646万亩（耕地面积为 3 300 万亩）。1949—1978 年发生旱灾 9 年，其中 3 年受灾面积在 1 000 万亩以上，其余 6 年也在 500 万亩左右。30 年间受旱面积共 10 276.66 万亩，平均每年 342.56 万亩。

表 2-7　河北省旱涝成灾频率表（1949—1977 年）

地区	旱灾成灾率 /%				涝灾成灾率 /%					说明
	合计	小旱	中旱	大旱	合计	小涝	中涝	大涝	特大涝	
邯郸	3	—	—	3	19	10	3	3	3	①成灾率= $\dfrac{\text{成灾年数}}{\text{统计年数}} \times 100\%$
邢台	19	13	3	3	30	24	—	3	3	②凡成灾面积占耕地面积 10% ～ 30% 为小灾，30% ～ 50% 为中灾，50% ～ 70% 为大灾，超过 70% 为特大灾
石家庄	6	6	—	—	13	10	—	3	—	
保定	16	3	10	3	22	13	3	6	—	
衡水	19	10	3	6	29	10	10	6	3	③ 8 个地区是按全部面积计，故有的地区中包括了部分山区
沧州	13	10	—	3	53	27	3	20	3	
廊坊	13	10	—	3	54	31	13	10		
唐山	15	9	6	—	19	13	6	—		

半湿润季风气候和地势低洼的泛滥平原不仅引起旱涝灾害，同时也导致广大地区的土壤盐渍化。《尚书·禹贡》《史记》《吕氏春秋》等都对这一带的盐渍土和"终古斥卤，生之稻粱"的盐碱土改良有所记载。说明这里的盐碱土及其改良工作已有 2 000 余年的历史了。

土壤盐渍化是个相当活跃的过程。盐化和脱盐化、碱化和脱碱化均与水分状况变化有着密切关系。新中国成立后，虽经大规模治理，但也反反复复。1958—1961 年，人们为了解决缺水问题，拦河筑坝，抬高水位；大规模发展引黄灌溉，大搞平原水库；有灌无排、只蓄不泄等导致大面积土壤次生盐碱化或渍涝发生。冀、鲁、豫三省的盐碱地面积由 20 世纪 50 年代中期的 2 800 万亩发展到 4 800 万亩，扩大了 1.7 倍。后经根治海河和开挖治理骨干河道，到 1972 年三省的盐碱地面积减少至 2 100 万亩。1972 年大旱后有的地区不科学地引黄灌溉和在排碱河道建闸蓄水，次生盐碱化又有反复。据 1978 年不完全统计，三省的盐碱地面积又扩大到 2 800 万亩。

根据 1979 年统计，黄淮海平原耕地中有盐渍土 3 997 万亩（不包括京、津二市），其中河北省 1 244 万亩，河南省 480 万亩，山东省 1 153 万亩，江苏省 900 万亩，安徽省 220 万亩。此外，尚有盐碱荒地约 1 000 万亩，还有面积为 7.02 万 km^2（占总面积的 25%）的尚未盐渍化但受到盐碱威胁的土壤。

3 旱涝碱咸综合治理曲周试验区

【本章按语】

为什么要单设一章介绍曲周试验区？因为我们的大量综合治理实践和水盐运动观测研究都是在这个基点上进行的，以后诸章的许多试验和研究设计、观察结果、综合治理成效等都与这个试验区有关。同时，曲周试验区代表着黄淮海平原内陆盐渍土区的一种重要的水盐运动和综合治理类型，也是旱涝碱咸综合治理成效和水盐运动研究的历史见证。黄淮海平原有约 1 300 万 hm² 中低产田需要旱涝盐碱综合治理。其中有约 5.7 万 hm² 为浅层地下咸水区，需要旱涝碱咸综合治理，如曲周试验区。

根据时任国务院业务领导小组成员王观澜的指示，北京农业大学土化系老师于 1973 年秋在河北省曲周县组建了张庄盐碱地改良基点。随即参加了河北省"黑龙港地区地下水合理开发利用"国家科技攻关项目，所承担的研究成为该项目中的"旱涝盐碱综合治理试验区"课题之一，是河北省诸多旱涝盐碱综合治理试验区中的一个。

曲周试验区位于河北省邯郸地区东北部，地处漳河冲积扇扇缘潜水溢出带外缘的泛滥平原。这里潜水丰富，地势低平，春旱夏涝，有大面积的盐渍土。战国时期魏侯西门豹曾在这一代引漳河水种稻改良盐碱地，《汉书》上记有"其国斥卤，故曰斥章"（所指斥章县包括今曲周县）。曲周县县志上也有明崇祯年间关于"曲邑北乡一带，盐碱浮卤几成废壤，民间赋税无出"的文字记载，这一带的盐碱地已有 2000 年以上的历史。这里是"春天白茫茫，夏天水汪汪，下种不见苗，十年九灾荒"，群众中素有"吃碗盐不用还，喝碗水还得给"的俗语，足见小盐（相对于海盐）之多和淡水之缺了。曲周试验区选在了曲周县北部"老碱窝"的中心，张庄一带。

在早期的 8 000 亩试验区里，有近 2 000 亩是红荆碱蓬丛生、盐土疙瘩林立的盐碱荒地。这里耕地田块零乱，地面起伏不平，一般农田只能拿三五成苗，能拿七八成苗和打百十斤粮食的所谓"好地"只有三四百亩。

1973 年秋至 1979 年是试验区集中进行综合治理和水盐运动观测研究时期。

取得了显著的治理效果和科研成果。通过本章可以了解曲周试验区概貌，也能了解我们综合治理旱涝碱咸的大体思路、做法与效果。关于水盐运动研究的主要成果将在以后诸章中另有阐述。

1973 年建立以张庄为中心的一代试验区，1979 年建立以王庄为中心的二代试验区，1983 年建立曲周县北部 35 万亩综合治理区。1983 年经农业部批准建立了北京农业大学曲周实验站。

3.1 曲周试验区的自然条件 [1]

旱涝碱咸综合治理曲周试验区位于河北省邯郸地区曲周县北部，面积 8 000 亩，其中耕地 6 400 亩（后面简称六千亩）。试验区西面以里町干渠、东面以支漳河为界，北临三八渠和四支渠，南抵六支渠，包括张庄和大街两个大队的全部土地和其他四个大队的部分土地，分属于三个公社。在旱涝碱咸的严重危害下，这里长期以来产量低而不稳，是远近有名的老碱窝。

3.1.1 气候

这里属温带半湿润气候区，受季风气候的强烈影响。由于蒙古高压和太平洋高压季节性的相互消长，冬春季寒冷干燥，夏季温暖多雨，明显地表现出干、湿季节的交替。

1963—1977 年曲周县部分气象资料见表 3-1 及图 3-1。15 年平均年总降水量为 603.8 mm，降水的季节分配情况是：秋季（9—11 月）19.5%，冬季（12 月—翌年 2 月）3.2%，春季（3—5 月）11.8%，夏季（6—8 月）65.5%。即 2/3 的降水降于夏季，其中 7—8 月两个月的降水量达 336 mm，占全年降水量的 56.7%。降水集中几乎导致年年夏涝。

降水集中的另一面是一年中的大部分时间为降水稀少的干旱季节，特别是春季。从降水强度看，据 1959—1976 年 18 年的资料分析，一年中除 7、8 月以外的 10 个月里，日降水量达 20 ~ 40 mm 的降水过程共出现 20 次，平均每年约一次，其余均为 < 20 mm 的降水。所以，在一年的大部分时间里，降水对作物生长的水分需求和土壤盐分的淋洗所起作用不大。

表 3-1　曲周县 1963—1977 年部分气象资料

月份	月平均降水量 /mm	月平均蒸发量 */mm	温度 /℃	≥ 0℃积温	≥ 10℃积温
1	4.7	37.6	−2.95	4.8	0
2	8.4	53.3	−0.7	35.5	0
3	8.9	144.6	6.6	209.2	17.2
4	35.0	206.0	14.0	420.0	130.1
5	28.0	296.0	20.7	644.4	334.4
6	59.2	332.9	26.0	766.8	476.7
7	202.1	208.3	25.0	831.6	521.5
8	133.9	172.8	23.6	790.3	480.3
9	55.0	148.7	18.9	610.0	309.9
10	38.0	123.8	14.0	452.0	131.6
11	29.2	69.4	6.1	185.1	8.5
12	5.2	44.2	−1.9	30.2	0
年平均	607.6	1 837.6	12.44	4 979.9	2 410.2

* 蒸发量为 1971—1977 年的 6 年平均值。

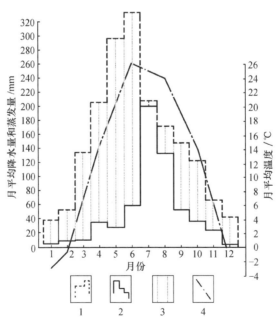

图 3-1　曲周县（1963—1977 年）月平均降水量、月平均蒸发量和月平均温度过程线图

1.月平均蒸发量　2.月平均降水量　3.降水量和蒸发量之间的差值　4.月平均温度

曲周县的水分年蒸发量超过年降水量的 3 倍，但是雨季里二者大体相当，而春季的水分蒸发量大于降水量 8.8 倍。曲周县的年干燥度为 1.3，雨季 0.8，秋季 1.62，而春季可高达 3.15。一年的大部分时间是旱季，降水少，蒸发强，特别是春旱对农业生产威胁很大。同时，旱季里，草甸类型土壤的积盐过程强烈进行，加重了土壤盐化程度。

图 3-2 记载了 1949—1974 年曲周县旱涝灾害情况。在此 26 年中，平均每 3.5 年就有一次较大的旱涝灾害，特别是涝灾更为频繁。毛主席提出"一定要根治海河"和"农业学大寨"的伟大号召以后，抗旱除涝能力有了较大提高。但是抗旱和除涝的任务还很重，要建立旱涝保丰收的高产稳产农田，还需要下很大的气力。

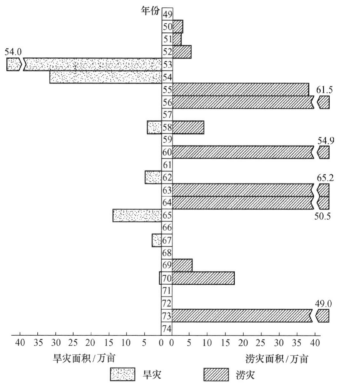

图 3-2 曲周县旱涝灾害情况（1949—1974 年）

3.1.2 地貌

试验区位于太行山的山前冲积平原，海拔 35 ～ 37 m，以 1/4 000 左右的地面坡降自南西向向北东向倾斜。从曲周县北部地势图（图 3-3）中可以看到，境内有 3 条南北向分布的狭长带状的微起高地（稍高于两侧地面 1 ～ 2 m），将曲周北部分为东西两个部分。东半部为一个向东北开口的槽形洼地。西半部则向北微倾，地面普遍稍高于东半部。地面坡降，愈往下游愈亦平缓。

这一带属滏阳河以东的古漳河遗留的泛滥平原。古漳河为地上河，自南向北呈树枝状水系的高起的漳河故道和其间的河间洼地构成了泛滥平原的基本轮廓。地势图上所显示的 3 条南北向的微起高地，西侧为现代的滏阳河（地上河）河堤，中部是一条主要的漳河故道，东侧为漳河故道的一条支流。

旧曲周县志"河渠"部分有这样的记载："旧志云漳水自肥乡县界由赵固、安儿寨、公城堡、马兰、相公庄、胡近口、韩家庄、流上寨入滏河同流。"在地势图和地貌概图上也可见到这条较早的到流上寨村汇入滏阳河的原漳河河道的痕迹。位于中部的漳河故道是经东（西）漳村、第四町、第二町和石韩村入平乡县境内，旧曲周县志中尚记载了："康熙十年后渐徙而南二十九年由广平之平固店入本县三塔村下流邱县等村与滏河分而城东之河遂涸……昔年涨泛之处尽为沃壤旧堤亦渐凌夷"，故漳河由此南迁的历史不很久远。

曲周县北部地貌概图见图 3-4。

曲周县北部地貌概图的主要地貌类型标示所代表的具体内容如下。

Ⅰ 自然堤（包括人工堤）
    $Ⅰ_1$ 现代的滏阳河河堤
    $Ⅰ_2$ 漳河故道自然堤
    $Ⅰ_3$ 漳河故道（支流）自然堤

Ⅱ 缺口冲积扇
    $Ⅱ_1$ 旧漳河缺口冲积扇群
    $Ⅱ_2$ 旧漳河三町缺口冲积扇
    $Ⅱ_3$ 旧漳河河南町缺口冲积扇
    $Ⅱ_4$ 滏阳河决口冲积扇群
    $Ⅱ_5$ 滏阳河流上寨决口冲积扇

Ⅲ 河间低缓平原
    $Ⅲ_1$ 漳河故道间的河间低缓平原（上部）
    $Ⅲ_2$ 漳河故道间的河间低缓平原（下部）
    $Ⅲ_3$ 滏阳河与漳河故道间的河间低缓平原（上部）
    $Ⅲ_4$ 滏阳河与漳河故道间的河间低缓平原（下部）

Ⅳ 河间洼地
    $Ⅳ_1$ 漳河故道间的河间洼地
    $Ⅳ_2$ 漳河故道间的河间槽形洼地
    $Ⅳ_3$ 滏阳河与漳河故道间的河间洼地
    $Ⅳ_4$ 滏阳河与漳河故道间的河间槽形洼地

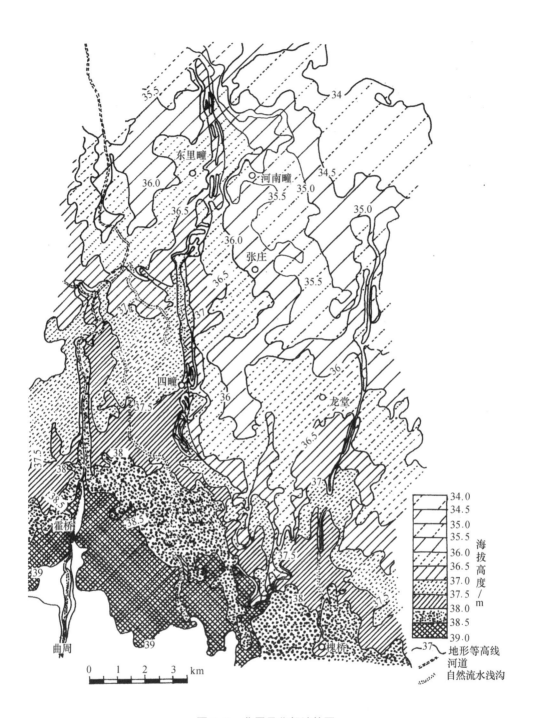

图 3-3 曲周县北部地势图

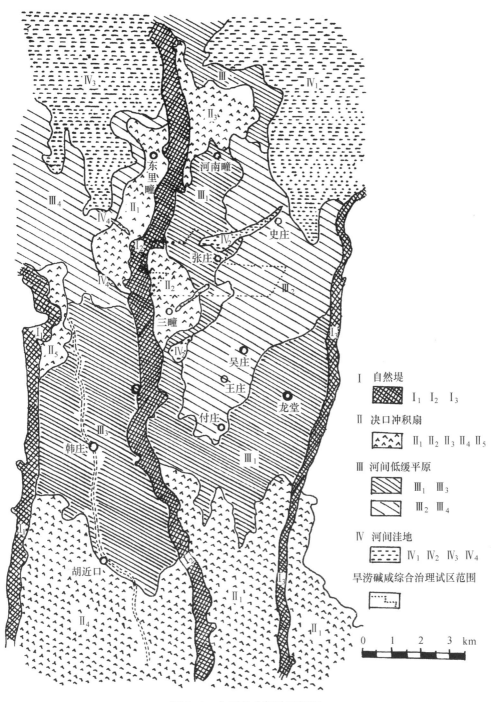

图 3-4　曲周县北部地貌概图

I　自然堤
　　I₁　I₂　I₃

II　决口冲积扇
　　II₁　II₂　II₃　II₄　II₅

III　河间低缓平原
　　III₁　III₃
　　III₂　III₄

IV　河间洼地
　　IV₁　IV₂　IV₃　IV₄

旱涝碱咸综合治理试区范围

0　1　2　3 km

曲周试验区内包括了各主要地貌类型:漳河故道及自然堤、古漳河三町缺口冲积扇、河间低缓平原和河间(槽形)洼地。以下对各主要地貌类型的特点分别加以说明(图3-5)。

漳河故道及自然堤上部较两侧地面高出1~2 m,呈宽200~300米狭长而曲折的带状分布,沉积物以砂壤土为主,夹有细沙层和薄层的轻-中壤土。潜水埋藏较深,3~5 m,矿化度<4 g/L。土壤无盐化现象,为褐土化浅色草甸土。

故道东侧的河间低缓平原地势开阔,宽4~5 km,沉积物以轻壤土为主,与砂土层及黏土透镜体交互出现。旱季潜水埋深一般在2.0 m左右,矿化度多在7~10 g/L,土壤普遍盐化。河间平缓平原的上部地势较高,潜水埋藏较深,盐渍土多为次生,而中下部以原生的重盐渍化土壤为主。这里人工淋盐堆积的盐土堆星罗棋布,红荆、碱蓬丛生,大面积的盐碱荒地触目皆是,景象颇为荒凉。试验区就设置在这片河间低缓平原中下部的重盐渍化土壤上。

河间洼地地形低洼、平坦,沉积物的上部以黏土和重壤土为主,夹有不厚的壤质和砂质土层。旱季潜水埋深在1.5 m左右。由于地形低洼易涝,经常有淡水补充潜水,故而河间洼地的潜水矿化度较二坡地低,一般在2~4 g/L,土壤多无盐化,为黏质的浅色草甸土,是当地主要的农田。

3.1.3 水文地质

河北省水文地质大队邯邢中队曾在曲周县进行了大量的水文地质工作。1975年又在旱涝碱咸综合治理曲周试验区对上部咸水层(50 m以上)做了详细勘探,已另有专门报告和图件。这里仅对试验区及其附近地区的水文地质条件进行简单介绍。

整个黑龙港地区几乎均有浅层咸水分布。其水文地质结构大致可分为浅层淡水、咸水和深层淡水。浅层淡水底界面深度大于10 m者约有1.86万 km^2,相当于黑龙港地区总面积的1/2,余为浅层淡水层(很薄)或根本无浅层淡水,其下为咸水层。曲周县浅层淡水层发育很差,浅层淡水区面积约占全县面积的1/10,其余均为浅层咸水区,旱涝碱咸综合治理曲周试验区一带即属无浅层淡水的浅层咸水区。

试验区及其周边咸水层底板自西向东,由60 m下伸到110 m,咸水层厚度逐渐加大。咸水层发育于近代河流冲积物。18(30)m以上的地层岩性以砂黏和黏砂为主,其中有数层厚度为1 m左右的粉细沙和细沙层。18(30)m以下为厚10~17 m的细沙层,它是试验区咸水层上部的主要含水层。此层具承压性,承压水头在地面以下3 m左右。此含水层的顶板为厚约10 m的亚黏土层,下伏地层为厚7~8 m的黏土层。

咸水层受着古地理环境(特别是古河道)、古气候以及以后的各种地质作用,

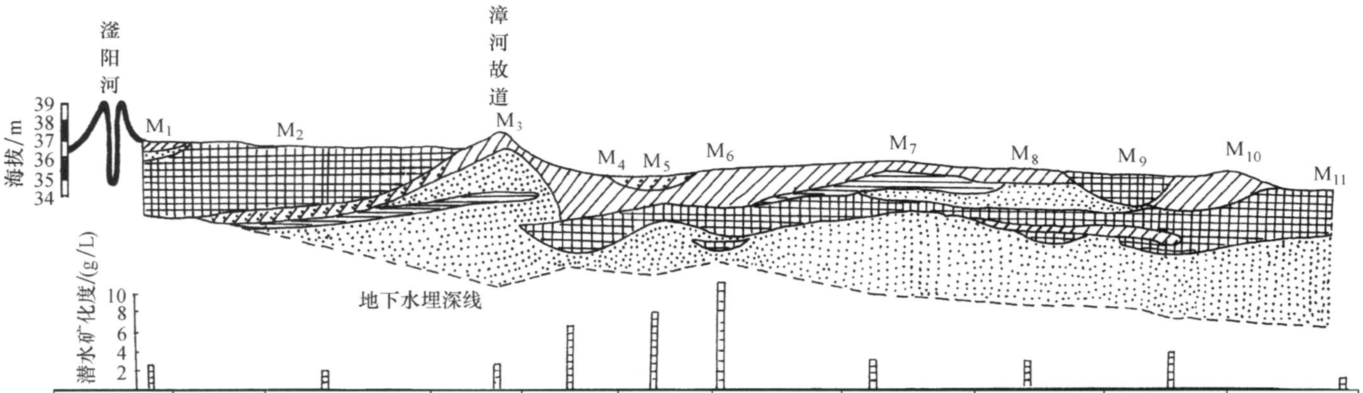

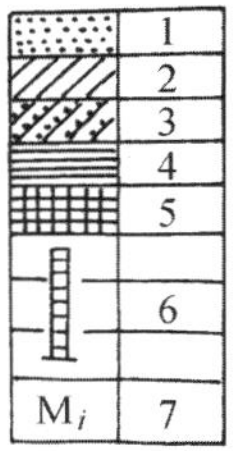

图3-5 曲周县北部地学综合体断面图

地面水平比例尺为1：48 300；地面垂直比例尺为1：241；质地剖面比例尺为1：120

1.细砂土 2.砂壤 3.轻壤 4.中壤 5.黏质土 6.潜水矿化度（g/L） 7.剖面点

地貌	决口扇形地	河间洼地（幼年漫流型漳河故道）	漳河故道	决口扇形地	河间洼地	河间微倾平原（二坡地）	河间微倾平原（高二坡地）	河间洼地（幼年漫流型漳河故道）	河间微倾平原	河间洼地（幼年漫流型漳河故道）
潜水埋深/m	1.7～2.0	2～2.4	3.5～4.0	2.5～2.6	2.4～2.5	2.3～2.4	3.3～3.5	3.4～3.5	3.5～3.6	3.4～3.5
潜水矿化度/(g/L)	2.5～3.5	1～2	2～2.5	5～7	6～8	8～11	2～4	1～2	3.4～3.5	1～2
土壤	中盐化潮土	潮土（红土）	褐土化潮土	轻盐化潮土	重盐化潮土	盐土	轻盐化潮土	潮土	中盐化潮土	潮土

以及人为活动的影响，在空间上和垂直方向上变化很大，咸水层的上部和后期的古河道的分布有着密切关系。试验区西部有漳河故道穿过，咸水矿化度较低（3～4 g/L），含水层较厚；东部则矿化度较高（5～7 g/L），含水层薄。

咸水层的表部，即潜水部分，受现代的地形、河流、土壤、大气降水和蒸发以及人为活动等因素的影响极大。在滏阳河两岸，由于受河水侧渗补给，咸水体以上飘浮着不厚的浅层淡水，咸水层上部亦受其影响而矿化度较低。在河间的碟形或槽形洼地上，由于雨水存积，补给量大，咸水层上部矿化度一般较低。潜水位高，水平排泄条件差，土壤盐渍化重的河间低缓平原上，由于潜水垂直排泄很盛和土壤盐分交换频繁，潜水矿化度很高，一般都在 7～11 g/L，犹如在咸水层的上部飘浮着一层矿化度更高的咸水飘浮体。它和土壤盐渍化互为因果，极大加速了土地盐渍化的过程。上部咸水层和现代的各种地理环境和人为活动密切关联，所以它对农业生产影响很大，而我们对它施加影响、进行改造和利用的可能性也很大，是值得重视的一项自然资源。

18（30）m 以下的具承压性的咸水层在水平方向上的变异也是很大的。南北纵贯试验区中部的承压性咸水矿化度为 3～4 g/L，呈宽约 500 m 的带状分布。由此向东西两侧展开，咸水矿化度逐渐增加到 7 g/L。

试验区咸水的化学类型多为 $SO_4^{2-}-Cl^--Na^+-Mg^{2+}$ 型或 $Cl^--SO_4^{2-}-Na^+-Mg^{2+}$ 型，pH 为 8 左右。

试验区东部以内径 33 cm 的水泥管井开采 40 m 以上的浅层咸水，单位涌水量 2～4 L/（s·m）。西部用内径 75 cm 的水泥管，井深 20～25 m，出水量较东部稍多。埋藏浅、径流滞缓、矿化度较高的咸水，大大加速了土壤盐化过程，是土壤盐分的主要补给来源。但是咸水的碱度不高，矿化度一般在 7 g/L 以下和出水量尚能满足机抽（3 吋泵）等条件说明，开采咸水用于灌溉和调节水量水位，并逐步对其上部进行改造是有可能的。

深层淡水的顶板（咸水层底板）自西向东为 60～110 m。第一开采段的底界埋深在 260～300 m，包括上更新统（Q_3）—中更新统（Q_2）上部砂层富集的地层。砂层岩性和厚度的分布均为南西—北东向，呈条带状。这和古河道的沉积规律是相一致的。其主含水层厚度 27～35 m，为细沙-中沙；矿化度 0.4～1.0 g/L；化学类型多为 $HCO_3^--SO_4^{2-}-Na^+$ 型或者 $SO_4^{2-}-HCO_3^--Na^+$ 型；单位涌水量 4～6 L/s；成井深度一般在 250～300 m。深层淡水是这一带主要的地下淡水资源，对工农业生产意义很大。农业上可用于抗旱灌溉，也可与咸水混灌，改善咸水水质，扩大地下水资源。

3.1.4　土壤

凡受易溶盐显著影响的土壤统称盐渍土。以 Cl^- 和 SO_4^{2-} 等中性盐类为主要组分的盐渍土为盐土（一般表层含盐量超过 1%）和盐化土壤（表层含盐量在 1% 以下）；以 HCO_3^- 和 CO_3^{2-} 等碱性盐类为主要组分的盐渍土为苏打盐化土壤；代换性 Na^+ 占代换量的百分比超过 15% 的称碱土，5%～15% 的称碱化土壤。土壤学上的"盐"与"碱"有着严格科学内涵和界定。农民中对"盐"与"碱"没有严格区分，一般称"盐碱地"或"碱地"等。本书中常用的黄淮海平原的"旱涝盐碱"及曲周试验区的"旱涝碱咸"均为习惯性用语。

试验区内非盐化的浅色草甸土只占总面积的 13%，其余均为不同程度的盐渍化土壤。盐渍化土壤中，轻盐化土壤占总面积的 15.7%，中盐化土壤占 15.1%，重盐化土壤占 13.6%，盐碱荒地（少量种有枸杞）占 38.6%。盐渍土分布广，盐碱荒地和强盐化土壤的分布面积占总面积的 1/2，是试验区土壤的一大特点。

盐渍土中以盐化为主，基本无碱化和苏打盐化是试验区土壤的又一特点。盐渍土的主要类型：以 Na_2SO_4 和 $NaCl$ 为主的氯化物—硫酸盐盐（化）土，以 $NaCl$ 为主的氯化物盐（化）土，以及以 $CaCl_2$、$MgCl_2$ 和 $NaCl$ 为主的潮湿盐渍土，群众分别称之为"白碱""盐碱"和"卤碱"，其分布、特性和盐分组成简单介绍如下（表 3-2）。

白碱因地面盐晶色白、松散而得名。由于含 Na_2SO_4 多，可以扫硝，故群众亦称之"硝碱"，属氯化物—硫酸盐盐土或盐化土壤。它分布在故道的自然堤下部，决口冲积扇下部和河间低缓平原（二坡地）的上部等地势稍高的部位。沉积物的砂性较强，土壤以砂壤和细砂土层为主，其中夹有不厚的（10～20 cm）中重壤质或黏质土层。较之大面积的二坡地盐渍化土壤相比，潜水位相对较深（旱季多在 2 m 和 2 m 以下），矿化度较高（6～19 g/L）。正是由于在季风气候下的这种地貌部位，地势、土质和潜水状况使得这里的积盐过程在一年中以雨季后潜水位较高的秋季为主，春季的积盐过程相对较弱，故而在盐类组成上表现出 Na_2SO_4 较多的特点。

图 3-6 中记载了白碱剖面"L_3"的一般特征及其盐分组成。白碱表层含盐量较其他类盐渍土都低，表层盐类离子的 Cl^-/SO_4^{2-} 比值 < 1，$Na^+/(Ca^{2+}-Mg^{2+})$ 比值为 3.06；从盐分组成上看，主要是 $NaCl$ 和 Na_2SO_4，二者占总盐的 75% 以上。

盐碱是因能淋小盐（食盐）而得名。春季地面有很薄的盐结皮，脆而色暗，踏上去破碎成声，故群众中也称其为"卡巴碱"或"黑碱"，属氯化物盐土或盐化土壤。它分布在开阔的二坡地上，是这一带主要的盐渍土类型。土壤以砂壤和轻壤土为主，夹有 20～40 cm 厚的砂层和黏质土层，特别是 1.5 m 以下含有较厚的黏土层。潜水埋藏较白碱为浅，矿化度高，土壤含盐量显著高于白碱土。剖面"L_{11}"的土壤表层的 Cl^-/SO_4^{2-} 比值为 3.26，$Na^+/(Ca^{2+}-Mg^{2+})$ 比值为 2.9，盐类组成中 $NaCl$ 占绝对优势，为总盐量的 74%，且上部 30～40 厘米土层沿根孔

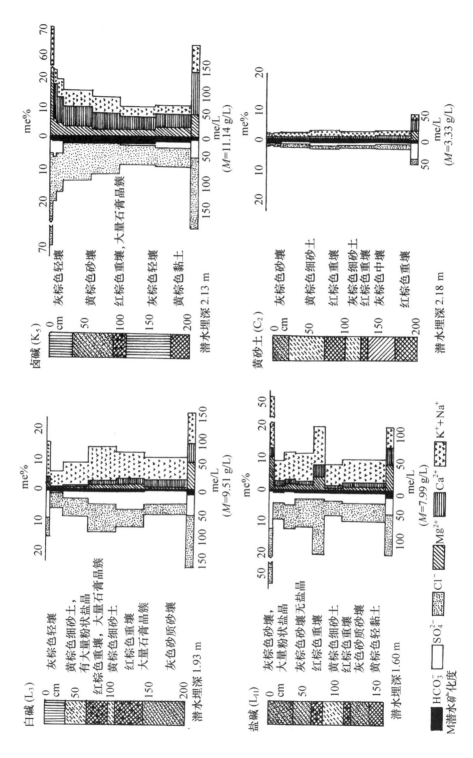

图 3-6 试验区内主要土壤类型的性状、盐类组成和潜水状况

积聚有 NaCl 的细粒状结晶。剖面中部有黏土层的地方往往出现大量的石膏结晶，犹如黄豆和绿豆大小，呈中空的晶簇状结晶，壤质和砂质土中较少。剖面下部，潜水涨落范围内弱度潜育化，有锈斑零星分布。

卤碱因含卤而得名，属氯化钙（镁）型的盐土或盐化土壤。由于这种盐类吸湿性强，地面经常保持潮湿，呈黑色，故群众又称"黑油碱"，是对作物危害极大的一种盐渍土。它和盐碱呈复域分布，处在盐碱分布的局部高地上，以大小和形状不一的盐斑形式出现。土壤质地和潜水位情况与盐碱相似。在低缓易涝的二坡地中下部的局部高地上，雨季雨水的实际入渗量很低，而雨季雨水和旱季灌溉水又往往把周围低处土壤上层的部分盐分转积到这块局部高地上，这就使得这里不仅含盐量高，而且积聚了大量迁移力很强的易溶盐 $CaCl_2$、$MgCl_2$ 和 NaCl。"K_5"是卤碱的代表剖面，其盐分离子组成见图 3-6。土壤表层 Cl^-/SO_4^{2-} 之比为 16，即 Cl^- 含量占绝对优势，而 $Na^+/(Ca^{2+}-Mg^{2+})$ 之比为 0.31，即 Ca^{2+} 和 Mg^{2+} 的两价离子较一价离子的碱金属离子高 3 倍以上。盐类组成中 $CaCl_2$ 占 41.6%，$MgCl_2$ 占 28.9%，NaCl 占 16.2%。

非盐化浅草甸土，主要分布在易涝和存积雨水的洼地里，大者如河间槽形或碟形洼地，呈数千上万亩的分布，小者在二坡地内与盐碱、卤碱或白碱成复域分布，亦处在局部的洼地里，面积从几亩到上百亩不等。其沉积物特点近于盐碱，土层变化较大，以砂壤和轻壤质土层为主，夹有砂层和黏土层。群众一般以表土的颜色和质地为土壤命名，其中有黄砂土、黄土、红土（色稍红的中 - 重壤质土壤）和黑土（色稍暗的中 - 重壤质土壤）。表层土壤盐分在 0.1%～0.15% 之间，下部含盐量稍高。

非盐化土壤的地下水埋藏不深，但因土质较黏，低洼地形易积存雨水，脱盐过程较强，故一般不表现盐化。土体盐量少和潜水矿化度稍低，也使得春季的季节性积盐过程不致达到盐化和影响作物正常生长的程度。此外，施肥和精细管理等农业活动和改良措施也起重要作用。

在季风气候影响下，潜水和土壤中易溶性盐分有着频繁而密切的交换。因此，潜水矿化和土壤积盐有着许多一致之处，但也有其各自的积盐规律。非盐化土和卤碱，在地形上各处于局部的低地和高地，地形因素影响下的水盐运动也向着两个相反方向发展。潜水表现为局部的淡化和矿质化，矿化度分别在 2～4 g/L 和 10 g/L 以上。白碱和盐碱所处地形和水盐运动具有一般的特性，潜水矿化度亦表现本地区的一般特点，多在 6～10 g/L。

表 3-2 较好地反映了上述 4 类土壤及相应潜水在盐分组成上的特点与相关性。

表3-2　曲周试验区代表性土壤类型及其盐分状况

项目		白碱 (L₃)*	盐碱 (L)*	卤碱 (K₅)*	黄砂土 (C₂)*
总盐量	土壤中含量/%	0.96	3.04	3.78	0.14
	潜水中含量/$(g \cdot L^{-1})$	9.51	7.99	11.14	3.33
Cl^-/SO_4^{2-}	土壤中含量/%	0.68	3.26	16.0	2.01
	潜水中含量/$(g \cdot L^{-1})$	2.41	3.27	3.58	0.28
$Na^+/(Ca^{2+}-Mg^{2+})$	土壤中含量/%	3.06	2.91	0.31	1.0
	潜水中含量/$(g \cdot L^{-1})$	0.69	0.53	0.44	0.24
盐类组成	土壤中盐组成及含量%	NaCI (38.3%) Na₂SO₄ (37.0%)	NaCI (74.0%) MgSO₄ (18.2%)	NaCI (41.6%) MgCl₂ (28.9%)	NaCI (40%) Ca (HCO₃)₂ (30%)
	潜水中盐组成及含量/$(g \cdot L^{-1})$	NaCI (40.8%) MgCI₂ (26.4%)	NaCI (34.7%) MgCI₂ (28.2%)	NaCI (30.5%) MgCl₂ (23.7%) CaCI₂ (21.9%)	(Na)₂SO₄ (38%) MgSO₄ (33.3%)

*代表性土壤剖面号。

3.2 基本认识与顶层设计

在我们进驻旱涝碱咸综合治理曲周试验区之前曾进行了两三个月的资料收集和调研工作，对黄淮海平原和曲周县的各方面情况有了基本了解，对这里的旱涝碱咸的危害情况和水盐运行特点有了初步认识。1973年秋进驻张庄村后，我们为六千亩试验区编制了当年冬季施工的农田基本建设规划并进行了紧张的施工。1974年即以此为试验场，对旱涝碱咸综合治理进行全面试验，以及对试验过程中水盐运动进行了全面监测和研究，获得了大量有价值的资料。1975—1977年，在不断改进中，我们又进行了3年试验，于1977年秋进行了阶段总结，编写了《旱涝碱咸综合治理的研究》一书。我们的基本认识与顶层设计是在建立试验区之初提出和在试验研究过程中逐渐深化和完善的。

黄淮海平原降水集中，冬春降水稀少，夏季降水集中，加上地形西高东低，微域起伏，导致水分在时间和空间上的分配严重不均，春旱夏涝频繁。夏涝抬高地下水位，春旱加剧土壤蒸发，导致土壤积盐和浅层地下水矿化，使这里盐渍土广布和重度积盐，地下水咸不便利用又增加了土壤盐化治理的难度。所以，旱涝碱咸之间有着密切的内在联系和相互制约，故在治理中不能"单打一"地"头痛医头，脚痛医脚"，而要统筹考虑，综合治理。旱涝碱咸四害共存，是自然状态下水分运动所表现出来的一组自然现象。综合治理旱涝碱咸就是按照水分运动的客观规律，科学地对水量和水位进行调控，使表现为旱涝碱咸的自然态水盐运动状况向着能抗旱防涝、治碱改咸的调节态水盐运动方向转化。

综合治理旱涝碱咸的中心是对水的调节。那么，曲周试验区的水状况就成为综合治理旱涝碱咸顶层设计的重要依据。

应当说，曲周试验区的水状况是相当差的。试验区虽近滏阳河灌区，但河水灌溉没有保证，仍属井灌区。可供利用的地上水源只有汛期拦蓄自产径流和上游客水，浅层地下水为咸水，现实可开采的只有深层地下水，深层地下水水源又供不抵需。以下是对六千亩试验区内张庄村3758亩土地的水资源状况的典型分析与计算结果。

丰水年、平水年和枯水年的当地自产径流量分别为7.70万 m^3、4.33万 m^3 和1.32万 m^3。汛期上游客水主要靠骨干河道建闸拦蓄，老漳河马兰头闸蓄水库容150万 m^3，曲周一代试验区仅能配水11.1万 m^3（丰水年）或5.6万 m^3（平水年）。浅层地下水资源主要靠降水入渗补给和灌溉回归补给。前者丰、平、枯三类水文年的补给量分别为25.93万 m^3、22.38万 m^3 和18.75万 m^3；后者的补给量分别为5.51万 m^3、9.52万 m^3 和12.56万 m^3。深层地下水资源为来自西部山区的侧渗补给，资源量有限。井深300 m以上的井孔承压静水位呈明显下降趋势，由治理初期 1973 年的 3 ~ 5 m，1982 年普遍下降到 15 m 以下。根据河北水文地质大队资料，深层地下水只适合作为后备水源，应枯水年之急需。

根据曲周一代试验区作物种植的灌溉需水量与水资源的平衡分析，其平水年亏缺 25.62 万 m³，枯水年亏缺 55.09 万 m³，丰水年稍有盈余，详见表 3-3。

表 3-3　张庄试验区水资源供需平衡表　　　　　　　　　万 m³

水文年	年灌溉需水量	可供水资源量			盈亏
		合计	地面水	地下水	
丰水年	40.70	52.54	16.10	36.15	+11.84
平水年	67.45	41.83	51.60	36.23	-25.62
枯水年	87.72	32.63	—	32.63	-55.09

根据我们对黄淮海平原旱涝碱咸的形成与运行规律的认识，以及曲周试验区给出的这种相当严峻的水资源状况及旱涝碱咸条件，综合治理顶层设计中必须面对和妥善解决的问题如下：

● 现水资源严重亏缺和干旱仍将是首要面对和解决的问题，要解决好汛期排涝与蓄水的结合，挖掘地面水资源潜力，同时积极寻求新的水源。

● 这里的自然条件决定了土壤的重度盐化和地下水的矿化，必须建立一套土壤排盐和地下水淡化的水运动系统。

● 无论是开发水资源，还是排盐淡化水资源，都要聚焦于浅层地下咸水的利用与调节，它将成为调节水盐运动和综合治理旱涝碱咸的中心环节和关键。

● 水盐运动调节的难度大，工程量大，必须通过农业措施尽快将农业生产搞上去，才有可能调动农民和地方领导的积极性，综合治理才能持续。

根据以上的基本认识，我们提出的旱涝碱咸综合治理的顶层设计是"打破咸水禁区，浅井深沟结合，农林水并举"。

3.3 综合治理的田间工程体系[2]

根据上述顶层设计的主导思想，综合治理中水盐运动调节的关键和突破口在于浅层地下咸水这个"禁区"。之所以说是"禁区"，是因为浅层微咸水的矿化度在 3 ~ 7 g/L，而灌溉水质的要求是在 1 g/L 以下，故一般是不能用作灌溉水源的。

为什么说开发利用浅层咸水是调节水盐运动和综合治理旱涝碱咸的中心环节呢？一则它是当地唯一具有开发潜力的水资源，可用于抗旱和农业增产；二则它一旦被抽取利用起来，就可以降低地下水位，减缓旱季土壤返盐过程，提高雨季防涝能力，以及土壤淋盐和蓄存降水能力，一举多得。此外，大气降水、地表水、土壤水和地下水转化调节的最佳空间正是浅层地下水区，它是"四水"转化与调节的枢纽，如能被利用并使之淡化实乃"动一子而激活全局"之举。

试验证明，通过咸淡水混灌、轮灌以及农田耕作管理措施，矿化度在 7 g/L 以下的咸水是可以用于灌溉各种农作物的。通过浅井群抽水试验发现，地下水位每天以 5 ～ 7 cm 的速度下降，那么将地下水位调控在 4 m 以下，就基本抑制了土壤返盐过程和增强了雨季防涝能力。根据计算，雨季降雨 300 ～ 400 mm，可全部入渗蓄存而不致受涝，相当于在面积 6 000 亩的试验区形成一座具有 180 万 m³ 库容或吞吐量的地下水库，可为每亩农田提供约 300 m³ 的灌溉用水。

据 1974 年和 1976 年的试验观测，试验区春季的土壤返盐过程基本停止，而试验区外对照区的盐渍土上层积盐率达到 43% ～ 66%；试验区雨季的土壤脱盐率在 25% 左右，而试验区以外的对照区只有 5%。此外，通过"抽咸换淡"，60% 的浅井水矿化度由 7 g/L 左右淡化到 5 g/L 左右。试验区的旱涝碱咸状况都到明显改善。

农田灌溉排水系统是利用和调节地面水的主要工程手段。试验区地面水源主要是对非灌溉季节滏阳河弃水、雨季自产径流与外来客水资源的拦蓄利用。农田灌溉排水系统需兼有灌溉、排涝、蓄水三重功能，故设计了以深沟为骨干，与浅沟结合的深浅沟系统。

只有将试验区的地表水、深层地下淡水与浅层地下咸水联合运用起来，才能提高农田灌溉保证率，并在科学调节下提高试验区的防涝能力，以及加速土体脱盐和地下水淡化过程，以实现综合治理旱涝碱咸的目标。而实现农业增产和农民增收的目标还必须将改善农田生产条件的农业措施作为重要环节部署上去。

我们将综合治理工程概括为"打破咸水禁区，浅井深沟结合，农林水并举"，其工程体系主要由以下四个部分构成。

第一部分是井组，即一眼深井与 4 ～ 6 眼浅井（多为咸水）为一个井组，600 ～ 800 亩土地的灌溉。为适应深层水源，深井井距一般保持在 700 m 左右，与浅井配合进行咸淡水混灌或轮灌。浅井除供灌溉和冲洗压盐用水外，重要的是通过抽水降低地下水位以抑制春季土壤积盐，提高雨季防涝能力以及负责对地面径流的蓄存能力。

第二部分是沟网，即以干支级深沟为骨干的深浅沟地面灌排系统。深沟间距 1 000 ～ 2 000 m，深 3 ～ 4 m，构成 3 000 ～ 5 000 亩农田的治理单元。深沟是灌、排、蓄结合，一沟三用，即提水灌溉、控制地下水位、雨季排涝和蓄存地表径流。由于浅井和深沟具有较强调控地下水位的能力，配置的浅沟系统主要用于在强降雨条件下排除地面径流，且能节省占地和施工土方量。与农田灌排系统相应配置的还有道路林带、桥涵闸管水工建筑物，以及电网等。

第三部分是农林措施，即平、压、肥、林、种五个方面。土地不平，漫灌不止，盐斑难除，平整土地是改良盐渍土和提高农业产量的基本功和必修课，一定要做好、做扎实。利用秋、冬季河流弃水进行重盐渍土的人工压盐，并发挥深沟与浅井的排水功能，可大大加快土体脱盐过程。有机肥可改良培肥土壤和提高作物产量，在抓好养猪积肥、秸秆还田和合理施用化肥的同时，可利用经改良扩大的农田种植绿肥，将用地和养地结合起来。林网不仅有生物排水、改善田间小气候的作用，还可以促进农业的综合发展。试验区农业生产及技术水平比较低，推广科学种田是一项紧迫而重要的任务，包括使用良种、科学施肥、灌溉、耕作与田间管理等。

只有农林措施上去了，旱涝碱咸综合治理才能提升到较高水平，才能实现综合治理的最终目标——提高农业生产和农民生活水平。

第四部分是农田水盐运动监测系统，包括灌渠水量和深沟蓄水深度的监测网；深层及浅层地下水埋深与水质监测网；土壤水分、盐分和养分动态监测网三部分。水盐运动监测系统是观察水盐运动的"眼睛"，是实行科学调控的基础，是改变过去那种旱灌涝排，经验型水盐运动管理所必须建设的基础设施。

图 3-7 和图 3-8 是张庄典型区井组、沟网、道路、林带、水工建筑物、电网的工程布置图。

3.4 综合治理的农业技术体系 [3]

农业技术措施与田间工程技术措施在旱涝碱咸综合治理技术体系中是相辅相成和不可或缺的两个支柱。田间工程设施是调控农田水盐运动的主要工具，农业技术措施不仅可以提高水盐运动调控效率，而且是达到增加农作物产量终极目标的主要手段。只有增加了农作物产量，使农民受益，旱涝碱咸综合治理才可持续。旱涝碱咸综合治理曲周试验区初期，即 1973—1976 年建立了包括如下 10 项内容的农业技术体系。

3.4.1 平整土地

盐渍土地区一般是地多人少，耕作粗放，土地不平。在过去小农经济条件下只是选择一些表层黏土 – 重壤质的土地进行种植，盐分较重地区因长期以"淋盐"为生，形成了许多大大小小的"盐土疙瘩"。要彻底改变低产面貌，就必须在加强农田基本建设的同时，进行大规模土地平整。无论按工时还是施工土方计，土地平整工作量都不小于开挖灌排系统和道路建设。为了加快土地平整工作的进度，

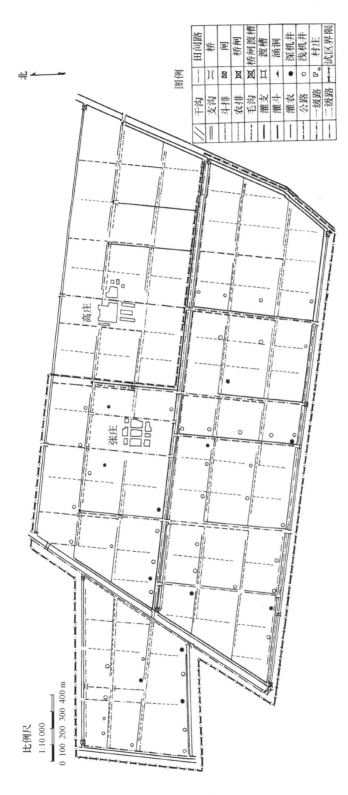

图 3-7　旱涝碱咸综合治理曲周试验区田间工程设施平面布置图 [2]

图例

干沟	∥	田间路	⌒⌒	
支沟		桥	⊠	
斗排		闸	⊠	
农排		桥闸	⊠	
毛沟		桥闸渡槽	⊠	
灌支		渡槽	⊐	
灌斗		涵洞	⌒	
灌农		深机井	●	
公路		浅机井	○	
一级路		村庄	⊡	
二级路		试区界限		

北

比例尺

1:10 000

0 100 200 300 400 m

高庄

张庄

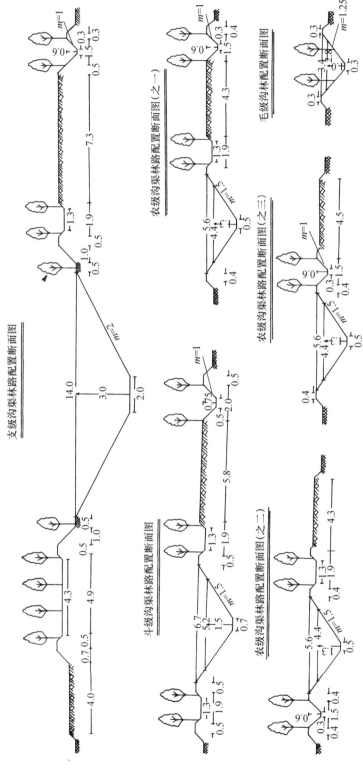

图3-8 旱涝碱咸综合治理曲周试验区田间工程中沟渠林路布置断面图[2]

注：图中数字单位为米，m为坡度。

我们在试验区大力推进了机械化平地施工。在平整土地实践中总结了如下的经验。

- 土地平整应与方田建设及农田基本建设规划结合起来。特别是在平整面积较大，或挖方与填方之间的距离又较远的情况下，应当进行地形测量和平地施工设计，处理好挖方与填方之间的关系，以提高平地质量和节省劳力。

- 如填方区为过去的道路、晒盐场等土壤紧实的地方，应当先将其紧实部分挖松，然后再填，以免土体下部形成不透水层，影响以后的土壤洗盐和脱盐。同样，如填方区地面有积水，要先将积水抽干，待表土稍干后再填新土，以免填方时的泥浆因地面积水而形成坚实土层。

- 宜先平后耕翻（如用刮土铲刮平地面，而地面紧实者可以先耕后平），特别是一些地面高低差相差不大的地段。因为耕翻会掩盖原来地面的高低，松土层沉陷后又会重显不平，尤其对那些盐斑很难消除的地段。

- 平整时应当尽量保存表土（盐分重者例外），并将土地平整与修建垄沟、畦埂等结合起来，做到既"平"又"整"。

3.4.2 播前压盐

在土壤盐渍化较重的地块，可因地制宜地进行播前压盐。以种麦为例，若土壤含盐量较多和平整基础较差，则宜及早腾茬，先平后压；若土地平整情况尚好而仅土壤盐分较重，则可带茬压盐；若土壤只有局部盐斑，而且墒情较好者，则可将盐斑高处挖走后深翻，进行局部压盐。总之，应当把盐分消灭在播种之前，因为此时土壤盐分经过雨季的自然淋洗，已有一定的自然脱盐过程，且此时淡水比较充足，不会与灌溉争水，气温水温较高，脱盐效果好。若错过这个时机，则可在种麦后结合灌溉压盐，但可能作物已经受盐害，且大水淹灌，土壤湿度过大，土壤空气、土壤养分和作物根系生活力均会受到影响。

3.4.3 深耕和增施底肥

深耕改良盐渍土的效果是肯定的，特别是机引深耕，它不仅可以加深耕作层，促进根系发育，改善耕层物理性状，而且有助于土壤脱盐。一般在麦收后的伏天进行深翻暴晒，可以充分干燥和提高土温，增加土壤大孔隙，利于接纳雨水和提高脱盐率。深耕需与施用有机肥结合，以维持深耕所改善的土壤物理状况和提高土壤肥力。深耕和施用有机底肥时，要注意补充磷肥，必要时可结合施用氨水以补充氮肥的不足。盐渍土对磷有较强的固结能力，故宜施用过磷酸钙而非钙镁磷肥，过磷酸钙与腐熟的优质有机肥混施效果更佳。

深耕与施用底肥的步骤一般是第一步浅耕灭茬，保证深耕时不致因表土板结或根茬在翻转于下层时形成"暗坷垃"；第二步是深耕时可沿犁铧用塑料管将氨水施于底层；第三步是将优质有机肥与磷肥先施后耕，再用旋转犁将表土与有机肥和磷肥充分混匀;最后进行耙地整地。按以上步骤可达到分层施肥,氮、磷及有机底肥联用,土层"上虚、中实、底松"以及土肥相融的目的。

3.4.4　品种

1974 年以前,张庄大队小麦品种多而杂,有丰产三号、郑州三号、矮丰2 号、石家庄 54、邯选 2 号、向阳 2 号、九兰三九、阿夫等。1974 年麦收后,在考种和群众参加讨论的基础上,当地以抗逆性较强的九兰三九为主要品种,其次为丰产三号,并留部分冬性较强的石家庄 54。1975 年秋张庄大队引进郑引一号,1976 年引进太山 1 号和太山 4 号,1977 年秋开始以太山 1 号为当家品种,但郑引一号因抗冻力差而淘汰。

张庄大队过去的玉米品种以当地品种小黄、一斤白和冀综一号单交种为主。1975 年当地开始引进郑单二号,1976 年对其小面积试种,1977 年大面积推广,这个品种的主要特征是抗大小斑病、双穗率高、耐涝、耐水肥、籽粒扁长、穗轴较细、籽粒产量高等,很受群众欢迎。

几年来,我们对品种的考虑是:要求品种与本地土壤肥力相适应,不能盲目追求高产品种,如抗逆性强和高产的郑单二号。在土壤肥力较低的盐渍土,及施肥水平又不高的条件下,不宜追求高产而大面积使用对水肥条件要求过高的品种。

3.4.5　种植密度与种植方式

密植要与土壤肥力相适应,不能盲目要求密度。几年来,小麦平均播种量一般不下于 10 kg,基本苗不下 20 万株,最好的年前分蘖可达 60 万~80 万株,但成穗一般不超过 35 万株。若超过,则千粒重明显下降,穗粒数明显减少,因受土壤肥力所限。1977 年小麦平均亩产近 200 kg,也是年前以过磷酸钙作底肥,返青期用大量氨水追施的原因。种植密度要与产量、土壤肥力、施肥水平紧密相关,不能盲目加大密度。

过去每亩棉花植株可达 2 000 株左右,采取"高密度、早打顶"办法可达5 000~6 000 株,但因地施肥不多,早期脱肥现象比较严重。盐渍化土壤上的脱肥,还与盐分危害有关,若不设法进一步培养地力,则不宜增加棉花密度和采用粮棉间作。

种植方式或种植制度与土壤肥力、水利条件、施肥水平和劳力条件等相关。过去耕作粗放,仅在少数好地上水肥有保证,小麦—玉米一年两熟,一般农田为一年一熟。目前经过大面积农田基本建设与土壤改良,种植面积和复种指数都大大提高,所以水肥与劳力就产生了矛盾。要达到高产、稳产、低成本的目的,就必须考虑将盐渍化土壤区的种植制度与抗涝、抗盐和土壤培肥的目的相统一;地多人少与农业现代化、机械化相统一；以粮为纲，农林牧全面发展。因此，土壤肥力较好的地块可以实行两粮一肥，土壤肥力较差的地块可以一粮一肥，将绿肥纳入种植制度，将饲料生产和增加土壤有机肥纳入种植制度。

3.4.6　播种

盐渍土土温一般较低，故春播宜晚，秋播宜早。在棉花播种上，1974年和1976年的成功以及1975年和1977年的失败，皆与选择适宜播期有关。盐渍土土温低不仅影响幼苗生活力，幼苗耐盐性也有明显下降。土温合适情况下，幼苗可耐土壤耕作层0.5%的含盐量，土温较低情况下，土壤耕作层含盐量0.3%即可使幼苗受到盐害。

盐渍土肥力低，施肥不多，上茬作物成熟时常有脱肥早衰现象，使用种肥可取得良好的壮苗效果。近两年机播小麦一般都兼施种肥，丰产田和晚播田更显得必要。此外，盐渍土的蝼蛄为害甚烈，为保全苗，就必须实行药剂拌种。近年来，由于蝼蛄抗药性增加，1605、1059一般均难以毒死蝼蛄，所以采用了3911药剂拌播，其消灭蝼蛄的效果很好。

3.4.7　田间管理

（1）**补苗**　盐渍土上一般很难拿全苗，原因可能是多方面的，如土壤盐分、土壤物理性状、地下害虫、播种技术等影响因素，要注意找出缺苗原因，总结经验和及时补苗。补种或补栽要根据具体情况(如作物种类、当时苗的大小、劳力情况等)而定，最后要达到苗齐、苗壮和苗匀的目标。近两三年试验区农民已接受对棉花、玉米和高粱等作物进行咸水移栽补苗。

（2）**中耕**　中耕对大秋的中耕作物（玉米、棉花、高粱等）非常重要，可以起到消灭杂草、疏松表土、切断植株上部根系，以及与培土结合，预防和提高植株雨季抗倒伏和抗涝能力等多种作用。第一次中耕叫"开苗"，与间苗、定苗相结合。除用大锄外，还可采用畜引耘锄或畜引单铧犁等机具，不仅耕地效率高和质量好，还可以加深中耕层，沿行间培土和筑犁沟，有利于雨季田间排水。

（3）**追肥**　盐渍土地区土壤肥力低，除基肥与种肥外，还要适量追施以氮肥为主的化肥。追肥一般宜早，做到早追、早促，早成壮苗。小麦以重施返青肥为主，棉花以重施蕾肥为主，玉米以重施穗肥为主。小麦返青期亩施50 kg氨水可提高4成产量，每千克氨水可增产1 kg小麦。棉花的氮肥试验显示，蕾期亩施氮肥10 kg也能增产4成籽棉，每千克标肥则可增产3～5 kg。如追肥晚了，易造成棉株脱肥早衰和追施氮肥后又转旺贪青、霜前花少而霜后花多现象。在土壤肥力较低和缺磷的情况下，可早春追施过磷酸钙（约每亩10 kg），增产效果优于单追氮肥。

（4）植物保护 1973年大涝后的翌年春天，地下害虫地老虎大量发生，对高粱、棉花和草木樨等作物造成了毁灭性灾害。用1%的666粉与旋花叶相拌，傍晚撒施于有地老虎为害的地段，灭杀效果很好。蝼蛄也是盐渍土区一大地下害虫，可采用3911拌种，第一次使用时，每平方米可见到一头以上被毒死的蝼蛄，连续施用两次以后，蝼蛄危害已大为减轻。棉花虫害主要是蚜虫和棉铃虫。播种时以3911拌种，可使麦收前的棉苗不受蚜虫侵袭，即使麦收后大量蚜虫向棉田转移，也能基本控制住出口数量。两年来对棉铃虫的药剂防治效果一直不好，1977年采用玉米诱集带防治有一定效果，但没有解决根本问题。

3.4.8 冬灌和春灌

盐渍土的灌溉，不仅可满足作物的水分需要，而且可稀释土壤溶液和调动上层土壤盐分。故盐渍土的灌水定额要比一般土壤偏大，每亩在60 m³以上，但要注意土壤的温度和通气状况。

• 盐渍土区农民普遍反映冬灌效果不好，小麦返青时出现死苗或发育不旺问题。根据多方观察，一是因灌水量偏大，造成"冰盖"和"冰抬"现象，致使根系窒息、断裂；二是灌水后土壤水分过饱和，影响小麦根系呼吸。因此，盐渍地小麦冬灌应当比一般地要早，灌水量不宜过大，要使灌水后的大量重力水有时间下渗，以改善土壤通气状况和提高土温。因怕死苗而不进行冬灌是不对的，特别是在干旱的冬季（如1976年冬），小麦分蘖节以上的土层全已变干，这种情况下就应当在封冻前提早进行冬灌。

• 早春季节，北方盐渍土区都有返浆期，即土壤上层开始化冻而底层仍在冻结或化冻不久，上层土壤水分饱和，土温上升缓慢。故盐渍土地块不宜早灌，特别是在麦苗较弱的情况下。早灌会影响尚未产生次生根系或根系较弱麦苗的正常发育而窒息死亡。盐渍土区小麦返青水量不宜过大，如需结合返青水压盐者，则可以早灌，但灌前要整理好田间排水系统，灌后及时排水以降低地下水位，这方面我们是有经验教训的。1976年春季小麦返青水因灌水量偏大，灌水时间偏早，灌后又未及时排水，致使小麦春季生长发育受到了很大影响，田间总茎数普遍下降，小麦生育期推迟了半个月。

盐渍土地区进行早春灌溉和冬前灌溉时，要注意观察土壤通气性和地温，对弱苗麦田更是如此。

3.4.9 田间诊断

盐渍土地区的农业生产，既存在土壤盐分问题，又存在土壤养分问题，及时了解土壤和作物的盐分动态和养分动态是田间管理的重要依据。田间诊断主要有播前诊断、生育期诊断和障碍诊断。

• 播前诊断是对播种前土壤盐分、养分和水分的测定。如耕层土壤盐分大于0.3%，则需进行播前压盐；如播前土壤有效磷低于 5 mg/kg，则需施用过磷酸钙基肥或种肥；如土壤水分低于田间持水量的 60%，则需灌溉补墒或采取镇压保墒措施；如土壤水分达到或接近田间持水量，则建议在播种时不带镇压器。对土壤墒情的估测要注意经常和及时与气象部门联系。

• 生育期诊断主要是指在作物不同生育期间，结合作物形态特征、植株养分和土壤速效养分的测定，诊断作物当时的营养状况和土壤供肥状况，作为肥水促控的依据。如植株群体和个体形态均较旺较壮，植株 NO_3^--N 和土壤速效氮含量较高，则苗的长势将会进一步变旺，需采取适当控制措施。如植株群体和个体虽旺且壮，但植株 NO_3^--N 和土壤的速效氮量较低和无机磷含量较高，则表示苗的长势将要下降，特别是在小麦拔节以后。如小麦上下叶鞘之间发生了 NO_3^--N 的倒置现象（即上部叶鞘的 NO_3^--N 含量大于下部叶鞘），即表示已进入潜在脱肥阶段；如植株群体和个体形态出现叶色落黄，小麦在分蘖期不分蘖或有缺位蘖，棉花呈尖顶现象皆表示植株已经脱肥；植株 NO_3^--N 含量低，而无机磷于生育前期(如小麦在拔节以前，棉花在花期以前)含量高，土壤的速效氮低，则说明植株早已脱肥，要尽快浇水追肥，予以补救。

上述情况应当结合土壤水分状况和盐分状况进行分析。在盐渍土地区，有时土壤脱肥和缺水是与土壤盐分浓度增加一致的，要通过测定土壤的水分、盐分以及作物的 Cl^- 含量，诊断其受害的主要原因。如盐分指标达到，或超过该作物的危害指标，则可利用土壤养分与土壤盐分之间的植物生理颉颃作用，以增氮和小水量灌溉的方式消除盐害。

上述作物与土壤的三种不同的养分状况，也要结合作物的不同生育期的特点来决定其管理措施，如小麦越冬前的个体和群体达到一定指标（如每株已有大蘖3 个，群体每亩已近百万苗）时产生脱肥现象，可不采取任何管理措施。相反，如果在其返青期和孕穗期产生这种脱肥现象，就应当以水肥攻促。几年来我们在不断摸索适于当地生产情况的一些诊断指标，以提高盐渍土地区科学田间管理水平。表 3-4 是以小麦返青期为例的相关诊断指标。

表 3-4 小麦返青期诊断指标（曲周）

项目		旺苗	壮苗	晚播弱苗	早衰苗
植株长势	个体	分蘖 4～6 个，叶片越冬没死浓绿，下披，高度大于 20 cm	分蘖 3～4 个，叶片越冬有死亡，绿而挺，高度 12～15 cm	分蘖，无次生根，叶色紫绿，发黄多呈死亡态，高度小于 10 cm	分蘖 2～3 个，但均为大蘖，叶片黄枯居多，高度 12～20 cm
植株长势	群体（万株/亩）	> 100	80～100	< 50	80～100

续表 3-4

项目		旺苗	壮苗	晚播弱苗	早衰苗
植株叶鞘养分 / ($\mu g \cdot g^{-1}$)	NO_3^--N	> 300	100 ~ 200	50 ~ 200	< 100
	P	< 50	50 ~ 100	< 30	< 50
	K	> 1 500	1 000 ~ 1 500	500 ~ 1 000	500 ~ 1 000
耕层土壤养分 / ($\mu g \cdot g^{-1}$)	NO_3^--N	> 60	20 ~ 30	5 ~ 60	< 20
	P	9 ~ 12	4.5 ~ 9	1.5 ~ 9	< 4.5

● 障碍诊断主要是指作物苗期遭受盐害的症状诊断。如小雨死苗、春季玉米红苗、早春灌水量过大导致的小麦缩苗、小麦与棉花的盐害早衰等，围绕这些盐渍土上经常出现的土壤问题进行水、温、气、肥（盐）等综合诊断，找出问题的原因和解决办法。

3.4.10 土壤培肥

盐渍化土壤的培肥工作是在农田基本建设的同时，或在农田基本建设完成到一定阶段以后就要进行的，即对盐渍化土壤肥力性状进行彻底改良，通过加强对土壤的熟化，把种地与养地结合起来，使土壤愈种愈肥。试验区的某些情况在这方面是不太理想的，从1975年和1977年的部分地块的耕层盐分图来看，盐分是减少了，但是从土壤有机质图及土壤碱解氮图来看，土壤有机质及碱解氮都产生了明显下降，主要是因为这两年在改良和垦殖盐渍化土壤过程中的有机肥用量太少。这样下去，土壤改良的效果不能充分发挥和及时巩固，因此，土壤培肥工作已十分迫切，要尽快跟上。

盐渍土培肥的前提是要搞好以排、灌、林、路、平为中心的农田基本建设，有效控制潜水水位和土壤盐分。培肥的主要措施是大量施用有机肥和将绿肥纳入种植制度。绿肥本身又是优质饲料，为畜牧业发展创造了良好的条件，因此绿肥的发展对盐渍土改良是具有战略意义的。绿肥安排不当，日后会严重影响当地农业生产的进一步发展。

近年来，我们引种了早熟田菁、桱麻、草木樨以及当地原有的紫穗槐。这4种植物无论是生产实践、群众鉴定还是我们的部分观测，其种植效果都是很好的。一般鲜草亩产可达1 500 kg以上，耐盐性强，在耕作层土壤含盐量为0.4% ~ 0.5%时可正常生长，甚至在土壤含盐量达0.7%时还可以生长，而且增产效果很好。

一般的土壤，夏季小麦每亩产量为100 kg，秋季玉米则为75 ~ 100 kg。如果麦收后种一季绿肥，然后再种小麦，则一季小麦也可能"上纲要"，这样就可以集中人力、肥料于另外较好的地块上，以取得较好的产量。在盐渍土地区，不能总在种植面积和复种指数上打"消耗地力战"，即使产量一时上去了，也不能持续增产和降低成本。所以土壤培肥是一个高产、稳产、低成本的重要措施，也是盐渍土改良的重要组成部分。

3.5 综合治理效果报告

1974—1977 年的 4 年间，各项农田基本建设工程和农林措施全面部署到位。一代试验区有深井 12 眼，浅井 48 眼；挖沟 8.85 万 m，动土 78.52 万 m³；各级建筑物 110 多座，扬水站一座；植树 28 万余株；6 300 亩耕地全部进行了粗平，其中 1 500 亩进行了细平；种两年生和多年生绿肥 300 多亩，井、沟、渠、林、路、田、电已具规模。旱涝碱咸综合治理试验期间，为了灌溉与压盐，冬、春季引河水 180 万 m³ 和开采深层淡水 32 万 m³；为了抗旱防涝除盐和改咸，浅井累计抽水 205 d 以调控潜水位，抽出咸水 235 万 m³，排出盐量约 1 18 万 t；为了作物增产和土壤培肥，大大提升了有机肥和化肥施用、良种普及、田间管理、植物保护、机械作业等的水平。

关于曲周试验区旱涝碱咸综合治理的效果，本节摘选了 1974 年、1976 年、1979 年和 1982 年的 4 个比较正式的报告中的相关内容分述如下。

• 在曲周县领导和试验区农民的大力支持下，综合治理的田间工程措施和农业技术措施很快到位。1973 年的冬季农田基本建设和 1974 年的各项措施的及时到位，使试验区的第一年就取得了显著效果。下面是 1974 年的技术总结报告前言中的概述[4]。

1973 年秋，我们承担了"黑龙港地区地下水资源合理开发利用"科研项目中"改造利用咸水"的研究课题，同时参加了邯郸地区东北部涝洼盐碱地的综合治理工作。根据领导的指示精神，在这一带的涝碱地中心，即曲周县北部建立了一块近 3 万亩的"旱涝碱咸综合治理区"，在其中盐碱最重的 4 000 亩土地上设置了"改造利用咸水，综合治理旱涝碱咸试验区"。一年来，试验区和治理区在旱涝碱盐的综合治理方面取得了较为明显的成效，推动了当前的生产。试验区的张庄大队粮食总产由历史最高水平 31 万斤（1971 年）增至 60 万斤，单产达到 463 斤。1970 年以前，张庄大队平均每年约需国家供应商品粮食 4 万斤，1974 年则向国家交售商品粮食 11 万斤，皮棉也由过去单产 20 多斤提高到 57 斤。试验区的大街大队粮食总产由历史最高水平的 13 万斤增至 24 万斤，单产 450

斤。两个大队粮食产量当年就翻了一番的变化对这一带产生了良好影响。广大农民说"过去是草少苗不长的老碱窝，现在是能抗旱、防涝，土变、水变、产量变"。

● 第二份报告是曲周县水电局与华北农大①曲周基点于1976年10月25日给曲周县委和邯郸地委的汇报材料[5]，反映了前3年的治理效果。以下是摘自该报告的部分内容。

试验区3年的综合治理，在抗旱、除涝、治碱、改咸四个方面均已收到初步效果。在充分利用地表水的同时，井灌面积由原来的7%提高到80%左右（含咸水灌溉）；抗涝能力由过去数十毫米降水即成灾，到1976年一次连续降雨318毫米未受涝害；盐碱地面积由治理前的88%下降到22%；60%的浅井水矿化度已由7克/升淡化为5克/升左右。另外，开碱荒地1400余亩，将原来寸草不生的刮盐场和碱荒地改造成喜人的麦地和棉田。

经过3年的努力，张庄一代试验区已按规划做到"地成方，树成行，渠路成线井成网"，初步实现了大地园林化和方田化，消除了自然灾害和小农经济遗留下来的落后景观，开始展现了欣欣向荣的社会主义大农业的壮丽景象。

试验区所在大队的农业生产有了较大幅度增长。大街大队三年跨出三大步，治理前的1973年粮食亩产120斤，治理的第一年，即1974年亩产达450斤，一步"上纲要"；1975年亩产567斤，完成了"过黄河"；1976年夏季的小麦单产，总产比去年翻了一番，亩产达500斤，秋粮丰收大局已定，全年"跨长江"的计划可望实现。该大队1973年吃国家返销粮20 000斤，综合治理后的1976年夏季每户平均贡献小麦714斤，全年每户贡献达1 600多斤。张庄大队治理前的1973年亩产130斤，1976年"上纲要"，1975年"过黄河"，1976年产量也将有较大幅度增加。随着生产的提高，当地对国家的贡献也逐年增多，张庄大队过去每年吃国家统销粮4万～10万斤，1974年向国家贡献7万斤，1975年贡献12万斤，1976年夏季交售小麦8万斤，平均每户520斤，全年每户平均贡献近1 000斤。其他大队也由缺变余，结束了长期吃粮靠国家的历史，逐年增加对国家的粮食贡献。

我们算了一笔经济账。三年来，试验区的生产性投资（以集体为主，国家适当补助）中固定设备（井、机、电等）投资约10万元；消耗性费用（抽水机和拖拉机用油等）约4万元，合计14万元。平均每亩地投资23元（机泵电和防渗系统未完全配齐）。据统计，三年内试验区共增产粮食130万斤，皮棉7万斤，总产值较过去纯增20万元，回收了全部投资。更重要的是，这块深受旱涝碱咸

---

① 华北农大是北京农业大学从陕北迁回涿州农场时用的名称。

严重威胁的老碱窝得到了初步治理，农业生产条件得到了改善，为今后进一步夺高产打下了良好的基础，也大大增强了广大贫下中农治碱改土的信心和决心。（作者注：1957年《全国农业发展纲要》提出在1967年秦岭黄河以北地区的粮食亩产要达到400斤，黄河以南、淮河以北达500斤，淮河以南800斤，简称"上纲要""过黄河""跨长江"。）

• 第三份报告是北京农业大学曲周基点于1980年2月2日由本书作者执笔的，给邯郸地委和曲周县委上报的"1979年粮食生产情况专门报告"[6]。该报告反映了治理6年后的情况和起草这份报告时笔者的欣喜与自信。以下是报告的主体部分。

一、粮食产量和播种面积是如何确定的

为了取得真实准确的结果，1979年夏秋，我们对几个重点大队（张庄、大街、王庄）的粮田亩数和其他地块，先后进行了实测，求得每个地块的面积，并绘制成图，用于作物种植布局和准确测产。准确测产既是试验研究的需要，也便于县粮食局、统计局、粮站对这几个大队粮食产量、贡献、社员人均收入等资料进行核实。

二、1979年粮食生产情况

第一代试验区土地面积6 000亩，1979年试验区粮食播种面积3 669亩，总产220.9万斤，平均亩产602斤。张庄和大街两个大队是全部土地在试验区内，测产准确度高，高庄、三町、巩村、徐街、康街五个大队是部分土地在试验区内。

张庄大队粮田1 441亩，含新改良土地291亩，测产粮食总产119.75万斤（治理前历史最高水平39万斤，包括自留地共49万斤），单产831斤（历史最高单产278斤），向国家交售余粮39.7万斤，获河南町公社贡献最大奖。该大队治理前仅1971年和1972年向国家交售余粮5万余斤，其他缺粮年份均吃统销粮（年均5万斤左右）。综合治理6年期间共提供商品粮近160万斤，人均2 400斤。1979年社员口粮670斤，多数社员家庭小麦可吃到第二年麦收。1979年全大队人均收入115元，较1978年增加17%，户均净收入900元以上。

大街大队粮田面积467亩，其中包括棉田中套种小麦60亩，总产37.75万斤，单产808斤，综合治理前单产不超过200斤。该大队在治理前经常吃统销粮，但1979年贡献粮食13万斤，6年累计向国家提供商品粮44万斤，人均交粮1 440斤。1979年人均收入105元，比最高年份1977年增加38%。

三、取得1979年粮食高产稳产的原因

1979年是1978年旱情的继续，试验区年降水量仅358毫米，仅为多年平均值的57.6%，出现了汛期抗旱的反常现象。张庄大队和大街大队能保住高产稳产的原因，从技术上看，就是综合治理系统发挥了作用，特别是井组的作用。无地面水、无雨水，只靠深井淡水和浅井咸水混灌。浅井—深沟体系的综合措施经受住了连续干旱的考验。1979 年仍将继续经受考验。

下面我们拟提出 1980 年作为综合治理第一年的第二代试验区重点——王庄大队的综合治理预报。期望用实践来检验和评定我们的综合治理的科研成果和生产能力。

王庄大队（共 558 人）1979 年小麦总产 61 000 斤（约 891 亩），全年粮食总产 24.8 万斤（在秋作物生产上，综合治理的工程措施已发生效用），单产 167 斤（这是改造前有代表性的生产水平）。1980 年小麦播种 750 亩，粮田面积共计 1 000 亩。根据综合措施系统的建设情况和全部措施调控计划的实现，对综合治理和小麦产量做出如下预报：在不发生特殊灾害的情况下，王庄大队 1980 年小麦总产相当于 1979 年的 200%～300%，并力争全年产量翻一番。同时，抗旱能力达到 200 天无雨不成灾，除涝能力达到 3 日降水 250 毫米不淹地，以及粮田中基本消除盐碱地。

对此，我们建议并恳请国家农委、国家科委、农业部、河北省农委和科委、邯郸地区农委和科委，在麦收和秋收季节派专人到现场监督检查，验收、指导。做这种预报还从来没有过，这是第一次，我们斗胆这样做，是试图让科学是生产力这一真理在这里能得以实现。希望各级领导加强指导与检查。

• 第四份是河北省科学技术委员会的农业处于 1982 年 12 月 17 日整理上报省委的一份报告，题目是"成效显著，攻关有望"[7]。报道的对象是曲周县北部新治理的 23 万亩（加上荒地、道路等则为 35 万亩）土地，反映了旱涝碱咸综合治理 8 年的效果及向面上 35 万亩推广的情况。全文如下。

国家科委设立和北京农业大学承担的曲周旱涝碱咸薄综合治理试验区与曲周县委、县政府密切合作，在曲周县北部 23 万亩盐碱地上以科学试验为前导，艰苦奋斗 10 年。除已完成国家赋予的大量基础研究和应用理论研究任务，提出一批有价值的科研成果，并于 1980 年列入联合国科研计划，进行国际间的科研协作外，该区已于 1982 年扭转了"吃粮靠返销、花钱靠贷款"的局面，转而向国家提供商品粮。据统计，该区共有 8 个公社，118 个大队，89 000 人。治理前，每年吃统销粮 500 万～600 万斤(新中国成立前，这里群众的生活更惨淡)。由于对盐碱地进行了综合治理，自 1980 年以来的三年里，该区向国家提供了商品粮 1 978 万斤，皮棉 504 万斤，油料 214.4 万斤。北京农业大学在曲周搞的第一代试验区的张庄大队共 150 户，过去每年吃统销粮 4 万～10 万斤，现在年年卖余粮。自 1974 年以来，该区累计向国家交售粮食 269 万斤，年均 29.9 万斤，人均交售 450 斤、1982 年户均产粮 1 万余斤。第二代试验区的王庄大队，过去每年吃统销粮 5 万斤，治理后年年向国家交售余粮。自 1979—1982 年的四年间累计交售余粮 68 万斤，1982 年一年就交售了 30 万斤。

随着该区粮、棉、油等主要农产品的不断增加，整个农业生产搞活了，农村人民生活大大改善，这个有史以来贫穷多灾的重碱地区的人民更加拥护党和政府了。同时，它也告诉我们，只要落实了党的三中全会以来党在农村的各项政策，执行新的科技方针，发挥科学技术的巨大威力，抓住重点研究课题，选准技术路线，制订出正确的实施方案，组织好攻关队伍，中低产田的难关是一定能在不太长的时间内攻破的！

3.6 一代试验区和二代试验区的治理效果及经济分析 [8]

1973 年秋开始的以张庄为重点建立的旱涝碱咸综合治理试验区取得显著成效后，1978 年秋开始建设以王庄为重点的二代试验区，两代试验区的土地面积均为 6 000 亩左右（位置参见图 3-9）。北京农业大学农业经济系老师对这两代试验区中的张庄大队（1973—1984 年）和王庄大队（1978—1984 年）的综合治理效益及其经济评价做了典型分析。

这两个大队 1984 年的基本情况如下。

	张庄大队	王庄大队
户数 / 户	180	163
人口 / 人	755	643
耕地 / 亩	2 682	2 580
投资总额 / 万元	60.5	46.4
亩投资额 / 元	224	179.9
粮食总产 / 万 kg	78.85	53.9
粮食单产 / kg	717	383
皮棉总产 / 万 kg	6.82	4.8
皮棉单产 / kg	68.25	55
人均总收入 / 元	1 127	908
人均净收入 / 元	777	569

经过旱涝碱咸综合治理的张庄大队和王庄大队两区的生产条件均获得明显改善。灌溉面积由治理前的 1/3 左右提高到全部耕地均得以灌溉。张庄大队 11 年来未受旱涝灾害影响，王庄大队 1984 年秋作物因大雨前引河水大定额灌溉而稍

受渍涝。张庄大队耕地中的盐碱地面积仅占总耕地面积的 14.8%，王庄大队改良扩大耕地面积至总耕地面积的 71% 后，盐碱地由原来占耕地的 63% 下降到现在的 33%。张庄大队耕地面积由治理前的 2 403 亩增加到 2 682 亩；王庄由 1 501 亩增加到 2 580 亩。两个大队的地下水位在返盐季节都能控制在 2 m 以下，在降雨量大和大量引河水压盐时，高矿化度潜水也有淡化趋势。

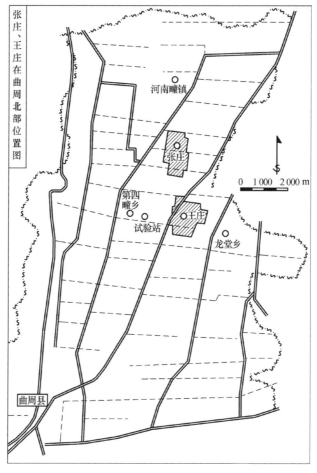

图 3-9 曲周县张庄和王庄位置图

张庄大队粮食总产从治理前的 17.51 万 kg 提高到 78.85 万 kg，亩产由 158 kg 增加到 717 kg，总产与亩产均增长了 3.5 倍。皮棉总产由 1 385.5 kg 增加到 6.82 万 kg，增长了 48 倍。二代试验区的王庄大队也有相近的增速。

在投资经济效果的静态和动态分析中采用了 7 个指标。因综合治理建设项目投资期长，在计算期间尚未达到项目寿命期的最佳时期。另外，张庄大队与王庄大队近两年添置农机因时间短尚未发挥效益，且主要是小型拖拉机和汽车，多用于运输，属非综合治理建设项目，故应按用于农业生产的农机投资加以修正。

张庄、王庄基两大队期总收入中非综合治理建设项目内容的收入占 1/3 多。张庄大队的主要收入来源是枸杞，综合治理投资发生综合效益的结果是改造了枸杞地，不能用于种枸杞了；王庄大队是队办工业收入，综合治理建设投资项目不包括工业。因此，采取了两种计算方法，一种是用总投资、总收入（包括与综合治理建设项目无关的部分）进行计算，另一种是用综合治理建设项目一起进行效益计算（即排除干扰因素），每项再分别按计入与不计入林业产值进行计算。两大队投资的静态与动态分析结果分别见表 3-5 和表 3-6。

表 3-5　张庄大队与王庄大队投资效果静态分析结果

试验区	计算项目	每百元投资年净增农产品 / kg	每百元投资年净增产值 / （元／百元）		投资回收期 / 年		效果系数	
			不计林业	计入林业	不计林业	计入林业	不计林业	计入林业
张庄大队	总投资总收入	71.1	11.5	16.7	8.7	6.0	0.12	0.17
	综合治理项目	78.7	21.7	27.5	4.5	3.6	0.22	0.28
王庄大队	总投资总收入	86	16.1	26.4	6.2	3.8	0.16	0.26
	综合治理项目	123.9	27.5	42.5	3.6	2.4	0.28	0.42

表 3-6　张庄大队与王庄大队经济效益动态分析结果

试验区	计算项目	净现值（NPV）		效益成本比（B/C）		内部报酬率（IRR）	
		不计林业	计林业	不计林业	计林业	不计林业	计林业
张庄大队	总投资总收入	56.0	124.9	1.75	2.67	16.4	26.3
	综合治理项目	424.9	493.7	3.42	3.82	40.2	51.3
王庄大队	总投资总收入	−5.78	89.21	0.96	1.60	—	37.1
	综合治理项目	95.3	207.5	1.87	2.90	31.6	47.5

从上述盐碱地综合治理建设项目投资经济效果的静态和动态分析结果看，曲周试验区所采取的综合措施系统是成功的，生产发展上是有效的，经济效益是较高的。关于工程投资、治理前后土地利用、盐碱地变化、增产增收以及贡献等资料见表 3-7 至表 3-10。

表3-7 张庄大队综合治理工程投资表

投资项目	投资金额/万元 年份												合计	亩投资/元	占总投资比例/%
	1973	1974	1975	1976	1977	1978	1979	1980	1981	1982	1983	1984			
沟渠道路	0.598	0.755	0.803	0.392	0.397	0.190	0.010						3.147	10.6	4.7
渠道建筑物		0.383	0.552	0.578	0.442	0.618	0.842						3.415	12.7	5.7
渠道防渗						0.120	0.600	0.570					1.890	7.0	3.1
深井	0.086		4.086		2.091	4.224		5.613	2.924	5.399	0.428		24.851	92.3	41.2
浅井		1.585	0.991	0.427		0.214							3.217	12.0	5.4
农电			0.702	0.593	1.328		0.554	0.403	0.716				4.296	16.0	7.1
平地	0.200	0.350	0.350	0.350	0.350	0.452	0.544	1.668	0.434				4.698	17.5	7.8
压盐		0.155	0.206	0.297	0.207	0.142	0.46	0.104	0.070				1.256	4.7	2.1
排咸		0.603	0.536	0.228									1.365	5.1	2.3
造林		0.044	0.062	0.075	0.094	0.075	0.057	0.057	0.040	0.040	0.021	0.021	0.584	2.2	1.0
绿肥		0.033	0.050	0.037	0.093	0.093	0.048						0.354	1.3	0.6
农业机械			0.452		0.415	0.255	3.783	0.579	0.513	1.151	1.100	3.180	11.428	42.6	19.0
合计	0.884	3.868	8.790	2.982	5.417	6.983	6.554	8.994	4.697	6.590	1.549	3.201	60.508	224.0	100.0
占总投资比率/%	1.5	6.4	14.5	4.9	9.0	11.5	10.8	14.8	7.8	10.9	2.6	5.3			

表3-8 王庄大队综合治理工程投资表

投资项目	投资金额/万元 年份							合计	亩投资/元	占总投资比例/%
	1978	1979	1980	1981	1982	1983	1984			
沟渠道路	0.453	1.216	0.763	—	—	—	—	2.432	9.4	5.2
渠道建筑物	0.792	1.763	0.613	0.255	—	—	—	3.423	13.3	7.4
渠道防渗	—	1.080	1.132	0.615	—	—	—	2.827	11.0	6.1
深井	0.694	4.690	2.430	0.953	3.109	0.100	—	11.976	46.4	25.8
浅井	—	—	—	—	—	—	—	—	—	—
农电	—	2.245	—	0.574	—	0.774	—	3.593	13.9	7.7
平地	0.139	0.918	3.449	0.727	—	—	—	5.233	20.3	11.3
压盐	0.320	0.636	0.318	0.122	—	—	—	1.396	5.4	3.0
造林	0.043	0.190	0.228	0.200	0.100	0.108	0.108	0.976	3.8	2.1
绿肥	—	0.095	0.135	0.120	0.068	—	—	0.418	1.6	0.9
农业机械	0.271	0.303	0.046	1.159	0.815	4.390	7.157	14.141	54.8	30.5
合计	2.712	13.141	9.114	4.725	4.092	5.372	7.265	46.411	179.9	100.0
占投资比率/%	5.8	28.3	19.6	10.2	8.8	11.6	15.7	100.0	—	—

表3-9 张庄大队与王庄大队治理前后土地利用及盐碱地变化

试验区	项目时间	土地总面积/亩	土地利用变化										耕地中盐碱地变化							
			耕地		林地		荒地		坑塘		其他		非盐碱地		轻盐碱地		中盐碱地		重盐碱地	
			亩	%	亩	%	亩	%	亩	%	亩	%	亩	%	亩	%	亩	%	亩	%
张庄大队	1974年	3 758	2 403	63.9	155	4.1	445	11.8	10	0.3	745	19.8	530	22.1	537	22.3	383	15.9	953	39.7
	1981年	3 758	2 600	69.2	280	7.5	248	6.6	60	1.6	570	15.2	1 917	73.7	237	9.1	258	9.9	188	7.2
	1984年	3 758	2 682	71.4	320	8.5	0		70	1.8	686	18.3	2 286	85.2	176	6.6	122	4.6	99.6	3.7
	1984年与1974年之比	1.0	1.12		2.07		0		7.0		0.92		4.31		0.33		0.32		0.11	
王庄大队	1978	3 908	1 501	38.4	100	2.6	1 254	32.1	25	0.6	1 028	26.3	545	36.3	311	20.7	356	23.7	289	19.3
	1981	3 908	2 530	64.7	339	8.7	250	6.4	50	1.3	739	18.9								
	1984	3 908	2 580	66.0	495	12.7	200	5.1	50	1.3	583	14.9	1 727	66.9	528	20.5	208	8.1	117	4.5
	1984年与1978年之比	1.0	1.72		4.95		0.16		2.0		0.57		3.17		1.7		0.58		0.40	

表3-10 试验区增产、增收、增贡献统计

试验区	统计项目	粮棉油总产量/万kg			人均提供商品粮棉油/kg			总收入/万元	人均总收入/元	净收入/万元	人均净收入/元
		粮食	棉花	油料	粮食	棉花	油料				
张庄大队	基期（1971—1973年）平均	17.51	0.14		−6.85	1.55		10.37	164.5	6.03	87.8
	1974—1984年合计	591.56	20.50	4.73	5 203.45	280.7	76.8	398.76	5 789.9	273.53	3 798.1
	1974—1984年平均	53.78	1.86		473.05	25.5		36.25	526.4	24.87	345.3
	年平均增加倍数*	2.1	12.5			15.5		2.5	2.2	3.1	2.9
王庄大队	基期（1976—1978年）平均	17.2	0.18	0.025	9.95	2.85	0.45	11.16	194.6	6.54	116.0
	1979—1984年合计	225.64	11.14	2.50	1 932.3	176.25	42.95	209.86	3 442.5	125.31	2 034.6
	1979—1984年平均	37.60	1.86		322.05	29.4		34.98	573.8	20.89	339.1
	年平均增加倍数*	1.2	9.0		2.2	9.3		2.1	1.9	2.2	1.9

* 治理后平均值比基期平均值增加的倍数。

3.7 曲周县对曲周试验区的生产性放大

北京农业大学于 1973 年和 1978 年相继以张庄大队和王庄大队为中心,设置了一代和二代试验区,进行旱涝碱咸综合治理的试验、示范和科学研究。此间,曲周县十分重视对这项成果的大面积推广应用,进行了两次生产性的放大。第一次是 1977—1979 年在张庄试验区周边的 6 万亩土地上推广应用;第二次是 1982—1987 年通过引进外资在整个曲周县北部 35 万亩可耕地上推广应用。

根据国务院 1976 年 5 月在西安召开的"我国北方干旱半干旱地区水利资源开发利用科研规划会议"上的安排和河北省委下达的任务,旱涝碱咸综合治理曲周试验区在国家"五五"计划期间,由 6 400 亩扩大到 40 000 亩。大家进一步开展"利用改造咸水,综合治理旱涝碱咸"的科学试验工作,为河北省黑龙港地区和我国北方地区的旱涝碱咸综合治理工作提供经验。

中共曲周县委组织有关公社党委,发动群众,对扩大的试验区进行了全面调查研究,制定了 1977—1979 年的三年规划。以下是曲周县水利局给曲周县委的"三年规划方案报告"的主要内容[9]。

项目区是由原六千亩张庄试验区向周围扩展而成,包括了不同的地貌、土壤和水文地质类型,总面积为 60 000 亩,其中耕地 42 000 亩,碱荒地 8 000 亩,分属 4 个公社的 25 个大队。项目区处于曲周北部涝洼盐碱地的中心,本规划是在一代张庄试验区经验的基础上提出的,因地制宜地采取以浅井 - 深沟为主体工程的"井沟结合,农林水并举"的综合治理方法。规划的具体内容可以概括为 10 个字,即井、沟、渠、路、林、建、平、肥、机、电 10 个方面。

井:平均一眼深井与五眼浅机井为一个机井组,控制面积为 600 亩农田,共需打深井 82 眼,浅井 468 眼。

沟:干、支级为 3～4 m 深的深沟,间距为 1 000～3 000 m,控制 2 000～4 000 亩地,共 28 条,总长 7.2 万 m,占地 3.6%,土方量为 296 万 m³;与深沟配套的是 1～2 m 深的浅沟,共 1 174 条,总长 39 万 m,占地 4%,土方量为 104 万 m³。

渠:即灌溉排咸系统。为减少占地和便于浇树,斗、农渠均设在林带内,与之并行另设井灌、排咸系统,以上全部进行防渗处理。

路:分村间路、队内交通路和田间路三级。统一路面宽度和造林规格。三级路总长 17 万 m,占地 2.5%。

林:林带全部与沟渠路并列,分级确定植树行数,树种因地制宜。试验区共种树 177 万株,林带占地面积为 5.9%。沟渠林路将原来零乱不整的土地分割成块块方田，每块方田的面积100～150亩。为便于机械化作业，方田长300～400 m，宽200～300 m，结合方田周围的沟、渠和路种植林带，构成绿色方格网。

建：干、支、斗、农四级桥共162座，闸45座，农渠涵洞79个。

平：除需平整全部地块外，尚需填平48条废沟，总长3.5万m，土方26万 m^3；需推掉盐土堆2 500多个，土方33万 m^3，可造地800亩；平地采取先易后难的方法，见效快的先平，见效慢的后平。

肥：为了解决肥料不足和培肥土壤，在保证粮棉基本农田的同时，在远地、薄地和新开荒地上，按一定比例安排种植绿肥饲料地和粮肥间作地。

机：实现耕地、播种（包括小麦、棉花、春玉米、春高粱）、中耕、收割（小麦）和粮食脱粒加工的机械化，以及农田基本建设机械化。1977年当地机械化程度达到60%，1978年达80%，1979年基本实现机械化。

电：通过国家电网使提水动力全部实现电配，部分争取50W柴油发电机组配套，以逐步取代195柴油机。

上述三年规划实现后，曲周试验区的抗旱能力可以达到：有河水时5天普浇一遍；井灌面积由现在的10%实现全部井灌化，10～15天轮灌一次，深浅井配合，咸淡混灌轮灌，满足亩产粮食400～500 kg产量水平的需水要求。除涝能力可由100 mm降雨受涝害提高到一次连续降雨500 mm而不受灾；盐碱地面积由现在的70%下降到15%左右；地下咸水矿化度由7 g/L淡化到5 g/L或更低，淡化率为30%～40%。粮食亩产从现在的100 kg左右，争取1977年到200kg，1978年到300 kg，1979年"过长江"，总产1 600万kg，较1975年增长3倍，贡献1 000万kg，平均每人贡献500 kg以上。棉花种植面积由现在的4 000亩增加到8 000亩，皮棉单产由14 kg提高到40 kg，总产由5.5万kg提高到25万kg。

根据投资计算，完成以上规划，在60 000亩土地上平均每亩地投资40元。随着工程效益的逐步发挥，以及科学种田技术的不断提高，可三年收回全部投资。

3.8 利用外资对曲周试验区的生产性放大 [10]

通过农业部推荐，联合国国际农业发展基金会（IFAD）副总裁阿基斯一行于1980年6月考察了北京农业大学曲周试验区。试验区旱涝碱咸综合治理的理念、设计、工程和效果给他们留下了深刻印象。经过进一步调研和多次商谈，双方于1982年11月在罗马正式签订了为期20年的2 294万美元的贷款协定，用于推广第一代试验区的旱涝碱咸综合治理的经验。下面内容摘自1997年出版的《曲周县志》。

项目区包括整个曲周县的北半部，面积 280 km²，占曲周县境总面积的 42%。涵盖 2.97 万户，12.31 万人口，可耕地面积 35 万亩（图 3-10）。项目区的农田工程有沟渠土方 753 万 m³、桥闸涵建筑物 867 座、平整土地 9 万亩、新打和修旧机井 1 242 眼、修防渗渠 400 km、高低压输电线路 655 km、营造农田防护林网 3.18 万亩等。还有养殖业发展、科研推广和技术培训、水盐和土壤监测等专项规划。项目施工期为 5 年，即 1983 年 1 月 1 日到 1987 年底。

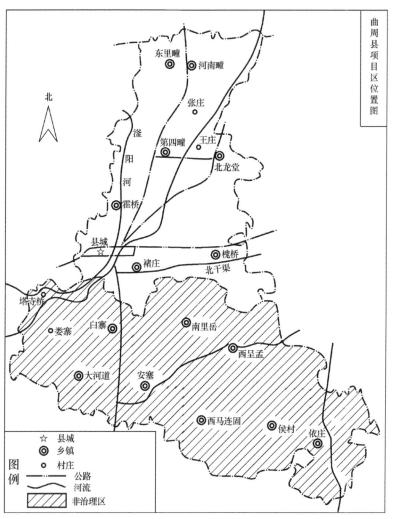

图 3-10　曲周县引进外资扩大旱涝盐碱综合治理区到县北 35 万亩可耕地（1983—1988 年）[10]

在 5 年的边施工边治理过程中，盐碱地面积由 16.6 万亩减少到 5.44 万亩；灌溉面积由 9 万亩增加到 21.2 万亩；9.5 万亩易涝农田的防涝能力有了很大提高；

林木覆盖率由 4.7% 提高到 18%；配电农田由 8 万亩提高到 18.7 万亩；农机总动力由 5.256 万马力增加到 9.359 万马力（1 马力 = 0.735 kW）。

项目区治理前最高粮食总产 3.478 万 t 和单产 2.722 t/hm²，1987 年总产 6.765 万 t 和单产 5.489 t/hm²，分别比治理前增长 94.5% 和 101.7%；分别比对照区高 28.7% 和 33.9%。

项目治理前，项目区粮食基本自给，1987 年提供商品粮 1.158 5 万 t、皮棉 3 521 t，分别比治理前增长 300% 和 310%；分别比对照区高 119% 和 75%。

项目执行前，项目区农民年总收入 1 415.8 万元，纯收入 995.6 万元，人均收入 76.2 元。1987 年，此三项指标分别达到 9 672 万元、5 071 万元和 379 元。此三项指标的 5 年累计分别是 24 723 万元、14 532 万元和 1 140 元。

在过去，出了曲周县城往北，春天白茫茫，秋天水汪汪，盐土堆林立，沟渠杂陈，田块零乱，苗稀草旺，村穷人贫，满目疮痍，一片荒凉景象。在自 1973 年张庄试验区旱涝碱咸成功治理的带动下，又经此 5 年的大规模治理，整个曲周北部，即曲周县境 42% 的面积旧貌换新颜。沟渠林路成格地成方，井群电网齐布农机忙，旱涝碱咸让路人气旺，农民科技领导三贡献，林茂粮丰收入一起上。

国际农业发展基金会和世界银行按严格程序对此项目组织了检查和验收，给予了很高的评价。基金会总裁雅泽里先生视察后说："曲周项目是成功的，要认真总结项目实施的经验。"通过采访，他在国际刊物上发表了题为"中国农民与盐龙的战斗"的文章。文中指出："我们到过很多国家和地方，从未见过这样好的项目"；"中国是唯一用自己的技术和专家搞建设的国家，这种自力更生的精神给我们印象很深"。先后有 52 个国外代表团到项目现场参观、考察过。

参考文献

[1] 石元春. 曲周试验区及其周围地区自然条件概述 // 华北农业大学盐碱土改良研究组. 旱涝碱咸综合治理的研究（内部资料）. 华北农业大学《农业科技参考资料》，1977，39（5）：3-14.

[2] 石元春，等. 旱涝碱咸综合治理曲周试验区的规划设计 // 华北农业大学盐碱土改良研究组. 旱涝碱咸综合治理的研究（内部资料）. 华北农业大学《农业科技参考资料》，1977，39（5）：221-224.

[3] 林培，等. 盐渍土上的农业丰产技术 // 华北农业大学盐碱土改良研究组. 旱涝碱咸综合治理的研究（内部资料）. 华北农业大学《农业科技参考资料》，1977，39（5）：225-237.

[4] 华北农业大学土化系曲周基点. 运用浅井 - 深沟体系，综合治理旱涝碱咸 [J]. 华北农业大学教育革命通讯，1975（1）：44-65.

［5］曲周县水电局、华北农大曲周基点给曲周县委和邯郸地委的汇报材料（内部报告）.
1976 年 10 月 25 日.

［6］北京农大曲周基点.1979 年粮食生产情况专门报告（内部报告）.1980 年 2 月 2 日.

［7］河北省科学技术委员会农业处.成效显著，攻关有望（内部报告）.1982 年 12 月
17 日.

［8］北京农业大学曲周实验站.黄淮海平原盐碱地综合治理综合发展曲周试验区农业建
设项目投资经济效果评价（内部报告）.1985 年 1 月.

［9］曲周县水利局.关于旱涝碱咸综合治理曲周试验区在国家"五五"计划期间，由
6 000 亩扩大到 40 000 亩的三年规划报告（1977—1979 年）（内部报告）.1976.

［10］曲周县地方志编纂委员会.曲周县志［M］.北京：新华出版社，1997: 231-240.

4 旱涝碱咸综合治理试验 1974 [1]

【本章按语】

如果说 1973 年秋进驻张庄试验区后的冬季农田基本建设工程的设计与施工是一次"前哨战"的话，那么，1974 年的旱涝碱咸综合治理试验就是我们打响的第一个大战役。现在重读 38 年前的这份技术总结报告，"运用浅井 – 深沟体系综合治理旱涝碱咸"，虽显粗浅，但却是非常实在的。它是一份最早的，按照我们的总体试验设计思想进行的、真正意义上的、书写在 4 000 亩 ① 大地上的一次大规模旱涝碱咸综合治理试验的技术报告，是一份具有保存价值的历史科技档案。此次试验全面体现了"突破咸水禁区，以浅井、深沟为主体，农林水并举"的旱涝碱咸综合治理的指导思想。第一年就将主要措施全部投入试验，不想当年就显出了如此骄人的成效。为了保留它的"原汁原味"和原貌，本章全文采用了当年的那份技术总结报告。这是曲周县领导、试验区农民和北京农业大学曲周试验区全体老师共同努力的成果。本书作者是此次试验的主要设计者、组织实施者和技术总结报告的主要执笔人（文中第 4 节执笔人是辛德惠）。以下是该报告全文，仅在少数几处做了些文字润色。

1973 年秋，我们承担了"黑龙港地区地下水资源合理开发利用"科研项目中"改造利用咸水"的研究课题，同时参加了邯郸地区东北部涝洼盐碱地的治理工作。根据地、县领导的指示精神，在这一带的涝碱地的中心，曲周县北部建立了一块近 3 万亩的"旱涝碱咸综合治理区"，在其中盐碱最重的 4 000 亩土地上设置了"改造利用咸水，综合治理旱涝碱咸试验区"。一年来，试验区和治理区在旱涝碱盐的综合治理上取得了较为明显的成效，推动了当前的生产。试验区的张庄大队粮食总产由历史最高水平 15.5 万 kg（1971 年）增至 30 万 kg，单产达到 231.5 kg。1970 年以前，张庄大队平均每年需国家供应商品粮食 2 万 kg，1974 年向国家交售商品粮食 5.5 万 kg。皮棉也由单产 10 多 kg 提高到 28.5 kg。试验区的大街大队粮食总产也由历史最高水平的 6.5 万 kg 增至 12 万 kg，单产达 225 kg。这两个大

---

① 四千亩是指一代试验区中的南部（图 4-6），是科研工作的重点研究区域，其中设置了地下水观测井等，面积为 4 390 亩，简称四千亩。

队的粮食产量当年就翻了一番的变化对这一带产生了良好影响。广大农民说"草少苗不长的老碱窝,现在是能抗旱、能防涝,土变、水变、产量变"。

4.1 自然概况和治理措施

黑龙港地区降水十分集中,春季干旱少雨,夏季雨涝成灾。地貌上,这里处于太行山东麓冲积平原的中下部,东临渤海,地势低洼。这个特点不仅造成雨季地表水汇集,涝害加重,而且会抬高地下水位,减缓径流,使水质变咸,导致大片土壤盐碱化。此外,咸水层的存在也限制了浅井的建设而影响抗旱能力。所以春旱夏涝、土碱水咸这种在地理上的"共存性"说明了旱涝碱咸不是孤立存在的,而是有着密切的内在联系的。

农业生产中,春季水太少,夏季水太多。潜水位高和水质咸又引起土地盐碱涝害加剧并影响抗旱,所以旱涝碱咸的中心集中在一个"水"字上。也就是大气降水、地表水和地下水在时间和空间上的自然平衡状态与农业生产需求之间存在矛盾。因此,必须抓住"水"这个中心环节,人为地打破这种不利的水的自然平衡状况。在地上水源不足的地区,建立新的水平衡关系,关键在于对浅层地下水的开采和调控。浅层地下水不仅开采容易,投资少,补给快,而且在开采过程中造成的潜水位下降,大大有利于治碱、脱盐和防涝。在咸水区(黑龙港地区约50%的面积无浅层淡水或因水层薄而不能成井),则必须从咸水的利用和改造入手。

此项研究工作是在河北省"黑龙港地下水合理开发利用"领导小组的领导下,与曲周县水电局协作进行的。黑龙港位于河北平原的东半部,包括沧州、衡水全区、邯郸、邢台、廊坊地区的大部,共43个县,37 000 km²,旱涝碱咸危害严重。

曲周县位于黑龙港地区西南部,"治理区"在滏阳河东侧的一分干和支漳河之间,为旧漳河故道间的微倾低地,海拔27～34 m。这里地表水源缺乏,潜水矿化度5～9 g/L,咸水层厚达百米以上。300 m左右的淡水深井灌溉面积仅7%,水利化程度很低,旱涝灾害频繁(据近30年统计,平均每2～3年有一次较大旱涝灾害)。旱季潜水位2 m左右,盐碱地面积约90%,且含盐量高(耕层1%左右),积盐深度大(每亩的2 m土体含盐20 t左右),盐分组成中以Cl^-和SO_4^{2-}为主。由于旱涝碱咸的危害,这里的产量低而不稳,一般年景亩产仅50 kg左右。

根据这里的自然特点和以上认识,我们对综合治理这里的旱涝碱咸所采取的做法是:从利用改造咸水入手,在咸水层上部建立起人能主动调节控制的"水量可采可补、水位可降可升、排灌蓄相结合"的地下水库,再配合以综合性农业措施,达到抗旱防涝、治碱改咸的综合治理目的。试验区的主要工程与措施如下。

（1）**井**　为了分层取水，加强抗旱能力和配合咸水灌溉，试验区布置了深机井 5 眼和 40 m 深的浅机井 33 眼。这些机井可以起到抗旱（目前为咸水灌溉）、防涝、治碱（降低水位以减少返盐，加速脱盐）和改咸（抽咸换淡）的综合利用。

（2）**深沟**　间距 1 000 m 左右设置 3～4 m 的深沟，与浅井有机配合。浅井抽水和需要降低潜水位时，深沟可以封闭截渗试验区以外咸水的补给。根据需要，可用深沟蓄水引渗和补淡。此外，深沟尚有灌溉和排水的作用。

（3）**灌溉排咸渠系**　加强防渗后，灌溉和排除咸水可合用这一套渠系。

（4）**浅排沟**　降水强度大，地表水入渗不及时，浅排沟可起排除地面积水和防止沥托的作用。

（5）**平地、压盐等**　平地、压盐、施有机肥、造林、良种良法和精耕细作等一套农业技术措施是综合治理中的重要组成部分，使农业生产能迅速和持续地得到发展。

（6）**监测**　为了科学地指挥和调动水分和盐分的运动，需要对水土变化进行监测。

以上 6 部分作用不同，有机配合，而浅井和深沟又起着主导作用，故简称浅井－深沟体系，它是综合治理旱涝碱咸的一套设施和一种方法。试验区已挖深沟 7 000 m，动土 15 万 m^3；打深井一眼（原有二眼），浅机井 27 眼；修灌渠（部分用作排咸）8 000 m，浅排沟 18 000 m；平地和压盐 156 hm^2，以及平均每亩地施肥 2～3 车。雨季前（6 月 29 日到 7 月 15 日）和雨季中（8 月 1 日到 9 月 4 日）进行了两期群井抽水，共 52 天。事实证明，科学地运用浅井－深沟体系，可以有效地建立起排灌蓄相结合的地下水库和新的水盐平衡。既可利用咸水，抗旱增产，又能调控水位，除涝治碱；同时通过抽咸换淡，使咸水逐步淡化。以下分述之。

4.2　利用咸水，抗旱增产

浅井－深沟体系中，咸水的利用不仅可以抗旱增产，且有利于调控潜水位和使抽咸换淡中抽出的部分咸水及时发挥效益，使抽咸换淡的方法更易于为群众所接受和推广。

过去，矿化度大于 2 g/L 的水叫咸水，不宜灌溉，大于 3 g/L 则不能成井，咸水层成了水利上的"禁区"。近年来，国内外对咸水灌溉日益重视，取得不少成效。我们和试验区所在大队社员一起进行的咸水利用生产性试验也说明，只要具备一定条件，讲究利用方法，低矿化度咸水是可用的。本试验用咸水的矿化度为 4～7 g/L，属 $Cl^- - SO_4^{2-} - Na^+ - Mg^{2+}$ 类型。Cl^- 含量多在 30～65 me/L，Cl^-/SO_4^{2-} 比值为 2～3，钠吸附比（SAR）为 8～12，pH 在 8 左右。矿化度、Cl⁻ 含量和 SAR 均偏高。

1. 棉花的咸水灌溉

春天，棉田盐斑上成片缺苗，缺苗处根系活动层（2～10 cm）含盐量一般都在 0.4%～0.7%，有的达 1% 左右。咸水（矿化度 7 g/L 左右）移栽补苗时，用常规补苗方法的成活率很低，分析原因是坑小，水少，土壤溶液浓度高，加以从附近好土上移来壮苗时没带土或土团散落，使棉苗移栽后，根系就立即与高浓度土壤溶液接触，所以成活率很低。后来，采取了"坑大水足，带土移栽，栽后覆盖干土"的方法，移栽棉苗全部成活。

在耕层（0～20 cm）土壤含盐量 0.3% 左右的土壤上，苗期和蕾期两次灌 7～4 g/L 的咸水 140 m³/亩。与对照区相比，咸水灌溉的棉株紧凑，结铃多，开铃早。灌咸水的平均单株结铃数为 17.5 个，未灌的只有 10.2 个。到 9 月底，灌咸水的平均单株开铃数为 2.7 个，不浇的只有 1.6 个。咸水灌溉棉花对防止小雨死苗也有良好效果。7 月 4 日下雨 20 多毫米，盐碱地上尺余高的棉株（花蕾期）成片死苗，可是张庄村南的 15 亩棉田，由于 6 月下旬灌了一次咸水，已将盐分压到根系层以下，这次小雨不仅没有死苗，而且长势更旺，亩产皮棉 30 kg。

2. 小麦、玉米的咸水灌溉

小麦、春小麦拔节后，在多点上用 4～6 g/L 的咸水灌溉 1～2 次，均未有死苗或受抑制现象。表 4-1 是春小麦地上咸、淡水灌溉的对比资料。

表 4-1　春小麦咸、淡水灌溉对比资料

灌溉状况	灌前土壤含盐量 / %		灌水量* （m³/亩）	灌溉水矿化度 /（g/L）	植株高 /cm	单株穗数 /个	每穗小穗数 /个	每穗粒数 /粒	千粒重 /g
	0～20 cm	0～100 cm							
咸水	0.377	0.297	75	4.75	42.9	1.8	13.7	25.0	22.1
咸水	0.391	0.349	75	4.75	36.7	2.0	15.1	16.8	22.9
淡水	0.376	0.372	75	0.67	45.6	1.2	14.1	19.9	27.7

*扬花期灌水 30 m³/亩，灌浆期 45 m³/亩。

表 4-1 中表明，耕层土壤含盐量低于 0.4%，两次咸水灌后并未超过春小麦生育后期的耐盐极限，无明显盐害现象。而与淡水灌溉相比，植株稍矮和千粒重偏低。

玉米的耐盐力较差，但是，在夏播无雨的情况下，大街大队在 120 亩轻盐碱地上，7 月上旬用 4.5 g/L 的咸水穴浇点播玉米，出苗九成，平均亩产 150 kg 左右。

3. 高粱和田菁的咸水灌溉

高粱和田菁对盐水具有较强的适应力。张庄大队在新开的 25 亩红荆丛生的碱荒地（耕层含盐 0.8% 左右）上用 5 g/L 左右的咸水压盐后播种夏高粱，取得了全苗和每亩 150 kg 的收成。在重碱地上用 7 g/L 左右咸水 100 m³/亩压盐后播种田菁，播种层含盐量达 0.55% 左右，仍拿住苗，后期植株高 2 m 以上，这说明在较重的盐碱地上进行咸水压盐灌溉（每亩 100 m³ 左右），只要使表层土壤含盐量低于高粱和田菁的发芽和苗期耐盐极限（分别在 0.4%、0.6% 以下），就可以取得较好效果。

4. 轻盐碱地咸水种稻试验

我们的处理是水稻缓秧期灌淡水，分蘖前期咸、淡水混灌，以后全用咸水灌溉，共灌淡水 643 m³/亩，咸水 1 913 m³/亩。为了观察水稻各生育期的耐盐力，用盆栽方法分别采用 < 1 g/L、2 g/L、2.5 g/L、3.0 g/L、4.0 g/L、6.0 g/L 的 6 种不同矿化度的水进行灌溉。水稻在缓秧和分蘖初期耐盐性差，2 g/L 的灌溉水就有抑制作用，4 g/L 开始有明显盐害，6 g/L 有严重危害，连续灌溉 20 d，死苗率达 95% 以上。分蘖后期的耐盐性明显提高，全部使用 6 g/L 的咸水灌溉，无死苗及苗害现象。为了了解咸水种稻中不同水稻品种的耐盐力，对 8 个品种进行了田间对比试验，初步看出"红旗五号""红旗二号""反修一号"和"红金"较好，产量分别为 347.8 kg、335.8 kg、297.05 kg、256 kg/亩。

通过咸水种稻的初步试验可以看到，缓苗至分蘖初期用淡水或微咸水（2～4 g/L），以后用 6 g/L 左右的咸水种稻是可以的。在有排水条件下种麦茬稻，使咸水与雨水相配合，改良重要碱地或碱荒地，可加速盐碱地的改良又可于当年获得较高产量。

5. 咸水压盐

一般盐碱地的土壤溶液浓度都在 20 g/L 以上，有的要大于 50～100 g/L，而咸水浓度要低得多。所以在淡水水源不足的情况下，咸水洗盐是有效的。

张庄村南一块 15 亩重盐地上，经平地起埂，围起 1 亩左右大小的格田后，用 5 g/L 左右的咸水压盐，每亩 200 m³，分 3 次灌入，连续压盐 8 d，由于土质情况复杂（有原来的盐场、洼地、道路等），在 8 个格田（共 16 个格田）中取样观测，结果列入表 4-2。从表中可见重盐地表层 0～20 cm 的土壤脱盐率多在 70% 以上，由 1.0%～2.4% 降到 0.3% 左右。2/3 格田 1 m 土体的脱盐率在 40% 以上，高者达 60%，差的也在 20% 左右。经咸水压盐后，0～40 cm 土层的含盐量均下降到 0.4% 以下。咸水压盐解决了淡水水源不足的问题，加快了重盐碱地的改良，也给咸水的利用打开了一个广阔的途径。

6. 咸水灌溉和压盐中的土壤盐分状况

咸水灌溉是否会造成土壤进一步积盐？这是咸水利用中的一个重要问题。以下是在良好排水条件下观测到的初步结果：

第一，表 4-1 至表 4-4 记载了轻盐碱地上，采取一般灌溉定额（40 m³/亩左右）进行咸水灌溉后，土壤中盐量有明显的增加。耕层增加率达 50%～100%，含盐量纯增 0.1%～0.15%。下面土层含盐量虽有增加，但增长率小得多。表中还可看到，咸水灌溉中累积的这些盐分（包括潜水向土壤中运积的盐分），经雨季自然脱盐后，土壤含盐量可恢复到灌咸水前的水平或稍显脱盐，也就是所增盐量雨季中基本上被全部淋走。但是与淡水灌溉相比，后者脱盐率达 40% ～ 50%，说明在咸水灌溉情况下，土壤中盐分仍有少量积累。

表 4-2　张庄大队重盐碱地水压盐的土壤脱盐情况

地块名称	土层 /cm	灌水压盐前土壤含盐量		灌水压盐后土壤含盐量		灌水压盐后土壤脱盐量		土壤脱盐率 /%	灌水压盐后土壤含盐量小于0.4%的土层厚度/cm
		/%	kg/ 亩	/%	kg/ 亩	/%	kg/ 亩		
东二格田	0 ～ 20	0.241	361.5	0.269	403.5	稍增	稍增	稍增	0 ～ 80
	0 ～ 100	0.445	3 561.5	0.350	2 923.5	0.095	638	21.4	
西三格田	0 ～ 20	1.740	2 610	0.392	588.5	1.348	2 021.5	77.2	0 ～ 20
	0 ～ 100	1.105	10 560	0.792	6 288.5	0.313	4 271.5	28.4	
东四格田	0 ～ 20	2.050	3 070	0.312	468	1.738	2 602	85.0	0 ～ 100
	0 ～ 100	1.062	10 720	0.349	2 983	0.713	7 737	67.2	
西五格田	0 ～ 20	2.460	3 690	0.292	438	2.168	3 252	88.2	0 ～ 40
	0 ～ 100	1.178	12 160	0.712	5 563	0.466	6 597	39.6	
东六格田	0 ～ 20	1.020	1 530	0.230	345	0.790	1 185	77.5	0 ～ 100
	0 ～ 100	1.024	8 905	0.401	3 235	0.623	5 670	60.9	
西九格田	0 ～ 20	0.331	497	0.195	292.5	0.136	204.5	41.1	0 ～ 100
	0 ～ 100	0.509	4 157	0.261	2 172.5	0.248	1 984.5	48.8	
西九格田	0 ～ 20	1.790	2 685	0.585	877.5	1.205	1 807.5	67.3	0
	0 ～ 100	0.981	9 735	0.789	6 567.5	0.192	3 167.5	19.6	
平均	0 ～ 20	1.376	2 065	0.325	487.5	1.051	1 577.5	76.5	
	0 ～ 100	0.901	8 565	0.522	4 247.5	0.379	4 317.5	42.1	

第二，棉花和春小麦咸水灌溉后土壤盐分变化的资料说明，前者雨季后 0 ～ 80 cm 土层均有脱盐，脱盐率 4% ～ 12%，而后者仅 0 ～ 20 cm 土层脱盐（脱盐率 4% ～ 11.5%），0 ～ 60 cm 土层中盐量反稍有增加（增长率 2.0% ～ 7.8%）。二者脱盐率上的差异和它们灌溉量大小有关。脱盐较好的棉花地的灌溉量比春麦地多近 1 倍。

表 4-3　咸水灌溉棉花的土壤盐分变化　　　　　　　　　　%

处理	土壤含盐情况	土层深度 /cm					
		灌前（6月2日）		灌后（7月2日）		雨季（7月31日）	
		0 ～ 20	0 ～ 80	0 ～ 20	0 ～ 80	0 ～ 20	0 ～ 80
咸水灌溉	土壤含盐量	0.254	0.241	0.518	0.293	0.244	0.217
	增减率			＋103	＋21.7	-3.9	-9.9

续表 4-3　　　　　　　　　　　　　　　　　　　　　　　　　　　　　　　　　%

处理	土壤含盐情况	土层深度 /cm					
		灌前（6月2日）		灌后（7月2日）		雨季（7月31日）	
		0～20	0～80	0～20	0～80	0～20	0～80
咸水灌溉	土壤含盐量	0.316	0.243	0.491	0.327	0.278	0.249
	增减率			+55.5	+34.6	-12.0	+2.4
未灌溉	土壤含盐量	0.311	0.186	—	—	0.161	0.196
	增减率			—	—	-48.3	+5.3

注：苗期灌水 73 m³/ 亩，矿化度 7.05 g/L ；现蕾期灌水 66 m³/ 亩，矿化度 4.11 g/L。

表 4-4　　咸水灌溉春小麦的土壤盐分变化　　　　　　　　　　　%

处理	土壤含盐情况	土层深度 /cm					
		灌前（6月2日）		收后（7月2日）		雨季（7月31日）	
		0～20	0～60	0～20	0～60	0～20	0～60
咸水灌溉	土壤含盐量	0.377	0.267	0.583	0.606	0.333	0.302
	增减率	—	—	+54.6	+126.9	-11.7	+13.1
咸水灌溉	土壤含盐量	0.361	0.349	0.691	0.516	0.373	0.376
	增减率			+91.4	+47.8	+3.3	+7.7
淡水灌溉	土壤含盐量	0.376	0.372	0.425	0.332	0.184	0.221
	增减率			+13.0	-10.8	-51.1	-40.6

注：①扬花期灌水 30 m³/ 亩，灌浆期灌水 45 m³/ 亩，共 75 m³/ 亩，矿化度 4.75 g/L ；②淡水的灌水时间和灌溉量与咸水同。

干旱时，小定额灌溉（如 30～40 m³/ 亩）只能使表土 0～20 cm 的含水量增加 15％左右。使之达到田间持水量水平，从而使咸水加入土中的盐分全部留在表层，起不到暂时压盐的作用，且小定额灌溉的土壤含水量也低，皆加重了雨季自然脱盐的负担。所以，在有良好排水条件下，加大咸水灌溉定额，可使之起到压盐和增大土壤含水量的作用，既有利于当季作物生长，又可增加土壤上层的脱盐率和减少盐分的相对累积量。

第三，加大咸水灌溉定额，是否会引起土壤盐分的累积？对此，我们分别对小定额灌溉（30～40 m³/ 亩）、大定额灌溉（70～80 m³/ 亩）、冲洗压盐（200 m³/ 亩左右）及种稻（本田整个生育期用咸水 1 913 m³/ 亩）4 种情况粗略地进行了地块的盐分平衡计算（表 4-5）。

春麦地比棉花地的灌溉量少 50％，其土壤脱盐率，特别是地块的盐分排出率显著不如棉田。而每亩用水 200 m³ 的冲洗压盐，土壤脱盐率为 42.3％，盐分排出率达 54.8%。

表 4-5　咸水灌溉的盐分平衡计算　　　　　　　　t/亩

处理		灌前土壤原始盐储量*	咸水灌溉携入的盐量	灌后和雨季后土体盐分		盐分排出量	盐分排出率/%
				余量**	增减率/%		
咸水种稻		1.56	10.44	2.63	+68.7	9.37	78.0
咸水压盐		128.6	15.00	64.8	-49.6	78.8	54.8
咸水灌	1***	1.66	0.79	1.50	-9.2	0.95	38.7
溉棉花	2	1.68	0.79	1.72	+2.4	0.75	30.4
咸水灌溉	1	1.51	0.36	1.54	+2.0	0.33	17.6
春小麦	2	1.78	0.36	1.92	+7.8	0.22	10.3

* 计算盐分的土层厚度除棉花、春小麦分别为 0.8 m 和 0.6 m 外，余为 1 m。
** 种稻和压盐是收稻后和压盐后的土体盐分余量，棉花和春小麦是雨季中的余量。
***1、2 指不同地块。

　　咸水种稻使原来的轻盐碱地的盐分稍有增加（每亩 1 m 土体的盐储量增加 1.07 t）。但从全面的盐分平衡计算来看，每亩地灌溉咸水携入盐分 10.44 t，除 1.07 t 留在 1 m 土体外，9.37 t 的盐分均排出土体，排出率达 78%。

　　以上资料表明，在有排水条件下，并不是灌咸水越多，土壤里盐分就越多。相反，在进入土体的咸水能够排出的情况下，大灌溉定额对土壤脱盐是有利的。土壤灌溉量越高，这个作用就越明显。而关键的一条是要有良好的排水设施。精耕细作对咸水灌溉后减少地面蒸发也是十分重要的。

　　7. 咸水利用中需要注意的有关技术问题

　　● 实践说明，7 g/L 以下的微碱性的咸水是可用的。但要注意有少数咸水的矿化度不高，但有游离碱或较多的 CO_3^{2-}、HCO_3^- 存在，pH 在 10 以上的碱性微咸水，这种水未经改造，不能利用。此外，钠吸附比高的咸水在利用时要十分慎重，注意预防土壤碱化。

　　● 进行咸水灌溉，要注意"看土、看水、看庄稼"。把咸水的矿化度、土壤的灌溉量和作物的耐盐能力三者联系起来考虑。土壤本身的状况很重要，非盐碱土和轻盐碱土上灌溉咸水比较安全；耕作层含盐量在 0.4% 左右，则要慎重，需加大定额和其他措施的保证。较重的盐碱地上需结合压盐才能保证作物的安全。

　　● 不同作物耐盐力不同，如田菁、红麻、棉花、高粱的耐盐力较强，小麦次之，玉米、豆类、花生等更差。同一作物不同生育期的耐盐力也不一样，一般是苗期耐盐力差而中后期增强。咸水灌溉的问题主要在灌后土壤中盐分状况与作物耐盐力之间的矛盾上。因此，要求做到灌后土中盐量不超过该作物诸生育期的耐盐极限。所以要根据水、土、庄稼三方面具体情况决定灌不灌、何时灌和如何灌。

● 在作物需水的关键时期，采取次数少、定额大、结合压盐的灌溉方法为好。如有淡水，还可采取"混浇"或"轮浇"的办法。

● 咸水灌溉时，要求土地平整，上水均匀，否则易引起高处返盐，造成死苗。此外，多施有机肥和灌后及时锄地保墒，减少返盐等农业措施也要密切配合。

● 鉴于咸水灌溉中，土壤盐分有不同程度的相对积累，需要根据情况，隔一两年或两三年进行一次淡水冲洗压盐。

● 创造良好的排水条件，保证咸水带入土中的盐分得以排出是咸水利用的前提，否则咸水灌溉将加重土壤盐化。

4.3 调控水位，除涝治碱

以上介绍了通过利用咸水以提高抗旱压盐能力，另一方面的作用则是在咸水利用和排咸过程中，通过调控地下水位，以抑制土壤积盐，加速土壤脱盐，提高防涝能力和促进地下咸水淡化，这正是利用浅井 – 深沟体系，综合治理旱涝碱咸的真谛所在。1974 年里，我们做了哪些调控地下水位的试验？试验结果如何呢？

1974 年进行了两期抽水。第一期为雨季前的抽水（6 月 29 日至 7 月 15 日），结合抗旱抢播，用于灌溉。第二期为雨季抽水（8 月 1 日至 9 月 4 日）。对照区未进行抽水，其他条件与试验区相同。7 月、8 月、9 月三个月间，试验区和对照区的潜水位过程线迥然不同（图 4–1）。

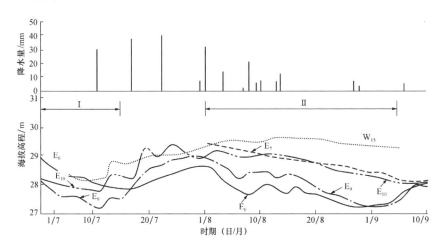

图 4–1　抽水（E_6、E_7、E_9、E_{10}）与不抽水（W_{15}）的潜水水位过程线时期（日 / 月）

Ⅰ 为一期抽水；Ⅱ 为二期抽水；E_6、E_7、E_{10}、E_9、W_{15} 分别代表潜水观测井号。

对照区的潜水位完全受雨季降水的控制。进入雨季后，7 月 10—30 日的 20 天里，降水 160 mm，W15 观测孔的潜水埋深由 3.02 m 急剧上升到 1.71 m。以后直至 9 月上旬，始终维持在 1.4 ~ 1.6 m。试验区在第一期 15 天的抽水中，潜水位下降了 0.6 ~ 1.06 m，埋深达 3.2 ~ 4.1 m。7 月中旬降水 160 mm 后，距抽水井 50 m 的 E_6 和 E_9 观测孔的潜水埋深由 3.2 ~ 3.5 m 上升到 2.6 m 左右。8 月 1 日第二期抽水开始后 8 d，潜水埋深又迅速降至 3.5 m 以下，整个雨季都稳定在 3.5 ~ 4.0 m。距抽水井 170 m 远的 E_7 和 E_{10} 的潜水埋深虽较 E_6 和 E_9 为高，但雨季中潜水埋深始终保持下降趋势，潜水埋深维持在 2.5 m 以下，相当安全。

据曲周县 23 年（1950—1972 年）气象资料，7 月和 8 月平均月总降水量分别为 148.3 mm 和 156.5 mm，1974 年分别为 162 mm 和 121 mm，与多年平均值相近。在此中常年景，试验区雨季潜水埋深仍可维持在 2.5 m 和 3.5 m 以下。如此估算，月总降水 400 mm 左右亦不致发生农田渍涝，即正常的咸水利用和必要时的抽排，可以保障农田不受渍涝。

试验区和对照区的潜水位一降一升，相差 1.6 ~ 2.5 m。这个差值以及雨季中潜水埋深能稳定在 2.5 m 以至 3.5 m 以下，对加速雨季的自然脱盐过程也有重要作用。因为，在高潜水位情况下，淋盐水很快就补充到潜水而抬高潜水位，越来越顶托着洗盐水，使它不能向下移动，将盐分带走。同时，由于地面淡水入渗困难而加大了流失和蒸发。这说明了为什么在潜水位高而又无排水条件的地方，尽管大雨滂沱，但土壤中盐分变化不大。在潜水埋藏较深的情况下，潜水位以上的土体里有一个较大的空间，潜水位不至于很快上升而造成顶托，使洗盐水能带着上部土壤的盐分顺利地向下移动。因此，在雨季到来前和雨季期间，把潜水位调控到较深的位置，就可大大提高雨季时的土壤脱盐率。试验区的浅井调控潜水位的试验对比进行了很好的说明。

图 4-2 中的 E_6 和 W_6 是试验区的两个潜水 - 土壤盐分动态观测点。前者代表抽水好、降深大的类型，后者代表抽水和降深较差的类型。图 4-3 中的 W_{14} 和 W_{15} 是设在未进行抽水的对照区中的两个动态观测点。抽水试验区和不抽水的对照区的两组观测点的观测数据绘制成的图 4-2 和图 4-3 的两幅潜水 - 土壤盐分动态图出现显著不同。

图 4-3 显示，雨季一到，对照区的 W_{15} 和 W_{14} 观测点的潜水位迅速上升，造成顶托现象。经过雨季，只在 0 ~ 40 cm 的土壤上层脱盐，40 cm 以下，特别是 1 m 以下，土壤盐分变化不大，W_{15} 却有明显增加。而抽水试验区里的 E_6 和 W_6 的土壤盐分等值线则显示了随着潜水的下落，2 m 土体的盐分均相应下移。

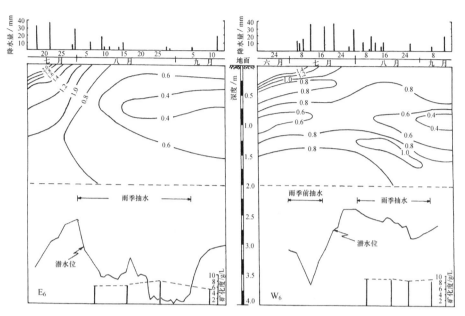

图 4-2　试验区雨季土壤盐分、潜水水位及矿化度动态（1974）

注：土壤盐分含量等值线，单位为％；E_6，W_6 表示试验区观测点。

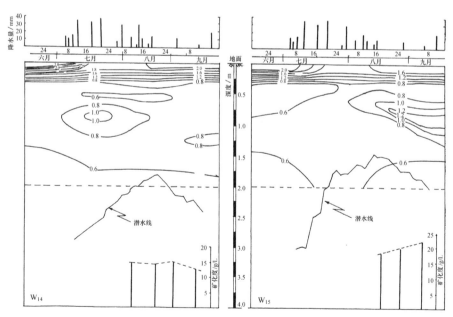

图 4-3　对照区雨季土壤盐分、潜水水位及矿化度动态图（1974）

注：土壤盐分含量等值线，单位为％；W_{14}，W_{15} 表示对照区观测点。

抽水条件下的土体脱盐有以下两个特点：

首先，土体脱盐深度大。从图 4-4 和表 4-6 中可具体看到试验区和对照区在脱盐率上的差异。4 个点的资料说明，表层差异不很明显，而 1 m 土体，特别是 1.5 m 和 2 m 土体的脱盐率的差异就很大了。就 $0 \sim 1.5$ m 土体脱盐率论，E_6 和 W_6 分别为 58.1% 和 24.6%，而对照区的 W_{14} 为 9.8%，W_{15} 反有积盐（−12.1%）。$0 \sim 2$ m 土体脱盐率的差异更大。

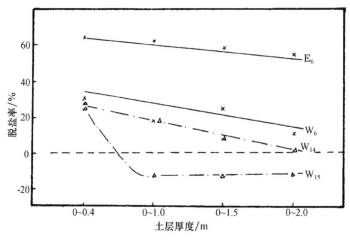

图 4-4 试验区（E_6，W_6）和对照区（W_{14}，W_{15}）土壤脱盐状况

表 4-6 试验区和对照区 1974 年雨季土壤脱盐状况

区域及剖面号	土层厚度 /m	雨季前（6月27日）盐储量 /（t/亩）	脱盐率 /%	雨季初期（7月20日）盐储量 /（t/亩）	脱盐率 /%	雨季中期（8月15日）盐储量 /（t/亩）	脱盐率 /%	雨季后（9月9日）盐储量 /（t/亩）	脱盐率 /%
	$0 \sim 0.4$			6.14	0	2.07	66.0	2.15	65.0
E_6	$0 \sim 1.0$		12.2	0	4.19	65.6	4.45	63.5	
	$0 \sim 1.5$		16.8	0	7.68	54.3	7.08	57.8	
	$0 \sim 2.0$		22.4	0	11.0	50.9	10.1	54.9	
	$0 \sim 0.4$	3.95	0	3.09	21.8	3.06	22.5	2.76	30.1
W_6	$0 \sim 1.0$	7.62	0	7.40	2.9	6.82	10.5	6.36	16.5
	$0 \sim 1.5$	11.9	0	11.4	4.2	11.9	0	8.86	25.5
	$0 \sim 2.0$	14.9	0	14.2	4.7	15.5	−4.0	13.4	10.1

续表 4-6

区域及剖面号	土层厚度 /m	时间							
		雨季前（6月27日）		雨季初期（7月20日）		雨季中期（8月15日）		雨季后（9月9日）	
		盐储量 /（t/亩）	脱盐率 /%	盐储量 /（t/亩）	脱盐率 /%	盐储量 /（t/亩）	脱盐率 /%	盐储量 /（t/亩）	脱盐率 /%
对照区	W$_{14}$								
	0～0.4	7.10	0	4.60	35.2	5.29	25.5	4.96	30.1
	0～1.0	11.0	0	9.30	15.5	8.85	19.5	9.05	17.7
	0～1.5	14.2	0	13.0	8.5	12.3	13.4	12.8	9.8
	0～2.0	16.0	0	15.7	1.9	15.1	5.6	15.7	1.9
	W$_{15}$								
	0～0.4	6.20	0	3.48	43.8	4.71	24.0	4.57	26.3
	0～1.0	9.40	0	6.81	27.6	9.51	-1.2	10.6	-12.8
	0～1.5	12.3	0	10.3	16.2	12.8	-4.0	13.8	-12.2
	0～2.0	14.5	0	13.6	6.2	15.5	-6.9	16.4	-13.1

其次，脱盐的持续期长。从表 4-6 和图 4-4 中还可以看到，对照区仅在雨季初期，潜水顶托作用尚不明显时的脱盐率较高。7 月下旬以后，随着潜水位的上升和顶托，土体就不再继续脱盐了，以至有不同程度积盐。而试验区的 E$_6$ 和 W$_6$，整个雨季都保持持续脱盐状态，脱盐深度自上而下逐渐加大。

以上资料说明，雨季前和雨季中抽水，不仅是抗旱防涝、抽咸换淡的需要，同时，由于降低了潜水位而加速了雨季期间土体的自然脱盐过程，也是改良盐碱地的一个有效措施。

4.4 抽咸换淡，改造咸水

曲周县境内无浅层淡水或淡水层薄、开采价值不大的地方占 80% 左右。咸水层厚 100～200 m，静储量 24.3 亿 m³。改造咸水，不是指改造整个咸水层，而是指为满足农业生产需要，将咸水层上部淡化，形成一个淡化水层。改造的主要方法是"抽咸换淡"，即利用浅井抽出咸水和人为地大量引渗淡水。浅井 - 深沟体系为抽咸换淡提供了有利条件和设施。

根据试验区 25～40 m 间有十余米细沙层和 40 m 以下有深厚隔水层的岩性特点（图 4-5），同时考虑到改咸与采用相结合，井深定为 40 m 左右，为完全井。影响半径一般在 125～200 m。井距设计为 200 m×250（330）m，即每 80～100 亩一眼井，投入试验的浅井 40 眼（图 4-6），进行了旱季和雨季两期抽水共

52 d。抽咸换淡试验中地下水矿化度和离子组成的变化及其原因分析如后。

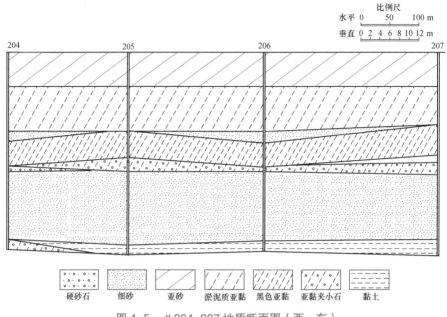

图 4-5 #204-207 地质断面图（西—东）

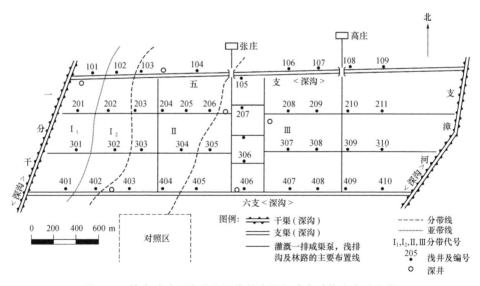

图 4-6 抽水试验区浅井和深沟的布局和咸水矿化度变动分带

1. 浅层咸水矿化度动态与淡化

从 40 眼抽水井矿化度动态的一般趋势看。整个雨季抽水期间，随降水量和频率不同而出现矿化度的高峰群，它们是与降雨量、降水频率以及土体脱盐相适应和由之而引起的，本身就说明了雨季抽水对排除土壤盐分能起到良好的作用。7 g/L 以上的高矿化度是暂时因素引起的，随着这个因素的消除而矿化度将会稳定在 7 g/L 以下。根据第一期抽水初期到 7 月 5 日的水化学分析结果及以后的动态资料统计，试验区咸水层上部的基本矿化度（指排除暂时及局部因素的干扰）在 5 g/L 左右。

试验区内，依矿化度变动的特点，可自西（一分干）向东（支漳河）大体分为三带，各带呈西南 – 东北向，图 4-6 表示了各带内的矿化度动态（1974 年 7—11 月）。第二带（Ⅱ）矿化度较低，停抽后稳定在 4 g/L 左右。第三带（Ⅲ）矿化度偏高，在 4～6 g/L 之间。第一带中 I_1 与 I_2 相似，但靠近一分干的井列，停抽后表现明显淡化，4 个井中有 3 个井的矿化度在 3 g/L 左右。故可分两个亚带：即靠一分干的 I_1 和与Ⅲ相似的 I_2（图 4-6）。

衡量地下水的淡化，我们不以暂时因素引起的高矿化度作为基数，而是以上述的基本矿化度（或平均矿化度）5 g/L 作为基数。因此，可将矿化度分为三段：① 2～4 g/L 表示淡化明显；② 4～5 g/L 为过渡带或开始淡化带；③ 5～9 g/L，水质咸化。鉴于地下水中 Cl^- 含量与矿化度间的正相关关系，3 个矿化度分段在图 4-7 中出现的频率 γ（定期取样作化学分析，矿化度在一定范围内出现次数所占总数的%）中看到淡化的趋势。Ⅲ带为 $\gamma_③ > \gamma_② > \gamma_①$。$\gamma_①$ 的比例很小，$\gamma_②$ 相对较高，$\gamma_③$ 最高，说明此带内淡化趋势尚不明显。Ⅱ带虽也是 $\gamma_③ > \gamma_② > \gamma_①$，但 $\gamma_②$ 降低，$\gamma_①$ 升高，淡化趋势较为明显。I_1 亚带则为 $\gamma_① > \gamma_③ > \gamma_②$。$\gamma_②$ 值很低，形成两极分化，淡化趋势明显（图 4-7）。

2. 离子组成动态及水质变化

地下水矿化度的变化也将引起离子组成和水质的相应变化。一般情况下，采用碱含量、Cl^-/SO_4^{2-}、Cl^- 含量和钠吸附（SAR）来衡量水质的好坏。以下分别从这几个方面来说明抽咸换淡过程中地下水的离子组成和水质的变化情况。

● 碱含量。对地下水中 CO_3^{2-} 和 HCO_3^- 的钠盐状况的表示方法很多，按试验区咸水化学的特点，我们采用碱含量（P）来表示，计算公式为：

$$P = CO_3^{2-} + [HCO_3^- - (Ca^{2+} + Mg^{2+})] \text{ 单位：me/L}$$

碱含量为地下水中重碳酸盐中除去 $Ca(HCO_3)_2$ 和 $Mg(HCO_3)_2$ 以后，P 则为钠的碳酸盐和重碳酸盐的酸根总量。如第二项之差为负值，则 $P = CO_3^{2-}$。因此，此公式是有条件的，即其中第二项为负值时均作 0 计。

试验区咸水井中仅少数井的水中有微量 CO_3^{2-}。HCO_3^- 虽普遍存在，但含量不高（10 me/L 左右），且十分稳定（图 4-8），抽水过程中不受矿化度变化的影响。由于普遍是 $HCO_3^- - (Ca^{2+} + Mg^{2+}) < 0$，故公式中第二项为负值。因此，碱含量的变动对咸水水质影响不大。

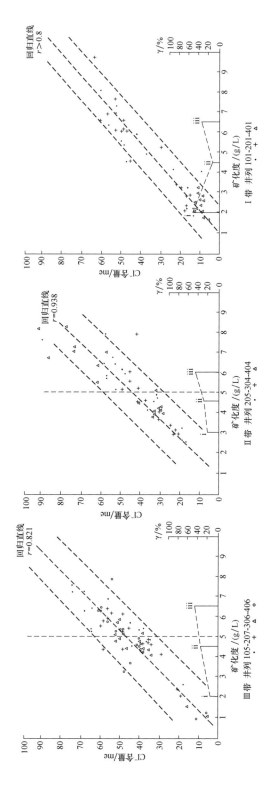

図 4-7　試験区地下水矿化度与 Cl⁻ 含量的关系

i 矿化度为 1（2）～4 g/L 的频率；ii 矿化度为 4～5 g/L 的频率；iii 矿化度为 5～8 g/L 的频率。

● Cl⁻/SO₄²⁻ 和 Cl⁻ 含量。Cl⁻/SO₄²⁻ 随不同水文地质条件而发生变化。一般趋势是：矿化度 < 4 g/L，则 $Cl^-/SO_4^{2-} < 1$；矿化度 > 4 g/L，则 $Cl^-/SO_4^{2-} > 1$。Cl⁻ 含量与矿化度呈现正相关（图 4-8）。从三个井列的水化学资料的统计看，Cl⁻ 平均含量值与矿化度的相关关系列入表 4-7。从表中看出，矿化度 > 4 g/L，Cl⁻ 含量则超过 25 me/L。该含量的 Cl⁻ 对作物和土壤均开始表现出明显的不良影响。从 Cl^-/SO_4^{2-} 和 Cl⁻ 含量看，矿化度 4 g/L 以上 $Cl^-/SO_4^{2-} > 1$，Cl⁻ > 25 me/L，标志着水质开始显著变坏。

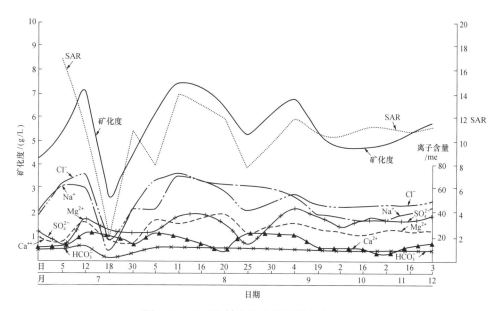

图 4-8　# 105 抽水井水化学动态（1974）

表 4-7　Cl⁻ 含量与矿化度的相关关系

分带和井列	Cl⁻ 含量变动幅度 /（me/L）		
	$M^* = 1 \sim 4$	$M = 4 \sim 5$	$M = 5 \sim 8$
Ⅲ带（井列：105，207，306，406）	5 ～ 20	30 ～ 50	35 ～ 75
Ⅱ带（井列：205，304，404）	15 ～ 30**	28 ～ 40	30 ～ 70
Ⅰ带（井列：101，201，401）	5 ～ 25		35 ～ 60

* M 为矿化度，g/L。

● 钠吸附比。

钠吸附比是评价咸水利用过程中是否引起土壤碱化的一个重要指标。据抽水井水化学资料统计，M > 4 g/L，则 SAR > 10，可达 16 ～ 18；M < 4 g/L，SAR 一般低于 10。据某些资料报道，M > 4，SAR > 10 的数值是有一定碱化威胁的。

但试验区盐碱土中均有多量 $CaCO_3$ 和一定量 $CaSO_4$，有抑制碱化发展的作用。在这种条件下 SAR 值的危害指标问题尚待研究。

地下水的离子组成动态和水质变化是和抽咸换淡中矿化度的变化密切相关的。除碱含量没有影响外，Cl^-/SO_4^{2-}、Cl^- 含量和 SAR 均与矿化度成正相关。特别是矿化度超过 4 g/L 时，这三个指标（$Cl^-/SO_4^{2-} > 1$；$Cl^- > 25$ me/L；$SAR > 10$）均显示了水质的明显变坏。因此，在抽咸换淡中，要求尽快将矿化度降至 4 g/L 以下，更有利于广泛开展对咸水的利用。

3. 淡化原因分析

24 眼井经两期抽水后，19 眼井水矿化度已降至 5 g/L 以下，表现了淡化趋势。另 5 眼仍维持在 5 ~ 7 g/L。

鉴于试验区土壤盐分含量很高，故未进行专门蓄水补淡。淡水水源仅有雨水和秋季压盐水，水量不大且多经过土体而提高了矿化度，因而补淡作用不大。究其淡化原因，主要为如下的水文地质条件所引起的。

第一，这一带咸水面（同于潜水）的坡降约 1/6 000，近乎停滞状态。每年雨季，雨水将盐碱土中的部分盐分淋至咸水层的表部，使之矿化度增加。旱季，咸水又通过土体蒸发浓缩。这种频繁的交换作用，使咸水层上部形成了一个矿化度较高的水层。据许多点上的观察，咸水层表部的矿化度多在 10 g/L 左右，而以下的咸水矿化度多为 5 ~ 7 g/L。群井抽水时，每个井都形成了一个降落漏斗，井管中动水水位和周围潜水位之间的落差，使得咸水层上部的高矿化水层在抽水时，首先向井中移动，故而抽水初期矿化度较高，随着这个高矿化度水层的逐渐消失而井水开始变淡。第二，在咸水层的 23 ~ 40 m 之间有一层承压的微咸水层。这层水的开采对上层咸水起稀释作用，特别是停机后，井水矿化度明显下降。第三，一分干淡水的经常补给，使邻近一分干的 I_1 带井列的淡化最为明显。I_2 带面积虽小，但显示了引渗补淡对咸水淡化的明显作用，代表了今后改造咸水的方向。

以上分析说明，这个长期沉睡地下、近于停滞的咸水，一经浅井抽取，加速其运动，原来的平衡状态被打破，它就迈出了淡化的第一步。在今后进一步的抽咸和大量补淡过程中，定能加快其淡化步伐。

4.5 浅井－深沟体系的运用

一年来，试验区的旱涝碱咸得到了初步治理：井灌面积由 7% 提高到 40% 以上（包括咸水灌溉），抗旱能力增强了；防涝能力由连续降水 100 mm 发生涝害提高到连续降水 300 mm 不发生涝害；土壤上层（0 ~ 40 cm）含盐量普遍由 1%

左右下降至 0.4％以下；24 眼咸水井中有 19 眼有了不同程度淡化。实践使我们认识到，旱涝碱咸之间的内在联系和相互制约，决定了对它们必须综合治理，而不能头痛医头，脚痛医脚。在治理方法上，也必须克服那种沟是沟、井是井，农业措施是农业措施的孤立看法，而要把三者有机地结合起来。浅井－深沟体系就是一种较好的结合方式，这套设施让我们能够在咸水层的上部建立起一个咸水可用可改，潜水可采可补，水位可降可升，排、灌、蓄相结合的地下水库。通过对潜水位的调控，可建立起一个新的、综合治理旱涝碱咸、为农业大上服务的水盐平衡关系，把水和盐的调动权掌握在自己手中。

如何运用浅井－深沟体系，有效地和经济地调控水盐的运动，以综合治理旱涝碱咸，我们有以下几点初步认识。

第一，在盐碱土地区，对水盐的调节可分两个阶段进行。第一阶段宜以土壤脱盐为中心，补淡应结合压盐，避免大规模的蓄水引渗。原因是：土体脱盐对当前农业生产具有更为现实和重要的意义，在土体含盐多的情况下，大量蓄水引渗容易引起盐分向上层转移，影响当年生产。盐分基本移出土体后，第二阶段则应以补淡和抗旱为中心，一方面，可在抽咸造成潜水加大降深的基础上大规模进行蓄水引渗和大定额灌溉，以加速咸水淡化过程；另一方面，旱季可适当抬高潜水位使潜水能不断补充底墒，在土壤不致盐化的前提下，增强土壤的抗旱能力。当然，两个阶段不是截然分开的。试验区于 1975 年秋季将逐渐过渡到第二阶段。

第二，在以土体脱盐为中心的第一阶段中，对水盐的调控大体有以下内容：①早春抽水。春季为返盐盛期，应结合灌溉以降低水位至返盐临界深度以下，减少土壤返盐。冬春进行过土壤压盐和潜水位较高时，此次抽水尤为必要。②雨季前结合灌溉抽水，将潜水位降至一年中的最大降深，以腾清库容，为雨季加速土壤的自然脱盐、防涝和蓄水做好准备。③雨季里进行围埝蓄淡和抽水，可加速脱盐改咸进程。如脱盐改咸任务不大，可不必抽水；沥水对作物产生威胁时，可进行防沥（托）性抽水。④秋冬季可进行大规模压盐和抽咸换淡、抽灌（排）咸水、引淡压盐（灌溉）和蓄水引渗等调控措施，每一措施对旱涝碱咸都会发生综合作用，应统筹考虑，因时因地制宜。

第三，"平、压、肥、林、种（植）"的一套农业技术措施不仅为提高当年产量所必需，且为治理旱涝碱咸的综合措施中不可缺少的重要组成部分。治理初期以平、压为先，盐碱不成为作物的主要威胁时，以有机肥（包括绿肥）为中心的培肥土壤就成为突出的问题了。

浅井－深沟体系有以下特点：它不是单打一地引水抗旱或挖沟除涝治碱，而是对旱涝碱咸统筹考虑，综合治理，夺得稳产高产。对潜水位的调控幅度大，可使降至 3 m、4 m 以至更大深度，因而较一般方法具有更好的治碱防涝效果。必要时尚可蓄水和抬高潜水位以抗旱。在调控潜水位的时间上掌握了更大的主动性。

节省土方、占地及清淤工作量。据调查，以斗、农、毛三级排沟计，一般五级深沟配套平均每亩挖土 $50 \sim 70$ m³，占地 8%，而浅井 – 深沟体系挖土 5 m³ 左右，占地 2%。

利用浅井 – 深沟体系，综合治理旱涝碱咸是一种新的尝试。通过一年来的试验，取得了一些成效，在生产上已经开始发挥作用，也看到了一些好的苗头。但是，工作中还存在许多问题，有更多的问题尚需进一步研究。

参考文献

［1］土化系曲周基点 . 运用浅井 - 深沟体系综合治理旱涝碱咸［J］. 华北农业大学教育革命通讯 , 1975, 1: 44-64.

5 黄淮海平原的水盐运动

【本章按语】

　　我们曾进行长达 20 年之久的、大规模旱涝碱咸综合治理实践以及对水盐运动的系统观察与研究，同时以现代水盐动力学原理、系统分析、数学模型和地理信息系统方法研究了水盐运动的机理与过程。本章至第 9 章将系统介绍我们在曲周试验区和黄淮海平原的水盐运动、水盐运动调节、水盐平衡、监测预报、地理学研究和半湿润季风气候区水盐运动理论，这 5 章是本书的重点。本章内容以作者工作为主而非研究团队工作的全部，凡涉及他人工作成果均另有加注。

　　长期困扰黄淮海平原农业生产的春旱夏涝、土壤盐碱和潜水矿化，是半湿润季风气候影响下水盐运动的一组外在表象。半湿润季风气候影响下的水盐运动是一个十分复杂和活跃的系统，对它的运行规律认识得越多越深，对旱涝碱咸的治理才能更加科学和有效。本章在简单介绍水盐运动一般知识后，分节阐述黄淮海平原的气候、地貌、土壤质地剖面以及人为活动（咸水灌溉）影响下的水盐运动特征，最后综合性地介绍黄淮海平原的水盐运动类型。

5.1 水分与易溶盐的运动 [1, 2]

　　自然地理景观系统中，水分和溶解其中的易溶性盐分是一种十分活跃和最具移动性的要素。它们以大气、土壤和松散沉积物为载体，以大气降水、地面水、土壤水和地下水的形态，在一定的时空条件下不断地循环运动着。变异有加的大气降水，多样复杂的地形地貌，以及河流水文、水文地质、土壤类型等自然环境要素深刻地影响着水盐运动，使水盐运动这个复杂系统，在辽阔广袤的黄淮海平原上表现得千变万化，林林总总。如果再加上不确定的人为因素干预，水盐运动状况就更加复杂和难以把握。

　　大气降水和地面水按自由落体和势差的物理规律自上而下、自高而低地运动，又按照水面与大气界面间的势差而蒸散，以完成其循环与往复。当大气降水和地面水一旦进入土壤，水分运动则变得复杂起来。因为土壤的固相物质是由各种大小形状不一的颗粒组成的，粗细不同、形状各异的孔隙散布其间，成为一个不规则的、上下左右贯通的系统。土壤水在各种力的作用下得以保持，并产生一定的势能，如由固相基模引起的基模势、由溶质引起的渗透势、由土壤内局部封闭的空气产生的气压势、临时滞水产生的静水压力势以及由土壤水所处位置而产生的重力势等。以上各势值之总和称土水势。基模势、渗透势均为负值，如以正值表示，则称土壤水吸力。土壤水的运动方向总是由水势高处向水势低处移动，其运动速率决定于水势梯度和土壤导水率的大小。

土壤水分饱和时，其流动规律遵循达西定律；土壤水分不饱和时，如非淹水条件下的入渗和蒸发，水的流动动力为水势的梯度。盐渍土的田间水分运动，主要是土面蒸发和降水或灌溉水入渗两种反向的过程。

土面的水分蒸发能否进行，决定于是否能够满足土壤水汽化时所需的热量和大气的水汽压是否低于土面的水汽压。此外，还要看蒸发损失的水分得到下部土体水分补充的情况。当地下水埋藏较深，土壤不受或很少受地下水影响的情况下，降水或灌溉后，土壤蒸发一般按大气蒸发力控制、土壤导水率控制和扩散控制3个阶段递次发展。地下水埋藏较浅时，土壤蒸发损失的水分可以由地下水源源不断补给，这时蒸发的速度与毛管水上升的高度和强度以及地下水埋藏的深度有关。土面蒸发是导致土壤表层积盐的主要原因，控制地下水埋深和减弱土壤的导水性能是减少土面蒸发的重要途径。

水分在土壤中的入渗，一般要经过湿润干燥土层，土壤含水量增至田间持水量以上以及产生下渗水流的过程。入渗速度决定于供水速度和土壤的渗水性能。当供水速率超过土壤的入渗能力，将产生地面积水，入渗状况就决定于土壤的入渗能力，反之则取决于供水速度。当土壤水分饱和，土壤的基模吸力等于零，土壤水只受重力和地面水层水头压力的影响时，入渗速率将降到一个比较稳定的水平，其入渗速率和饱和导水率（K）相近或相等，其大小与土壤孔隙状况（特别是粗孔隙）相关。

易溶于水的矿物质盐类主要是氯化物、硫酸盐和碳酸盐，它们是地球化学过程中运移性最强的盐类，广泛附存于运动着的大气降水、地面水、土壤水和地下水，并随着水的运动而运动，也随着不同盐类的不同溶解度而在迁移过程中发生分异。土壤中主要易溶盐类的溶解度可见表5-1。

表5-1　土壤中主要盐类在不同温度下的溶解度　　　　g/100 g 溶液

盐类	温度/℃					
	0	10	20	30	40	50
$Na_2CO_3^*$	6.5	10.9	17.9	28.4	32.4	32.1
$NaHCO_3$	6.5	7.5	8.7	10.0	11.3	12.7

续表 5-1

盐类	温度/℃					
	0	10	20	30	40	50
$Na_2SO_4^{**}$	4.3	8.3	16.1	29.0	32.6	31.8
NaCl	26.3	26.3	26.4	26.5	26.7	26.9
$MgSO_4$	18.0	22.0	25.2	28.0	30.8	33.4
$MgCl_2$	38.8	39.8	41.0	48.6	51.8	54.5
$CaCl_2^{***}$	37.3	39.4	42.7	50.7	53.4	56.0

* 30℃以下含有 10 个结晶水，30℃以上无水。

** 30℃以下含有 10 个结晶水，30℃以上为斜方晶体。

*** 30℃以下含有 6 个结晶水，30℃以上为 4 个结晶水

土壤水是含多种盐类的一种复合溶液，溶解度也会因盐类之间的相互作用而发生改变。具有共同离子的盐溶液，往往会降低盐类溶解度，如 $MgCl_2$ 的大量存在可以引起 NaCl 溶解度的急剧降低。反之，在具有不同离子的盐类混合物溶液中，又可以使溶解度低的盐类增加解离度，如氯化钠的存在可以增加石膏的溶解度。此外，盐类的溶解度也与土壤空气中 CO_2 的含量及分压有关，如 $MgCO_3$ 在相同温度下，CO_2 分压越高，溶解度越大；而 $CaCO_3$ 在相同的 CO_2 分压下，温度越高，CO_2 溶解度越小，$CaCO_3$ 的溶解度也越低。

在土壤水或地下水运动过程中，溶解度较小的盐类首先达到饱和而在溶液中析出。继而是溶解度中等的盐类析出，只有溶解度高的盐类，如氯化钠等才能大量运积于低地或土体表层，以致最后汇聚于海洋，形成明显的易溶盐的地球化学分带。

在干旱季节，土壤水分强烈蒸发时，土壤溶液中首先达到饱和的是碳酸钙和碳酸镁。蒸发过程中土壤溶液继续浓缩时，其中硫酸钙继碳酸盐而逐渐饱和，在碳酸盐积聚层之上形成石膏积聚层。在土壤水分继续往上移动时，氯化钠和硫酸钠等溶解度较大的盐类可以在土壤上层以至地表积聚。这是一种出现在土壤剖面中的易溶盐的化学分带。

反之，在雨季或人工冲洗压盐过程中土体内以下行水流为主时，移动最快的是氯化物，其次是硫酸盐。此外，盐类的溶解度对温度的敏感程度也不相同（表 5-1），如 NaCl、$NaHCO_3$、$MgSO_4$、$MgCl_2$ 等受温度影响较小，而 Na_2SO_4 和 Na_2CO_3 受温度的影响较大，故硫酸钠盐化土壤的冬季压盐冲洗效果一般较差。

黄淮海平原地区易溶盐在土壤和潜水中积聚的特征与规律曾受到许多研究者（Kovda，1946，1960；熊毅，1961；王遵亲，1963；石元春 1977）[3-7] 的注意，提出了量上以及化学组成上的运动特征和相关性规律。其主要表现有：

• 在潜水矿化度很低（< 0.5 g/L）的重碳酸钙水的情况下，土壤一般不发生

盐化。

● 当潜水矿化度在 0.5～1 g/L 和强碱性苏打或硫酸盐－苏打为主组分时，土壤中往往大量积聚碱金属重碳酸盐，表现为强碱性。

● 当潜水为弱矿化（2～4 g/L）和以苏打－氯化物－硫酸盐－镁－钠为主组分时，土壤中开始有石膏积聚，碱度降低。

● 当潜水为高矿化（4～10 g/L）和以硫酸盐－氯化物－镁－钠为主组分时，土壤多呈现中性盐积聚的盐化土壤。

● 滨海平原区，潜水和土壤均受海水影响，氯化钠盐类在二者中均占绝对优势。

以上是协调和一致的一面，但土壤和潜水毕竟是两种不同的质体，易溶盐在积聚上也会有所差异，如：

● 在低矿化（0.5～1 g/L）潜水的情况下，碳酸钠和碳酸氢钠由潜水进入土壤后逐渐累积，故土壤碱度一般高于潜水。

● 在弱矿化及矿化潜水条件下，硫酸盐一般在夏秋季节，土温上高下低时作上下运行，在土壤中积聚得多而淋失到潜水中少，故而硫酸盐类在土壤中积聚一般多于潜水。特别是在矿化潜水＞4 g/L 和土壤溶液浓度达 20～30 g/L 时，硫酸钙在溶液中呈饱和态，固态的石膏大量积聚于土层，这种现象常见于黄淮海平原北部咸水区。

● 氯化物盐类具有高溶解度和高迁移能力，它是往来于潜水－土壤之间最为活跃的一种盐类。由于氯化物盐类不被土壤吸附，故一般在地下水中的累积多于土壤。只有在易溶盐强烈积聚的条件下，土壤中的氯化物积累才会明显高于潜水。

5.2 半湿润季风气候与水盐运动[2]

所谓半湿润季风气候是指年降水量处在干旱半干旱气候与湿润气候之间，约 500～800 mm（黄淮海平原南部可达 1 000 mm），同时在季风气候影响下干湿季分明（春、夏、秋、冬四季降水量之比大体为 1∶7∶2∶0），雨季里干燥度小于 1，而旱季可达 4 以上。这种自然降水特征是黄淮海平原水盐运动状况十分复杂和表现为春旱、夏涝、土壤盐渍化和地下水矿质化的决定性因素。由于降水量较多而又十分集中，导致水分与盐分在土壤和潜水中呈垂直方向上的节奏性上行与下行，积盐过程和脱盐过程的季节性更替。

石元春（1982）[8] 提出黄淮海平原年总进入水量的 18.8%（559 亿 m³）通过土壤补充到地下水；地质矿产部水文地质工程地质局（1979）[9] 提出浅层地下水的补给模数一般为 15 万～25 万 m³/（km²·a）。因而在黄淮海平原的约 5 万 km² 的盐渍地区，以平均脱盐系数 3 kg/m³ 计，每年经雨水从土体带入潜水的盐量约 3 000 万 t，即平均每亩 0.4 t。另外，年总进入水量中的 74.3% 通过蒸散排出，即平均每公顷土地上有 7 000 m³ 水是自地下水和土壤由地面蒸散，从而给土壤上层带来了大量盐分。

水盐的上行运动和下行运动，土壤的积盐过程与脱盐过程，潜水的矿化过程与淡化过程的季节性更替，以及易溶盐在土壤－潜水中频繁转移交换是黄淮海平原水盐运动的基本特征。

月干燥度可以较好地表示气候因素中实际蒸发能力的季节性特征。月干燥度过程线和地下水埋深过程线的叠合决定了水盐垂直运动的方向与强度，并表现出周年内的季节性变化。在这个过程中，反馈现象普遍存在并对水盐运动的方向和强度起着重要作用。春季蒸发力强而加剧水盐的上行运动，在导致潜水位下降和地面干土层加厚的同时也抑制了水盐的上行运动；当雨季降雨入渗促进水盐下行的同时，也会因抬升潜水位而抑制水盐下行的运动过程（图 5-1）。

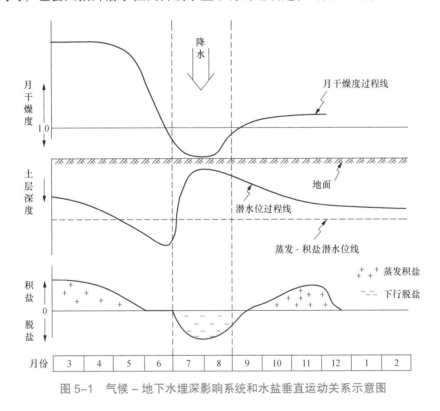

图 5-1　气候－地下水埋深影响系统和水盐垂直运动关系示意图

在气候－地下水影响系统的作用下，周年内水盐运动一般可区分为如下 5 个阶段：春季强烈上行阶段（干燥度最高，水盐强烈上行和随着反馈作用增强而减缓）；初夏稳定阶段（在地下水埋深继续加大和反馈作用的强烈抑制下，水盐上行运动减弱或近于停止）；雨季下行阶段（下行运动强度决定于降雨量、降雨强度以及地下水位上升的反馈强度）；秋季上行阶段（干燥度不高，但地下水位高，上行速度有时不低于春季）；冬季冻结稳定阶段（水分以气态形式向上层转移凝结，但数量有限，盐分上行近于停止）。

表 5-2 和图 5-2 是我们在曲周的一个水盐动态观测点 W_{14} 的资料，可作为黄淮海平原水盐运动季节性特征的一个实例。长期水盐动态观测点 W_{14} 设在试验区以外的三町村东约 1 km 的地方。这里已设干、支两级深沟排水系统，干渠深 3.5 m，支渠深 2.8 m，下级排水系统尚未开挖，田间工程很差，没有灌溉条件，为氯化物－硫酸盐盐土，代表着曲周北部重盐渍地区的一般情况。

表 5-2　水盐运动季节性变化的各阶段特征（W_{14}，曲周，1976 年）

水盐动态的各个阶级			强蒸发——积盐段（3—5 月份）	强蒸发——稳定段（6 月份）	降雨——脱盐段（7—8 月份）	蒸发——积盐段（9—11 月份）	冻结——稳定段（12 月—翌年 2 月份）
气候因素*	气温 /℃		13.1（14.1）	25.1（26.0）	24.8（24.3）	12.8（13.0）	−1.6（−2.5）
	降水 /mm	阶段降水量	45.6（72.1）	53.5（59.2）	455.9（336.0）	136.4（118.2）	35.9（18.3）
		平均日降水量	0.5（0.8）	1.8（2.0）	7.6（5.6）	1.5（1.3）	0.4（0.2）
	蒸发 /mm	阶段蒸发量	594.1（646.4）	343.7（332.9）	364.8（381.1）	380.1（341.9）	160.9（135.1）
		平均日蒸发量	6.6（7.2）	11.5（11.1）	6.1（6.4）	4.2（3.8）	1.8（1.5）
	干燥度		4.3（3.2）	2.3（2.1）	0.54（0.8）	1.4（1.6）	—
潜水埋深动态 /m			3 月由 1.5 m 降至 1.9 m，4—5 月由 1.9 m 降到 2.8 m	2.8 → 3.5	1.0 m 左右	由 1.0 m 下降到 1.8 m	1.8～2.0 m
土壤盐分动态	0～20 cm 土层	增减值 /（kg/ 亩）	＋1 520	＋170	−1 760	＋1 230	＋90
		增减率 /%	＋79.2	＋6.6	−64.0	＋124.2	＋4.9
		日增减值 /（kg/ 亩）	＋20.2	＋4.6	−27.1	＋20.8	＋0.7
土壤盐分动态	0～40 cm 土层	增减值 /（kg/ 亩）	＋1 090	＋540	−1 590	＋1 320	−270
		增减率 /%	＋34.8	＋16.8	−42.5	＋61.2	−8.0
		日增减值 /（kg/ 亩）	＋14.5	＋14.6	−24.5	＋22.4	−2.1
土壤盐分动态	0～200 cm 土层	增减值 /（kg/ 亩）	＋1 820	＋230	−520	＋790	−230
		增减率 /%	＋17.9	＋2.1	−4.7	＋7.4	−2.2
		日增减值 /（kg/ 亩）	＋24.3	＋2.3	−8.0	＋13.4	−1.8

*气候因素各行括弧内的数值为 1963—1976 年的平均值。

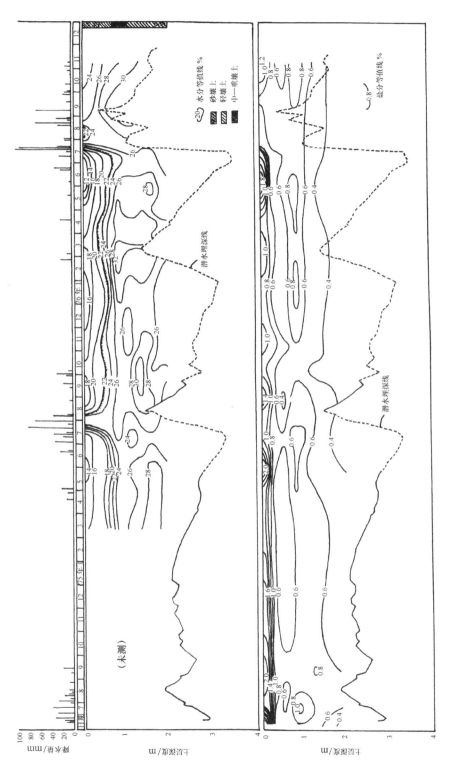

图5-2 黄淮海平原盐渍地区水盐动态图（W_{14}，曲周，1974—1976年）

周年水盐动态情况如下（1976年）：

（1）春季土壤强烈蒸发－积盐阶段（3—5月份） 此时，气温迅速回升，降水稀少，蒸发量大于降水量10倍以上，干燥度达4.3。潜水埋深在3月里由1.5 m下降到2.0 m左右，4月和5月由2 m下降到2.8 m。土壤水分的毛管水强烈上升前缘由地表下落到1 m左右。在地下水埋深2.0 m以下时，土壤中盐分的积累由亚表层（5～20 cm）向表层转移，同时由下部向吸力梯度转折点附近积累，盐分剖面曲线呈"S"形。

（2）初夏相对稳定阶段（6月份） 从气候因素看，此期的气温和蒸发量都达到或接近一年中的最高峰。降水量较春季有所增加，干燥度为2.3。气候因素虽表现为强烈蒸发，但是，此时地下水位是一年中的最深期，一般降到安全深度以下，土壤毛管水强烈上升的前缘下降到地面以下，抑制和削弱了土壤－地下水的蒸发和积盐过程，加以农事活动频繁，使这个时期的土壤水盐运动处于一个相对稳定状态，量上变动不大，2 m土体盐量的日增值仅为春季积盐阶段的1/10。

（3）雨季土壤脱盐阶段（7—8月份） 这是一年中集中降水和土壤脱盐的时期。常年降水量是336 mm，1976年偏多，为456 mm。如以径流系数0.3计，尚有约300 mm降水可以入渗，起着雨季脱盐作用。雨季到来前的地下水埋深达3.4 m，水位回升慢，也有利于土壤的脱盐。0～20 cm和0～40 cm土层脱盐率分别为64%和42.5%，但2 m土体的总脱盐率不高。

（4）秋季土壤蒸发－积盐阶段（9—11月份） 9月后，气温很快回降，季节平均温度同春季接近。但是蒸发量只及春季的1/2强，降水量多近1倍（1976年多4倍），所以干燥度不高（1.4），接近于年均干燥度。从气候因素看，秋季的蒸发能力远低于春季，但因雨季刚过，潜水位由较高的基础上回落，并有部分秋雨补充潜水，加上1976年雨季和秋季雨水偏多，整个秋季地下水埋深浅，毛管水强烈上升的前锋均可达到地面，因而有明显的积盐过程，其积盐量、积盐率和积盐速度（日积盐量）都接近甚至超过了春季，潜水位此时起着决定性作用。

（5）冬季相对稳定阶段（12月到翌年2月份） 在西北气流的控制下，冬季干燥寒冷，月平均气温在0℃以下，降水极少，蒸发量不高，土壤冻结期在75 d以上。土壤冻结过程中，水分主要以气态形式向上层转移凝结，盐分运动基本停止。关于封冻初期的冻融过程和早春解冻期间土壤水盐动态我们未做具体观察。从各水土动态观测点的资料看出，整个冬季土壤盐分虽稍有增减，但变动不大。

1975年和1976年两年的土壤盐分年均衡计算中（2 m土体），一减一增，增减量相近。所以，从两年的土壤盐分变动情况看，处于相对稳定的状态（表5-3）。

表 5-3　1975 年和 1976 年早春至秋末"W_{14}"的土壤盐量变动情况　　　　t/ 亩

项目	土层		
	0 ~ 20 cm	0 ~ 40 cm	0 ~ 200 cm
1975 年			
初春（3 月 10 日）	2.16	3.20	11.81
秋末（11 月 7 日）	1.83	3.40	10.42
差值	−0.33	+ 0.20	−1.39
增减率 /%	−15.3	+ 6.20	−11.70
1976 年			
初春（3 月 14 日）	1.92	3.13	10.19
秋末（11 月 7 日）	2.22	3.48	11.40
差值	+ 0.30	+ 0.35	+ 1.21
增减率 /%	+ 15.60	+ 11.20	+ 11.90

根据以上资料和分析，黄淮海平原盐渍地区土壤水盐运动所表现的季节性特点可归纳如下：

第一，水盐运动主要表现为蒸发 – 积盐、淋溶 – 脱盐和相对稳定 3 种形式，呈季节性地交替出现。周年的水盐动态一般可分为 5 个时期（或阶段）：春季强烈蒸发 – 积盐期、初夏稳定期、雨季脱盐期、秋季蒸发 – 积盐期和冬季稳定期，即一年中经历着强烈积盐—稳定—脱盐—积盐—稳定的动态过程。在时间分配上，积盐期占 6 个月，脱盐期占 2 个月，稳定期占 4 个月。

第二，蒸发 – 积盐过程主要决定于土壤中毛管水的运动状况。毛管水运动一方面受干旱少雨和蒸发强烈的气候条件的影响，使土壤上层水分因蒸散而造成势差，使下层的水分不断向上运动和补充。此外，这种上行的水运动，在很大程度上还决定于地下水对土壤水的补给状况。所以，土壤水上升运动的速度决定于蒸发蒸腾强度和地下水位两个方面。春季的蒸发强度显著高于秋季，在地下水位相差不大的情况下，春季土壤的积盐速度显然较秋季为高。但是，如春季潜水位深而秋季浅，秋季土壤的积盐速度也可接近甚至超过春季。

季风气候下盐渍土水盐运动的淋溶 – 脱盐过程，主要决定于土壤中重力水的运动状况。雨季降水量和降水强度是重要的影响因素，但是更重要的是降水的实际入渗量。增大入渗量除与地面平整、覆盖状况及土壤的透水性等有关外，还要求土壤大孔隙中重力水能够顺利下行，这就要有良好的排水设施，以保证地下水位不致因雨季初期降水而迅速上升造成的顶托现象。

水盐运动的相对稳定状态，一是出现在蒸发 – 蒸腾强烈，地下水位降到安全深度以下；一是出现在土壤上层冻结，土壤水呈气态向上运动，蒸发 – 蒸腾和盐分积聚过程几近停止的情况之下。前者的主导因素是地下水位，后者是温度。

第三，季风气候决定了这个地区盐渍土水盐运动的基本过程和特点，而地下水位在整个水盐运动过程中，对蒸发－积盐、淋溶－脱盐以及相对稳定 3 种运动形式都有着直接的和重要的影响。"W_{14}"的水盐动态资料已经有力地说明了在其他条件相似的情况下，地下水位的状况对土壤的积盐过程和脱盐过程影响极大，即使在秋季干燥度远低于春季的情况下，地下水位的不同也可引起土壤的秋季积盐盛于春季。

地下水位是一个在气候、地形，特别是灌溉排水活动影响下反应非常灵敏的因素。所以，它必将是人为调控土壤水盐运动中大可借助的一个重要的"杠杆"。

5.3 地貌条件与水盐运动 [10, 11]

黄淮海平原是一个南北纵贯 8 个纬度和东西横跨 7 个经度、三面靠山、一面临海、面积达 30 万 km² 的我国第一大平原，除降水等气候要素的时空差异外，复杂的地形地貌条件也使水盐在空间分配上更加高度不均和旱涝碱咸在空间分布上的分异。地形地貌、河流水文、土壤类型和地下水埋深与矿化度等这些较为稳定的地学因素往往对区域水盐运动的方向、强度和性质产生着直接的影响。值得我们注意的是，自然状况下的这些地学条件不是各自孤立和杂乱无章的，而是有规律地、和谐地构成各种类型的地学综合体，地貌是地学综合体的最具代表性的标志。

例如，地形只是表示地面的高低起伏，而地貌还要表达出地面形态及其生成原因。如地形上的"平地"，地貌学还要回答是高原还是平原？是石质性剥蚀平原还是松散沉积物的堆积平原？是风积平原、洪积平原，还是河流泛滥堆积平原？泛滥平原里是自然堤还是河间低平原或河间洼地？如此等等。某种地貌类型往往有其相应的地形、沉积物、土壤、水文和水文地质等地学要素，形成一个和谐的有机组合。黄淮海平原的主要地学综合体类型如下：

①高地形－深地下水位和地下淡水——褐土或褐土化潮土组合。高地形包括的地貌类型有山前洪积扇、冲积扇、古河床（古河漫滩）高地，地下水埋深周年在 4 m 以下，不参与现代成土过程，无涝渍和盐渍化危害。

②微高地形－较深地下水位和地下淡水——褐土化潮土组合。微高地形包括的地貌类型有山前洪积扇或冲积扇下部，小型的古河床微高地，决口扇的上中部。地下水埋藏较深，除涝年外，一般不参与现代成土过程。

③雨源型河流的微倾平地上部－旱季地下水埋深 2 m 以下的地下淡水——潮土组合。

④河间微倾平地中部或低平地－旱季地下水埋深 1.5 m 以下的地下淡水——潮土或轻盐化潮土组合。

⑤河间微倾平地中部或低平地 – 旱季地下水埋深 1.5 m 以下（微咸水或咸水）——盐化潮土或盐土组合。

⑥河间槽形或碟形洼地，滨湖低地 – 旱季地下水埋深 1 ~ 2 m（淡水或微咸水）——盐化潮土或盐土组合。

⑦河间槽形、碟形或滨湖季节性积水洼地 – 地下淡水——潮土或沼泽化潮土组合。

⑧河间黏质槽形或碟形洼地 – 旱季地下水埋深 1.5 m 左右的地下淡水或微咸水——黏质潮土组合。

⑨古背河洼地 – 旱季地下水埋深 1.5 ~ 2.0 m（微咸或咸水）——盐渍土组合。

⑩背河浸润洼地或扇缘交接洼地 – 旱季地下水埋深 1.0 m 左右或近地面的地下淡水——苏打碱土或苏打化潮土组合。

⑪滨海低地 – 旱季地下水埋深 1.5 ~ 2.0 m 的地下高矿化咸水——滨海盐土或盐化潮土组合。

⑫滨海潟湖洼地 – 地下水埋深 1 m 左右的地下高矿化咸水——滨海盐土组合。

以上是黄淮海平原的大区地貌的地学综合体类型，同样，中区、小区以至微域地貌也能体现这种地学综合体的特征。在曲周县北部东西长约 5 km 断面上即出现了滏阳河决口扇形地、河间洼地、漳河故道、古决口扇形地、河间洼地、河间微倾平原、河间洼地等多种地学综合体组合（可参见第 3 章图 3-5）。

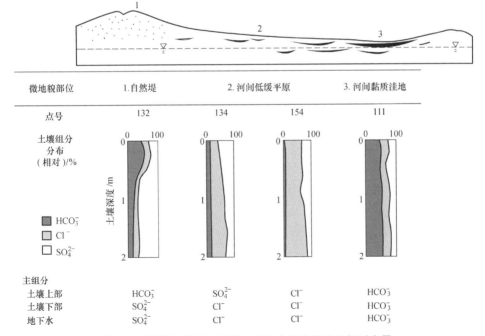

图 5-3　微地貌类型与土壤 – 地下水组分的垂向相对含量

　　李韵珠和石元春于 2003 年在《土壤学报》上发表了题为《土壤和地下水化学类型和垂向主组分的动态——以河北曲周盐渍土区为例》[11] 的文章，研究了不同微地貌条件下土壤和地下水的化学类型以及垂向主组分的动态，其主要内容如下。

　　图 5-3 表示了本区河流冲积平原的微地貌单元上，土壤 - 地下水观测点 132、134、154 和 111 在 1989 年 3 月的垂向组分相对含量。从中可以清晰地看到如下内容。

　　处于古河道自然堤部位的观测点 132，其地下水埋深为 4～5 m，矿化度在 3 g/L 左右。由于地下水埋深较大，土壤盐分以淋洗为主，或有季节性积盐。因此，在化学组分方面，上部以 HCO_3^- 为主组分，而土体下部和地下水则转为以 SO_4^{2-} 为主组分。

　　河间低缓平原是土壤积盐较重的地貌部位。以观测点 134 为例，地下水埋深在 2 m 左右，矿化度较高（平均 8.8 g/L）。由于已垦为农田，有灌溉条件，在雨季和灌溉期间，土壤盐分有淋洗过程。因此，土壤上部以 SO_4^{2-} 为主，而土壤下部和地下水中则以 Cl^- 为主组分。观测点 154 也处于河间低缓平原，此点在所研究时段为荒地，无灌溉和其他改良措施，地下水埋深在 2～3 m，其矿化度甚高，平均在 16 g/L 左右。土壤积盐过程强烈，因此土壤与地下水中都是以 Cl^- 为主组分。

　　处于河间黏质洼地的观测点 111，地下水埋深在 1 m 左右，为局部淡水区，土壤无积盐过程。其土壤和地下水均以 HCO_3^- 为主组分。

　　图 5-3 中用简单的方法表示了各河流微地貌部位上的土壤 - 地下水主组分的垂向和水平的分布规律。

　　图 5-4 主要是用组分比值的等值线图表示土壤和地下水主组分的垂向变化的动态，也就是主组分在土壤 - 地下水中的时空变化。图 5-4 中 a 为土壤含盐量 g/kg 等值线图；b 为 $HCO_3^-/(SO_4^{2-} + Cl^-)$ 比值（以下简称比值 1）等值线图；c 为 SO_4^{2-}/Cl^-（以下简称比值 2）等值线图；d 为地下水的比值动态图。

　　图 5-4 中处于河间黏土洼地的观测点 111 在 4 年中土壤和地下水的比值 1 都大于 0.6，2 m 土体的含盐量都在 1 g/kg 以下。这种以 HCO_3^- 为主组分的垂直分布状况，在 4 年中一直如此，相对稳定。但含盐量和比值 1 都随时间有起伏变化，主要与降雨量的季节变化和灌溉有关。

　　处于自然堤部位的观测点 132，在 4 年中 2 m 土体的表层或上部比值 1 大于 0.6，以 HCO_3^- 为主组分，含盐量都在 1 g/kg 以下。土体下部比值 1 小于 0.6，比值 2 大于 1，在 2～3，含盐量在 1 g/kg 以上。地下水比值 2 也大于 1，即以 SO_4^{2-} 为主组分。4 年中这种格局基本不变，但是可以看到，一是有季节波动，即有时旱季表层比值 1 可以降到 0.6 以下，土壤含盐量可达到 1 g/kg 以上；二是含盐量和比值 1 的临界值（1 g/kg 和 0.6）线条（深色黑线）随时间而逐步下移，说明在研究时段内，脱盐过程逐步加强。可能与该区排水条件的改善，地下水埋深有所加大有关。

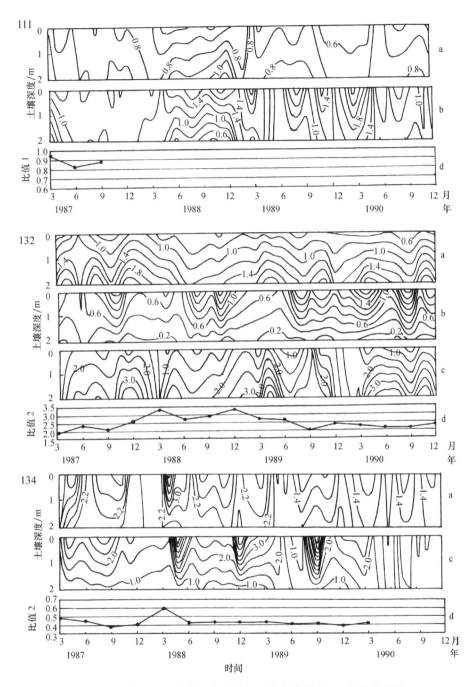

图 5-4　土壤和地下水的组分比值和土壤含盐量（g/kg）等值线图

　　处于河间低缓平原的点 134 在 4 年中 2 m 土体含盐量都在 1 g/kg 以上，只有后期在降雨季节和灌溉期间，表层盐分降至 1 g/kg 以下。比值 2 在 2 m 土体中除底部外，均大于 1，即以 SO_4^{2-} 为主组分。土壤底部和地下水中比值 2 小于 1，以 Cl^- 为主组分。4 年中从土壤含盐量的逐步降低，并出现季节性的 HCO_3^- 型，以及土壤底部比值 2 的临界值线（1.0）的逐步下移，都说明了在此时段该点也出现了逐步脱盐的过程。但从地下水埋深看，并无大的变化，主要原因在于该点在灌溉条件方面有所改变，改为以种植小麦为主，使土壤盐分的淋洗过程稍有加强。

从以上研究看出，在盐渍土区各微地貌部位上，随着自然和人为环境条件的变迁，土壤－地下水的化学类型、主组分的垂向分布和它们的动态均遵循着地球化学组分的迁移规律而呈水平和垂直方向的变异。而土壤－地下水垂向主组分的动态，则与季风气候下干湿季节分明和这个时段在人为改良措施，尤其是排水系统和灌溉条件方面的改善密切相关。

5.4 土壤质地剖面与水盐运动 [12, 13]

黄淮海平原属泛滥堆积平原，土壤和沉积物以壤质和砂壤质为主，夹有厚薄及层位不同的黏土层，对土壤水盐上下运移有较大影响。关于层状土壤中水分和盐分运移的研究已有不少文章报道 [14-20]，但研究的多是入渗条件下污染物质或示踪元素的移动，或是层状土壤的水与溶质运移的计算方法和参数。李韵珠、刘福汉、刘思义等曾报道了蒸发条件下黏土层对土壤水和盐分运移影响的研究报道 [12, 21-23]，我们的研究则是针对华北平原南部曲周地区黏土层的特性及其导水率的特点进行了非稳态条件下的人工土柱试验和应用数值模拟计算方法，探讨了黏土层层位及厚度对土壤水盐运动的影响。

5.4.1 黏土层的特性 [12]

曲周试验区土壤中有两类黏土夹层：黄黏土（俗称狗头胶）夹层和红黏土（俗称米粒胶）夹层。黄黏土层呈致密大块状结构，结构单元间有细微缝隙。红黏土呈米粒状结构，结构单元间缝隙明显，结构表面有胶膜。二者均属轻－中黏土，个别可达重黏土，机械组成测定结果见表 5-4。

表 5-4　黏土的机械组成特点 *

土壤类型	黏粒（< 0.001 mm）			细粉粒 + 黏粒（< 0.005 mm）			物理黏粒（< 0.01 mm）		
	X	n	σ	X	n	σ	X	n	σ
黄黏土	34.59	10	31.01	63.61	10	9.27	74.84	10	9.14
红黏土	23.80	8	10.41	54.43	8	6.40	72.79	8	7.31

注：X，平均数；n，样本数；σ，标准差。* 样品取自王庄、朗屯、康街、试验站、付庄、龙堂、五间房等地。

从表5-4可见，两种黏土的区别，主要在于黏粒和中粉粒（0.01～0.005 mm）的含量。图5-5和图5-6为黏土的水分特征曲线和当量孔径 d [$d = 3/S$（mm），S 为土壤水吸力（cm）]分布图。两种黏土的当量孔径均以 < 0.000 3 mm 为主，分别占全部孔隙容积的 60%～74% 和 41.7%；> 0.15 mm 的当量孔隙各占 7%～8%

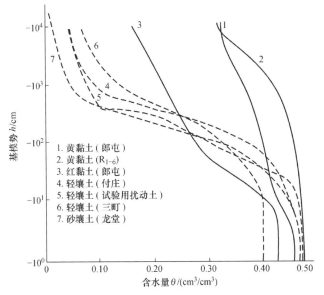

图 5-5　黏土与其他质地土壤的水分特征曲线

（资料来源：王少英、崔荣宗等）

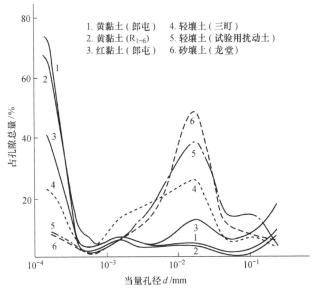

图 5-6　黏土与其他质地土壤的当量孔径 d 分布

和 16.8%，其他孔径所占比例不大。与壤质土相比，细孔比例大，> 0.15 mm 的大孔比例也较高。尤其是红黏土，说明了红黏土结构间隙明显的特点。

图 5-7 是不同质地土壤的非饱和导水率与基模势的关系曲线。如将基模势分成几个段落，在接近饱和时，导水率的高低次序为红黏土、轻壤土、黄黏土。在基模势约 –50 cm，轻壤土开始高于红黏土，非饱和导水率的次序为轻壤土、红黏土和黄黏土。至 –1 bar 左右以后，导水率的差异变小，但黏土的导水率却开始超过轻壤土。当基模势低时，细孔多的黏土仍能保持传导水分，但中孔较多、细孔较少的壤质土的土壤水已大部分不相连续，导水率倒反降低。因此，两种土壤的 $K(h)$ 曲线呈交叉状。由于黏土本身性状变异较大，因此也有在所测定的 h 范围内导水率始终低于壤质土的现象。

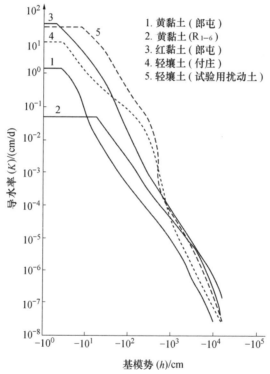

1. 黄黏土（郎屯）
2. 黄黏土（R_{1-6}）
3. 红黏土（郎屯）
4. 轻壤土（付庄）
5. 轻壤土（试验用扰动土）

图 5-7　黏土与壤土的导水率 $K(h)$ 曲线

5.4.2　蒸发条件下黏土层对土壤水盐运移影响的模拟试验[12]

蒸发条件下黏土层对土壤水盐运移影响的土柱模拟试验处理列于表 5-5。土柱表面裸露于大气中，地下水埋深控制在 1.5 m 深，矿化度为 5.04 g/L，由井水配置而成。部分土柱埋有张力计和盐分传感器。试验时期为 1980 年春季 4 月 17日至 6 月 25 日，共 69 d，期间接受自然降水 59.9 mm。试验结果如下：

（1）**黏土层对地下水补给量和蒸发量的影响**　图 5-8 表示了在地下水埋深 150 cm 情况下的累计地下水补给量随时间而变化。均质壤土 69 d 的累计补给量为 19.1 cm，最高；而薄中黄、厚下黄、厚中黄和厚上黄分别为 3.41 cm、1.52 cm、0.72 cm 和 0.59 cm；平均地下水补给速率分别为 0.276 cm/d、0.049 cm/d、0.022 cm/d、0.010 cm/d 和 0.009 cm/d（表 5-6）。

表 5-5　试验各处理的黏土层位置与厚度　　　　　　　　　　cm

处理	黏土层距地面深度	黏土层距地下水高度	厚度
均质壤土	—	—	—
薄中黄	$102.5 \sim 107.5$	$42.5 \sim 47.5$	5
厚下黄	$117.5 \sim 137.5$	$12.5 \sim 32.5$	20
厚中黄	$87.5 \sim 107.5$	$42.5 \sim 62.5$	20
厚上黄	$57.5 \sim 77.5$	$72.5 \sim 92.5$	20
薄中红	$102.5 \sim 107.5$	$42.5 \sim 47.5$	5
厚中红	$87.5 \sim 107.5$	$42.5 \sim 62.5$	20

注：壤土为扰动轻壤土，各夹黏土柱中黏土层均为原状土，"薄中黄"指薄层黏土、中位、黄黏土，余同义。

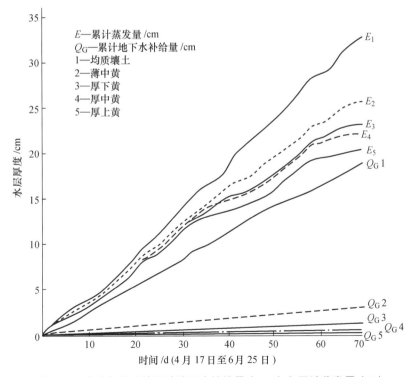

图 5-8　试验各处理的累计地下水补给量（*QG*）和累计蒸发量（*E*）

图 5-8 和表 5-6 的资料说明了层位愈高、厚度愈大，则地下水补给速率愈慢和总量愈少的现象。红黏土导水率稍高，故薄中红的补给速率高于薄中黄，厚中红高于厚中黄。

表 5-6　各处理的地下水补给量和累计蒸发量的比较

处理	黏土层离地下水高度 /cm	地下水补给速率 / (cm/d)			累计地下水补给量 /cm		蒸发量计算值	
		计算值		实测值	计算值	实测值	平均 / (cm/d)	总量 /cm
		平均	稳定					
均质壤土		0.276		0.216	19.10	15.04	0.476	32.9
薄中黄	42.5 ~ 47.5	0.049	0.052	0.045	3.41	3.14	0.374	25.8
厚下黄	12.5 ~ 32.5	0.022	0.021	0.026	1.52	1.80	0.338	23.3
厚中黄	42.5 ~ 62.5	0.010	0.007	0.017	0.72	1.14	0.326	22.5
厚上黄	72.55 ~ 92.5	0.009	0.005		0.59		0.296	20.4
厚顶黄	102.5 ~ 122.5	0.014	0.004		0.93		0.230	15.9
薄中红	42.5 ~ 47.5			0.092		6.35		
厚中红	42.5 ~ 62.5			0.031		2.10		

注：计算值是根据非稳态—维垂直非饱和土壤水方程，应用有限差分法计算得出。

此外，根据试验资料，均质壤土的地下水补给速率的日变化有明显起伏，其大小与大气蒸发力和降雨量变化有关，但有滞后现象。补给速率的降低落后于降雨约 4 d。但凡有夹黏土层者，补给速率受黏土层导水率的制约变化平稳，很少受降雨和大气蒸发力的影响。

各处理的平均蒸发速率和累计蒸发量的比较（参见图 5-8 和表 5-6），其规律与地下水补给量相同。蒸发总量多少的排序是：均质壤土、薄中黄、厚下黄、厚中黄、厚上黄。由于初始土壤湿度较高，试验期间又有雨量补给，因此无论黏土层位置高低，蒸发量都维持较高水平，只有当连续干旱数天，土壤湿度降低到一定限度时，地下水补给速率慢的厚中黄等处理因得不到地下水的充分补给而表土迅速变干，蒸发速率出现明显区别。

由此可见，土壤蒸发量的高低在非饱和时决定于土壤含水量、大气蒸发力和土壤导水能力。在非稳态条件下，当黏土层上部含水量较高时，土壤水分蒸发主要受上部壤土导水率影响，土壤含水量迅速降低至一定水平时，才主要受黏土层导水率的限制，使地下水不能充分向上补给而降低了土壤的蒸发量。说明了有黏土夹层土壤的易旱特点。

（2）黏土层对土壤盐分积累的影响　各处理的盐分积累总量（表 5-7）以均

质壤土为最高，依次为薄中黄、厚下黄和厚中黄，实测值与计算值基本吻合。层位与厚薄相同时，夹红黏土者较黄黏土为高。

表 5-7 试验各处理的盐分累计总量 *

处理	盐分积累总量 /g	
	计算值	实测值
均质壤土	26.09	20.59
薄中黄	4.66	4.26
厚下黄	2.08	2.46
厚中黄	0.99	1.56
厚上黄	0.81	
薄中红		8.69
厚中红		2.87

* 共 69 d，计算方法为地下水补给量（cm）× 土柱面积（cm^2）× 地下水矿化度（g/1 000 cm^3）。

从均质壤土和厚中黄土壤的溶液电导率和盐分含量剖面图（图 5-9 和图 5-10）可以说明均质壤土在蒸发 69 d 后，土壤盐分表聚明显，而厚中黄在黏土层以上只有轻微增加，盐分上升受阻于黏土层，盐分增加主要在黏土层本身。薄中黄盐分的积累与均质壤土有类似之处，但因总增量少，故表聚量也少。

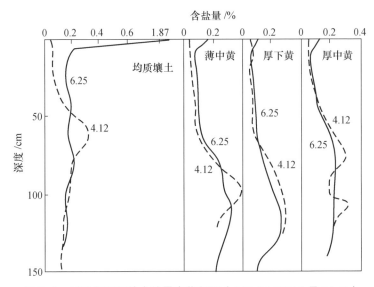

图 5-9 试验各处理的含盐量变化剖面（4 月 12 日至 6 月 25 日）

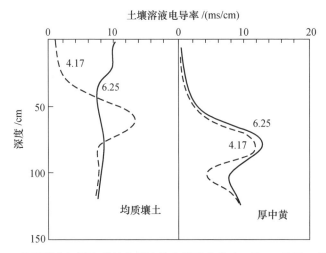

图 5-10　均质壤土与厚中黄的土壤溶液电导率变化（4 月 17 日至 6 月 25 日）

5.4.3　蒸发条件下黏土层对土壤水盐运移影响的数值模拟计算[13]

为了弥补上述模拟试验的不足和进一步阐明其机理，以土壤水和溶质运移的动力学原理为基础，应用数值计算方法，模拟在浅层地下水和蒸发条件下，含有黏土层土壤的水分和 Cl⁻ 运移。

数值模型计算选用的是 Hydrus-1D 软件[24]；水分特征曲线的拟合和非饱和导水率计算选用的是 Van Genuchten[25] 方程。模拟中以 Cl⁻ 为代表，所以没有吸附、解吸和源汇项。模型计算的空间步长为 1 cm，时间步长为 0.001 ~ 1 d。模拟所用的两种黏土参数取自曲周试验区的原状土资料，简称 Y 黏土和 R 黏土，轻壤土参数取自扰动土资料。它们的土壤物理参数和由实测数据所拟合的水分运动参数见表 5-8，水分特征曲线和导水率曲线见图 5-11。

图 5-11 中 θ 为容积含水率，K 为导水率，$|h|$ 为压力水头 h（cm）的绝对值。从导水率图可以看到黏土 R 与壤土两条曲线相交于 $\log |h|$ 为 3，即 h 为 -1 000 cm 左右，而黏土 Y 与壤土在测定范围内没有交叉。土壤溶质运移参数见表 5-9。

表 5-8　模拟所用土壤的物理和水分运动参数

土壤	粒级 <0.01mm/%	容重/（g/cm³）	θr/（cm³/cm³）	θs/（cm³/cm³）	α/cm⁻¹	n/（cm³/cm³）	l/（cm³/cm³）	Ks/（cm/d）
轻壤土	23.3	1.4	0.029	0.50	0.013 7	1.579 3	0.5	19.8
黄黏土	91.1	1.39	0.15	0.53	0.225 4	1.077 6	0.5	1.45
红黏土	63.4	1.39	0.15	0.51	0.001 6	1.177 0	0.5	0.11

注：θr 为土壤残余含水量；θs 为土壤饱和含水量；Ks 为饱和导水率；α、n 和 l 均为水分特征曲线参数。

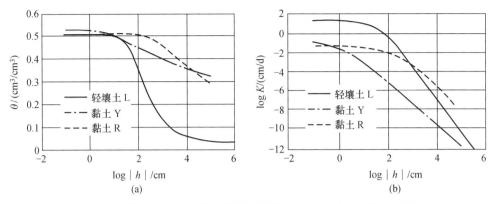

图 5-11　模拟所用土壤的水分特征曲线（a）和导水率曲线（b）图

表 5-9　土壤溶质运移参数[①]

土壤类型	弥散率 D_L/cm	Cl⁻ 分子扩散系数 D_w/(cm²/d)
轻壤土 L	1.1	1.3
黏土 Y	0.2	1.3
黏土 R	0.4	1.3

　　层状土柱和地下水设计如下：2 种黏土（Y 和 R）各与轻壤土组成层状土壤；黏土层厚度分别为 5 cm、10 cm、20 cm、40 cm、80 cm；黏土层层位除顶位外，黏土层底部深度各为 30 cm、60 cm、90 cm、120 cm、150 cm；地下水埋深为 1.5 m。各处理编号如下：黏土类别 – 层厚 – 层位，例如 Y20-60，表示黏土 Y，20 cm 厚，位于离土表 40～60 cm；均质壤土以 L 表示。

　　模拟条件设定：土壤初始状况设定为，3 种土壤的初始压力水头均为 –200 cm。土壤 Cl⁻ 含量均设定为 18 mmol/kg，根据 3 种土壤不同的水分特征曲线换算成各自土壤溶液初始 Cl⁻ 浓度。边界条件中蒸发速率 E 的设定是参考河北曲周县春季的平均水平（0.6 cm/d），假设为稳态条件，无降雨和灌溉。地下水水位稳定，其 Cl⁻ 浓度为 0.046 4 mmol/cm³。无植物生长。模拟天数为 90 d（春季 3 个月），个别情况下延至 360 d。模拟计算结果如下。

　　模拟计算中比较了厚 5 cm 和 20 cm 黏土夹层的土壤蒸发与地下水补给土壤的向上入流速率（简称入流速率）过程线。均质壤土在地下水埋深 1.5 m 条件下，蒸发与入流速率达到平稳状态的时间约为 20 d；含红黏土夹层土壤到第 90 天已达到稳定，含黄黏土层土壤仅部分达到稳定。因此，在比较各处理的蒸发速率和入流速率时，我们采用了第 90 天的资料。

---

① 以上参数的检验请参见文献［13］。

（1）**黏土层厚度与层位对土壤水分蒸发和入流速率的影响** 采用了第90天的相对蒸发和相对入流速率（以均质壤土为基础）进行比较。均质壤土第90天的蒸发和入流速率均为0.317 cm/d。

黏土层厚度的影响：图5-12显示，不论是黄黏土或红黏土，在相同层位下黏土层愈厚，则蒸发和入流速率愈低。但当黄黏土层处于底位（150 cm）时，厚度对土壤蒸发和入流速率的影响和差别明显。黏土层层位愈高，厚度的影响差别愈小（图5-12a，b）。红黏土层厚度的影响与黄黏土层有所不同，处在不同层位的红黏土层，其厚度影响蒸发和入流速率的差别较为均匀，只是40 cm厚以上的速率差别较小（图5-12c，d）。

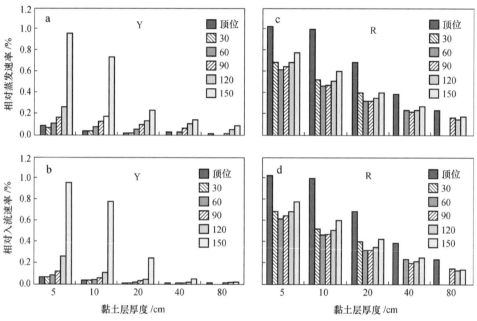

图5-12 黏土层厚度和层位对土壤相对蒸发和相对入流速率的影响

注：图例表示黏土层底部深度，即层位，黑色图例表示黏土层处于顶位。

黏土层层位的影响：两种黏土夹层层位对土壤蒸发和入流影响的表现不同。黄黏土层不论厚度如何，均表现为层位愈低，蒸发和入流速率愈高，尤以5 cm和10 cm厚的表现最为明显。含R黏土层的层状土壤，其蒸发和入流速率大大高于含Y黏土层的，而且是处于顶位者最高，其次是底位，而处于中间部位的土壤蒸发和入流速率较低。5 cm和10 cm厚顶位的甚至超过均质壤土。

两者对土壤蒸发和入流速率的不同影响，应归因于其水力学性质的不同（图5-7）。

（2）**黏土夹层对土壤Cl⁻运移的影响** 以第90天土壤底部Cl⁻通量密度的模

拟计算结果，比较其层位与厚度对 Cl⁻ 积累强度（入渗速率 × 地下水 Cl⁻ 浓度）的影响，其规律与图 5-12 的地下水入流速率变化相同。Cl⁻ 的累积部位用第 90 天的黏土夹层厚度为 20 cm 的两种层位的土壤溶液 Cl⁻ 浓度剖面和土壤 Cl⁻ 含量剖面来说明（图 5-13）。

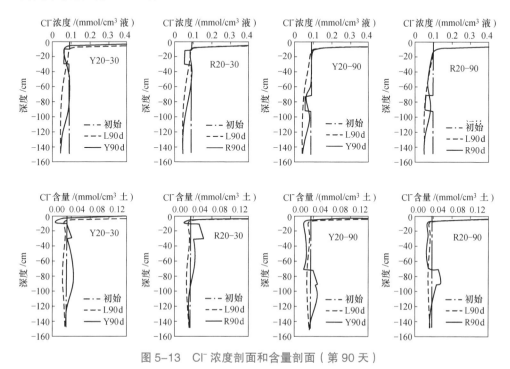

图 5-13　Cl⁻ 浓度剖面和含量剖面（第 90 天）

Cl⁻ 浓度剖面：无论是均质壤土或有黏土层的土壤，在蒸发条件下，地下水持续上行，将土壤原有的 Cl⁻ 向上顶托，而地下水中 Cl⁻ 浓度又低于土壤溶液中的原始 Cl⁻ 浓度，因此剖面下部 Cl⁻ 浓度较初始值为低。对均质壤土而言，除表层 10 cm 以外，下面浓度全部降低。

当黏土层处于 10 ~ 30 cm 深处时，Y20-30 除表层外，黏土层和 50 ~ 70 cm 处 Cl⁻ 浓度较初始浓度稍有增加，Cl⁻ 浓度明显高于均质壤土中部，其原因为土壤原有 Cl⁻ 受地下水上升顶托，又受上面黏土层的影响而阻滞于此。R20-30 较前者的明显不同处是红黏土层处浓度增高明显，已消除了黏土层初始浓度低的状况。当黏土层处于 70 ~ 90 cm 深处时，Y20-90 黏土层处虽然浓度有所增加，但仍未消除初始浓度低的影响，20 ~ 140 cm 深处浓度高于均质壤土，仍能显示黏土层对 Cl⁻ 的阻隔作用，水盐尚未达到稳定。图中 R20 ~ 90 的黏土层 Cl⁻ 浓度较初始浓度明显增高，只在 60 ~ 100 cm 处稍高于均质壤土，黏土层的阻滞作用较小。

Cl⁻含量剖面：Cl⁻含量剖面不仅与浓度有关，而且与含水量有关。均质壤土除表层外，剖面下部 Cl⁻含量全部较初始值低。Cl⁻上移至表层积累。

Y20–30 与 R20–30 相比，黏土层及其下部 Cl⁻含量都增加了，但 Y20–30 黏土层下部较黏土层本身增加更多，即大量 Cl⁻被阻于黏土层下面；而后者则不同，黏土层本身较其下部 Cl⁻含量增加得多，即积累部位靠上。Y20–90 与 R20–90 的 Cl⁻含量积累部位，除表层外，也是黏土层及其下部，两者的区别与 $10\sim30$ cm 层位的相似。在以上几个处理中还可看到的共同现象是，黏土层以上的 Cl⁻含量减少而向土表积聚。

除了第 90 天的结果外，也计算了 Y20–90 和 R20–90 在 360 d 内几个时段 Cl⁻含量的分层增量状况。结果表明 R20–90 的 Cl⁻增加部位除表层外，先是黏土层及其下部，随着时间的推移，逐步为黏土层及其上部，转而为黏土层以上，至 360 d 只有土表 20 cm 内有增量。Y20–90 资料表明，Cl⁻增加部位除表层外，先是黏土层及其下部，而后为黏土层，到第 360 d 只有黏土层上半部略有增加。如再继续进行蒸发，最后也会越过黏土层向表面积聚。

根据以上土柱模拟试验和数值模拟计算，土壤质地剖面对土壤水盐运动的影响主要是：

● 在浅层地下水位和蒸发条件下，土壤质地剖面，尤其是黏土层的存在，对土壤水和溶质运移有明显影响。但影响的程度与该黏土和其相组合土壤的水力学性质有关，也与黏土层本身的层位和厚度有关。

● 在一般情况下，随着黏土层层位的升高（薄层顶位除外）和层次的变厚，土壤水分蒸发速率和地下水进入土壤的入流速率降低，盐分积累减少。但黏土层层位高时，当表土 h 值低于两种土壤导水率交叉点的 h 时，其蒸发、入流速率和 Cl⁻积累量甚至超过黏土层位低的土壤或均质壤土。因此，在研究其他层状土壤对水盐运动影响时，也应首先研究其不同土层的水分特征曲线等水力学特性。

● Cl⁻积聚过程和部位表明，土表的蒸发面是盐分积聚的主要部位，黏土层只起到阻滞作用，只有暂时的积聚现象。但在黄淮海平原自然气候条件下，不可能有全年持续干旱状况，雨季的降临，往往又使溶质向下移动，到达黏土层处又受阻。所以，在季节性干旱地区，黏土层在旱季抑制盐分运行的作用不可忽视。

5.5 咸水灌溉中的水盐运动 [26]

在浅层咸水区，旱涝碱咸综合治理的关键一环是将咸水利用起来。开发浅层咸水，不仅是为了增加灌溉水源，更重要的是使这个调节潜水位的地下空间能够被利用起来，既能降低土壤水盐上行运动的积盐过程和提高防涝能力，又能增加土壤水盐下行运动的脱盐过程和促进地下咸水的淡化。但是，咸水中既有作物所需要的水分，又含较多的可能危害作物正常生长的易溶性盐分，要做到趋利避害则必须在咸水利用中了解其水盐动态和把握好对它的调节与管理。20世纪70年代，我们在利用咸水灌溉和压盐的过程中对土壤的水盐动态进行了系统的观测、调控、预测，以及提出了科学利用咸水的相关技术。

5.5.1　咸水灌溉条件下的土壤盐分状况

根据对7块咸水灌溉麦地的土壤盐分状况观测（图5-14），旱季自然积盐再加咸水灌溉，土壤表层（0～20 cm）呈明显积盐趋势，积盐率由41%到117%。经雨季自然淋洗，多数地块的含盐量可恢复到低于灌前水平。表5-10中0～40 cm土层的土壤盐分平衡分析说明，灌溉量增加，盐分的排除量也相应增长（亩灌溉水量40 m³以上），但含盐量仍高于淡水灌溉。从灌溉后和雨季后的土壤脱盐来看，除个别咸水灌溉地块外，脱盐率在34%～50%，淡水灌溉地块则在25%左右。但是以灌前土壤盐量为基础的雨季脱盐率来看，咸水灌溉地块普遍不如淡水灌溉地块，这和咸水灌溉期间根层土壤盐分有相对累积的分析是一致的。

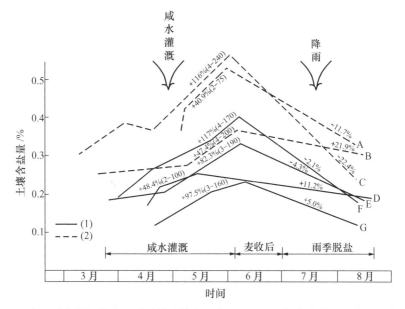

图5-14　麦田咸水灌溉中和雨季后的土壤表层（0～20 cm）含盐量过程线（张庄大队）

注：实线（1）和虚线（2）分别指轻盐化土壤和中盐化土壤；过程线上的百分数为土壤盐分增减率，括号中数字代表灌溉次数和总灌溉量；A. 1974年东2农春麦地；B. 1975年东5农；C. 1975年东4农；D. 1976年西里町红土地；E. 1975年东2农；F. 1976年东4农；G. 1976年东2农。

在良好的排水排盐条件下，无论咸水灌溉还是淡水灌溉地块，雨季的自然脱盐状况都是好的，咸水灌溉所加入土中的盐量多能排除。这是问题的一个方面。另一方面，与淡水灌溉相比的盐分的相对积累（尽管量不大）也不应忽视。需要当年或隔年利用秋冬季节的河水作大定额灌溉，以保证咸水灌溉地块在周年和多年中不致有盐分增长趋向。

表 5-10　麦地 0 ~ 40 cm 土层的雨季脱盐率

处理	地点	年份	0 ~ 40 cm 土层含盐量 /%			脱盐率（灌前雨后）/%	脱盐率（雨季前后）/%
			灌前	灌后	雨后		
咸水灌溉	张庄五斗二农	1975	0.210	0.295	0.194	7.6	34.2
	张庄五斗二农	1976	0.119	0.239	0.129	−8.4	46.1
	张庄五斗四农	1975	0.274	0.484	0.239	12.8	50.7
	张庄五斗四农	1975	0.282	0.312	0.301	−6.8	3.6
	张庄五斗四农	1976	0.163	0.260	0.172	−5.5	33.9
	西里町红土地	1976	0.204	0.265	0.227	−11.3	14.3
淡水灌溉	五斗二农	1976	0.130	0.129	0.12	7.7	7.0
	五斗二农	1975	0.190	0.214	0.158	16.8	26.1
	张庄五斗四农	1975	0.282	0.292	0.220	22.0	24.6

河北省水利科学研究所和河北水利专科学校在中捷农场和南皮县乌马营等大队进行咸水灌溉的土壤盐状况观察[27]取得了相似的结果。提出每年利用矿化度为 3 ~ 5 g/L 的咸水抗旱浇灌一两次，只要汛期有一般年景的降雨量，就可以保证耕层土壤盐分周年内不发生积累。如果所用咸水的矿化度大于 5 g/L，虽汛期会有淋洗，但仍有盐分累积的趋势（图 5-15）。

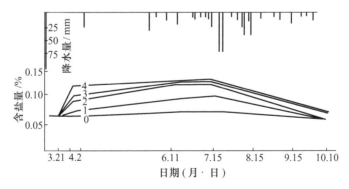

图 5-15　咸水灌溉前后及汛后耕层土壤盐状况（引自河北省水利科学研究所等）[27]

0. 不浇水；1. 浇 3 g/L 咸水；2. 浇 5 g/L 咸水；3. 浇 7 g/L 咸水；4. 浇 9 g/L 咸水

　　咸水灌溉过程中盐分在土壤中的积聚可以反映在土壤上部的主要根系活动层里，也可以反映在主要根系层以下的下部土层里。这种盐分的积聚，往往在一年中不易明显觉察，但经多年累积，也将构成对作物的威胁（图5-16）。

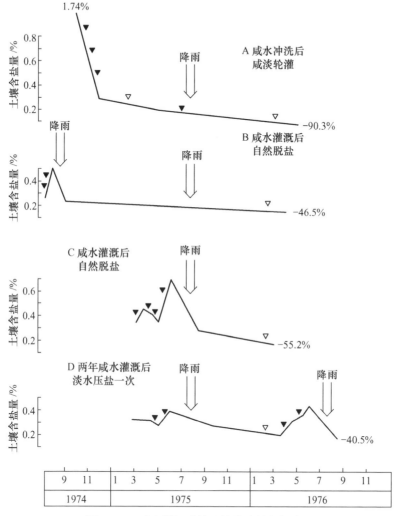

图 5-16　咸水灌溉地块土壤盐分的多年动态

▼指咸水灌溉，▽指淡水灌溉

　　所以，咸水灌溉对土壤盐状况的影响还必须作多年定位观察。图5-17是4个咸水灌溉多年定位观测点的土壤盐分动态资料。其中有重盐渍土咸水冲洗后进行咸淡轮灌的地块A；有一季咸水灌溉后利用雨季自然脱盐和冬季淡水压盐灌溉控制土壤盐量的地块B和C；也有连续两年进行咸水灌溉和一次淡水压盐灌溉的地块D。4个地块多年盐动态观测资料说明，只要有良好排水条件，注意咸淡轮灌，咸水灌溉地块的土壤盐量是不会积累的。

5.5.2 咸水灌溉条件下的土壤盐动态类型

咸水灌溉将一定量的盐分带入土壤，可以使土壤的含盐量增高。但是，如灌溉量增大，也可使土壤上层的易溶盐受到淋溶而向下层移动。所以，咸水灌溉后土壤的盐分状况是与灌溉量、灌溉水质、土壤的水分物理性质和原始含盐状况等因素密切相关的。根据各种咸水灌溉试验中观察到的土壤盐动态，一般有如下4种类型。

- 轻积型：$Sb + A < T_1, T_2$

一般在非盐化和轻盐化土壤上进行咸水灌溉时，由于灌前土壤的含盐量（Sb）不高，咸水灌溉虽使土壤盐分有所增加（A），但未超过作物的耐盐极限（T_1），也不影响下茬作物的出苗和正常生长（T_2）。图5-17A中列举了张庄大队三块咸水灌溉麦地土壤盐动态的实例。

- 强积型：$Sb + A \geqslant T_1, T_2$

在轻度或中度盐化土壤上进行咸水灌溉时，由于Sb较高，经灌溉后，土壤含盐量（$Sb + A$）接近或超过了作物的耐盐极限，对当季作物产生不良影响，对下茬作物的出苗也影响较大。图5-17B中列举的张庄1975年五斗四农的麦地，返青后咸水灌溉了4次，表层$0 \sim 20$ cm土壤的含盐量由0.308%增到0.665%，当季小麦的千粒重降低，产量稍有下降，下茬玉米出苗率仅70%。

- 均衡型：当$A \approx P$时，$Sb \geqslant T_1, T_2$

在中度盐化土壤上，$Sb \approx T_1, T_2$，如加上咸水灌溉时所携入的盐量，即能对当季和下茬作物产生盐害。在适当加大灌溉定额，使上层土壤中产生盐分的淋滤（P）过程，使$A \approx P$，以维持土壤盐量接近而不超过T_1和T_2，处于土壤盐量的相对均衡的状态。图5-17C中即为此例。在非盐化或轻盐化土壤上，如适当加大灌溉定额，使$A \approx P$，亦可使土壤盐量维持在Sb水平的相对均衡状态。

- 淋滤型：当$P > A$时，$Sb + (A - P) < T_1, T_2$

在中度或重度盐化土壤上，土壤原始含盐量已经接近或超过了作物的耐盐极限，作物已经受到盐害的威胁或严重影响。因此，必须在播前或作物生长初期（如小麦冬灌）进行大定额的压盐灌溉，使之起着补充土壤水分和淋洗土壤上层盐分的双重作用，将土壤的含盐量降到作物的耐盐极限以下。即当$P > A$时，创造一个$Sb + (A - P) < T_1, T_2$的作物生长环境。图5-17C中淋滤型的曲线表示了小麦冬灌压盐，使含盐量下降了40.7%，降到了小麦耐盐界值以下。

咸水灌溉中经常遇到的上述4种土壤盐动态类型说明，我们是可以根据不同情况，通过调节灌溉量来控制根系主要活动层土壤的盐量，使之不超过当季和下季作物的耐盐极限的。在轻积型盐动态的情况下，要注意调节灌溉量，控制灌

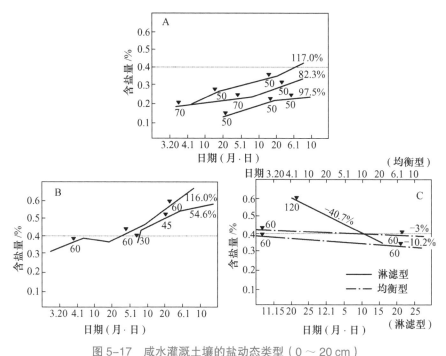

图 5-17　咸水灌溉土壤的盐动态类型（0～20 cm）

A. 轻积型；B. 强积型；C. 均衡型和淋滤型；虚横线指耐盐极限值；

▼指成水灌溉及灌溉水量；% 指土壤盐分增减率（＋为增加，－为减少）

溉次数，使灌后的土壤盐量始终维持在作物的耐盐极限以下，做到促产量，少积盐。均衡型一般是在轻度和中度盐化土壤上进行咸水灌溉时，使土壤盐量稳定在稍低于 T_1 的水平上，调节时要谨慎从事。在灌溉水源较充足时，可使之向淋滤型过渡。淋滤型的压盐灌溉定额的确定很重要，临播前和作物生长前期过大的灌溉定额对于保证适时播种或作物苗期的生长以及田间管理都很不利，所以对压盐灌溉的定额要根据土壤原始含盐量和压盐灌溉后主要根系活动层的允许含盐量进行比较准确地计算，以确定合理的压盐灌溉定额。

5.5.3　咸水灌溉条件下土壤盐分的动态平衡

以上 4 种盐动态类型定性地说明了咸水灌溉条件下土壤盐分运动的一些概念和特点，而实用中还要求有定量的分析及调节指标。这就需要我们进一步地和具体地弄清楚咸水灌溉带入土中的盐分的运动和分配情况。其中，首先要弄清楚的是对作物生长关系最为密切的根系主要活动层土壤（以下简称"根层"，即深度为 0～40 cm 的土层）在咸水灌溉中盐分的运动和分配情况。

我们对不同灌溉量的咸水灌溉和淡水灌溉对比的几块麦田的根系层土壤，用土壤盐平衡的方法具体分析了小麦拔节期以后的咸水灌溉中根层土壤盐分的运动和分配情况（表5-11）。

表5-11　小麦咸水灌溉中 0～40 cm 土层的土壤盐分平衡计算　　　　t/亩

处理		灌溉量/（m³/亩）		灌溉水携入盐量（S_w）	灌前土壤盐量（S_b）	灌后土壤盐量（S_i）	土壤盐量的增长（$S_i - S_b$）		盐量排出情况（$S_w + S_b - S_i$）		S_w分配情况/%	
		Q	$q \cdot n$				t/亩	%	t/亩	%	0～40 cm 土层	>40 cm 土层
1	咸水灌溉	190	70×2 50×1	0.95	1.19	1.11	−0.08	−6.7	1.03	48.2	0	100
	淡水灌溉	190	70×2 50×1	0.13	1.19	0.80	−0.39	−32.8	0.52	39.3	0	100
2	咸水灌溉	120	60×2	0.72	1.04	1.10	＋0.06	5.8	0.66	37.5	8.3	91.7
	淡水灌溉	120	60×2	0.08	1.04	1.05	＋0.01	0.01	0.07	6.3	12.2	87.8
3	咸水灌溉	150	50×3	0.93	0.67	0.90	＋0.23	34.3	0.70	43.7	24.7	75.3
	淡水灌溉	150	50×3	0.10	0.49	0.47	−0.02	−4.1	0.12	20.3	0	100
4*	咸水灌溉	75	30＋45	0.45	1.95	2.39	＋0.44	22.6	0.01	0.4	97.8	2.2

*计算土层为 0～60 cm。

随着灌溉总量，特别是单次灌溉量的增加，根层土壤的排盐率相应提高，从0.4%提高到48.2%。反之，土壤盐分增长率则随灌溉量的增加而降低。从咸水带入土中的盐分（S_w）的分配情况来看，灌溉量越大，渗滤到根层以下的盐量越多。在亩灌溉量 $Q = 75$（$q_1 = 30$、$q_2 = 45$）m³ 的情况下，灌溉带入土中盐分的97.8%留在根层。当 $Q = 190$（$q \cdot n = 70 \times 2$ 和 50×1）时，灌溉携入土中的盐分100%被淋移到根系活动层以下。

从咸水灌溉和淡水灌溉的根层土壤盐平衡的对比中也可以清楚揭示，处理1中，由于灌溉量 Q 值和单次灌溉量 q 值均较大，致使咸水灌溉和淡水灌溉时灌溉水携入土中盐量（S_w）在根层和根层以下的分配情况基本一样。也就是说，在土壤含盐量较高的情况下，加大灌溉定额所造成的根层土壤脱盐过程完全可以和甚至超过了咸水灌溉时所携入的盐量，根层土壤的盐量可以不增加，甚至可以降低（如处理1）。随着 $Q(q)$ 值的减小，咸水灌溉和淡水灌溉携入土中盐量（S_w）在根层土壤的分配即发生分异，$Q(q)$ 值愈小，淡水灌溉的 S_w 在根层土壤中的分配相对减少而咸水灌溉则显著增加。所以，从根层土壤盐平衡的角度看，咸水

灌溉的 $Q(q)$ 值愈大，其效果愈接近于淡水灌溉。

5.5.4 咸水灌溉条件下的土壤水盐动态预测

咸水灌溉中的水盐动态受着多种因素的影响，要取得咸水灌溉的成功，不仅需要对诸影响因素作具体而深入的分析，而且要求给以量上的确定和计算，以具体指导咸水灌溉的实践。

（1）咸水灌溉后土壤盐状况及灌溉需要量的计算　下面是我们在曲周试验区咸水灌溉中，对土壤盐状况及灌溉需要量的计算方法。

在不同盐化程度的土壤上，用不同矿化度咸水进行不同灌溉定额的咸水灌溉后，土壤盐分状况如何呢？这是咸水灌溉中必须首先解决和做到心中有数的问题。对于 $0 \sim 40 \, \text{cm}$ 的根层土壤来说，咸水灌溉对它的盐分状况的影响主要表现在两个方面，一是含盐量增加，一是盐分有所排除。

根层土壤盐分的排除，是在灌溉引起土壤重力水向下层转移的过程中产生的。所以，根层土壤盐分是否能够排除，和此层土壤的田间持水量、灌前土壤自然含水率以及灌溉量有关的。试验区根层土壤的田间持水量一般在 $28\% \sim 30\%$（体积）左右，设当此层平均自然含水率降至 16%（体积）时开始灌溉，为使此层土壤自然含水率达到田间持水量，每亩需补充水约 $37 \, \text{m}^3$。即当 q 大于 $37 \, \text{m}^3/$ 亩，才开始产生重力水的下渗。因此，我们将根层土壤水盐向下层转移排除的灌溉水量临界值设计为 q 等于 $40 \, \text{m}^3/$ 亩。

当 q 小于 $40 \, \text{m}^3/$ 亩时，根层土壤不产生盐分向下层转移的过程，使咸水灌溉所携入的盐分全部积存于此层。灌后土壤盐量可用下式计算（单位为 $t/$ 亩）：

$$S_i = S_b + q \cdot \overline{M_w} \cdot 10^{-3} \tag{5.1}$$

式中：$\overline{M_w}$ 为灌溉水的矿化度，g/L；其他参见表 5–11。

当 q 大于 $40 \, \text{m}^3/$ 亩时，超过根层土壤田间持水量的多余的灌溉水，以重力水形式向下转移。假设这个转移过程与土壤盐分的转移不发生关系，则转移出根层的盐量应为 $(q - 40) \overline{M_w} \, 0.001$（$t/$ 亩）。但是，事实上灌前土壤溶液浓度较灌溉用咸水的矿化度（$\overline{M_w}$）高出数倍或十数倍，所以，多余灌溉水向下转移时必然产生根层土壤盐分的淋滤过程，其淋滤量为 $(q-40) R$。R 为一定土壤条件下咸水灌溉的脱盐系数。

现在，我们可以用下式计算单次咸水灌溉后根层土壤盐量的增减情况：

$$S_i = S_b + S_w - (q - 40)\overline{M_w} \cdot 10^{-3} - (q - 40)R \cdot 10^{-3}$$

或

$$S_i = S_b + S_w - (q - 40)(\overline{M_w} + R) \cdot 10^{-3} \tag{5.2}$$

式中：R 为某一具体条件下所取之经验值。当 S_b 和 M_w 已知后，即可用式（5.2）

求得咸水灌溉后土壤的含盐量 S_i。

（2）均衡型和淋滤型咸水灌溉的需水量计算   在土壤原始含盐量较高，接近或超过作物的耐盐极限（$S_b \geq T_1$）的情况下，需作压盐灌溉，使灌后土壤含盐量维持或降至一定要求时，可以从式（5.2）中推导为下式，以求出灌溉需水量（q）：

$$q = 40 + \frac{S_b + S_w - S_i}{(\overline{M_w} + R) \cdot 10^{-3}} \tag{5.3}$$

（3）咸水灌溉中土壤溶液浓度的动态和计算   如前所述，土壤溶液浓度是一项重要的作物耐盐指标，了解咸水灌溉中土壤溶液浓度的变化是十分必要的。

咸水灌溉中，以土壤溶液浓度的变化最为剧烈。灌前土壤含水量低，土壤溶液浓度很高，一经灌溉，土壤溶液得以稀释而浓度迅速降低，以后，又随着土壤上层的蒸发、蒸腾和积盐而逐渐浓缩，溶液浓度逐渐增大。所以，每次灌溉中，土壤溶液浓度都经历着急剧降低和缓慢回升的过程。多次灌溉所构成的土壤溶液浓度的过程线往往呈锯齿形的折线变化。

咸水灌溉中根层土壤溶液浓度的变化与灌前土壤的含盐量和灌溉量有关。q 小于 40 m^3/亩，溶液浓度变幅小；q 大于 40 m^3/亩，变幅逐渐加大。图 5-18 说明了当灌前 0～40 cm 土层的土壤含盐量为 0.4%，土壤溶液浓度为 28 g/L 时，分别采取 q 等于 40，q 等于 80（m^3/亩）的灌溉定额时，二者降落率（a）分别为 35.7% 和 57.2%（灌溉用咸水矿化度为 2 g/L）。土壤溶液浓度的降落值分别为 10 g/L 和 16 g/L。图 5-18 中还可看到，随着所用咸水矿化度的提高，q 等于 40 m^3/亩和 q 等于 80 m^3/亩的土壤溶液浓度的降落值和降落率均相应降低。

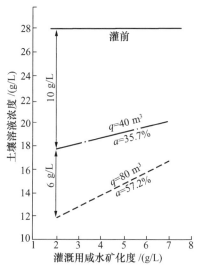

图 5-18   不同矿化度咸水及不同灌溉量进行咸水灌溉时土壤溶液浓度的变化

（4）咸水灌溉中土壤 Cl^- 动态与计算   土壤盐分在运动转移中，Cl^- 的迁移力强，对作物的危害性也大，是作物重要的耐盐指标之一。在研究咸水灌溉的土壤盐动态时，应当重视对 Cl^- 运动的观察。

关于 Cl^- 和全盐的相关性，过去已有许多报道，我们在咸水灌溉试验中对此亦作了初步的统计分析。咸水灌溉的土壤有非盐化、轻盐化及以氯化物为主

的 $SO_4^{2-} - Cl^-$ 类型的中度盐化的土壤；灌溉用咸水矿化度在 $4 \sim 7$ g/L，为 $Cl^- - SO_4^{2-}$ 型水或 $SO_4 - Cl^-$ 型水。当 q 大于 40 m³/亩，根层土壤呈脱盐状态时，脱 Cl^- 率和脱盐率之间有着明显的相关性。图 5–19 中可清楚看到二者之间的线性关系，其相关系数 $r = 0.897$。

根据图 5–19 所示，咸水灌溉中土壤脱 Cl^- 率（ΔCl^-）和脱盐率（ΔS）之间可列如下的关系式：

$$\Delta Cl^- = 0.009 + 0.415\Delta S \tag{5.4}$$

式中：ΔS 可通过测定 S_b 和 S_i 后用下式计算而得：

$$\Delta S = \frac{S_b - S_i}{S_b} \times 100\% \tag{5.5}$$

式中：S_i 也可通过上节的式（5.1）进行计算。

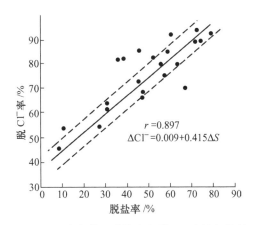

图 5–19 咸水灌溉脱盐率和脱 Cl^- 率的相关性

土壤脱盐率和脱 Cl^- 率的关系式（5.4）可以帮助我们用一般比较容易掌握的 ΔS 值，通过计算求得 ΔCl^- 的数值，以了解咸水灌溉中 Cl^- 的动态和是否超过了作物的耐 Cl^- 指标。

5.6 水盐运动类型 [10]

水盐运动是在多种因素影响下构成的一个开放的和随时空条件而变化的复杂系统。在其共性的基础上，按一定目标和依据区分其间的个性差异划分水盐运动的类型是一种新的尝试和探索。

P.C.Woods（1967）提出的水文模型，将该系统分解为地表径流、土壤水和地下水 3 个子系统和 24 个影响因素[28]；Hornsby（1973）提出了一般水盐运动模型的概念图式[29]；Kovda（1973）提出苏联灌溉地带的地下水平衡的类型[30]；石元春（1982，1983）提出了黄淮海平原水盐运动类型及均衡模型[31]。

水盐运动类型的划分一般是在对水盐运动影响因素的地理综合分析基础上，按水盐运行方向、强度和性质以区别其类型与亚型。根据黄淮海平原水盐运动的特点，其影响因素主要有气候因素、地学因素和人为因素三大类。

气候因素主要表现为降水和蒸散，就长时段和大范围而言，对水盐运动类型划分仅具有一般性意义，而地学因素往往对区域水盐运动的方向、强度和性质产生着直接的影响。在自然状况下，地形地貌、河流水文、土壤类型和地下水埋深与矿化度等地学条件不是各自孤立和杂乱无章的，而是有规律地和和谐地构成一个综合体，这个综合体中的地貌类型与其他因素的相关性最好，最具代表性。也就是说，一定的地貌类型皆有其相应的地形，沉积物，土壤，水文和水文地质条件，形成一个相对稳定的组合。因此，地学综合体也是划分水盐运动类型的一种既综合、易分辨又相对稳定的指标。本章第 3 节已经介绍了黄淮海平原大区的主要地学综合体类型以及小区和微域地貌的地学要素构成，此处不再细述。

此外，人为因素，特别是工程性人为因素可以强烈地影响着工程区水盐运动的方向和特点。如大中型灌溉工程、种稻、大定额灌溉、盐渍土人工冲洗均可大大促进水盐的下行运动；有效的排水工程，特别是浅层地下水的开采可以在较大幅度上影响地下水的埋深和抑制水盐的上行运动。反之，如地面排水工程不配套，地表径流不畅，就会导致渍涝、抬高地下水位和土壤的盐渍化。

从服务于黄淮海平原旱涝盐碱综合治理的目标出发，水盐运动的方向和强度，即上行和下行及其强度具有直接和关键意义，可作划分类型的主要原则和依据。而水盐运动的方向和强度又与自然因素中的以地貌为标志的地学综合体密切相关；与人为因素及其强度密切相关。故水盐运动类型的划分应以水盐垂直方向运行特征为主要依据，辅以人为影响因素。具体可分为以下 5 个一级类型：

①水盐稳定下行类（如上述 1 类地学综合体）。
②水盐下行为主类（如上述 2 类地学综合体）。
③水盐上下行相对均衡类（如上述 3、7 类地学综合体）。
④水盐弱上行类（如上述 4、5、6、9 类地学综合体）。
⑤水盐强上行类（如上述 10、11、12 类地学综合体）。

以上 5 种水盐运动类型中的每个类型以下可续分自然态、人工态及兼有态 3 个亚型。以下以曲周县为例介绍我们对水盐运动类型划分的做法及成果。

曲周县是北京农业大学旱涝盐碱综合治理试验区的所在地，不仅要进行综合治理试验，还有各类水盐运动观测、监测预报以及机理性研究都是在这里进行的，对水盐运动类型的划分有较高要求。不仅要求划分出不同的水盐运动类型，还要绘制出水盐运动类型等相关图幅。为此，编制了由地貌类型图、土壤类型图、盐渍土分布图、浅层淡水分布图、浅层淡水储量图、浅层地下水开采强度图、灌溉排水条件图、水利工程现状图、水盐运动类型图，以及地学条件综合断面图等10幅图组成的曲周县水盐运动基础资料图集（以下简称《图集》）。

5.6.1 基础性影响因素及其处理方法

曲周县处于漳河冲积扇，漳河滏阳河冲积平原和黄河冲积平原的交汇处，地形复杂，地貌类型多样。如漳河冲积扇的北缘居于县境西南，含废河道及河床沙地，河泛高平地及其外缘的微倾平地，河间槽形低地等。漳河冲积扇向北逐渐过渡到漳河滏阳河冲积平原。它包含漳河故道自然堤缓岗及列布于两侧的古决口扇形地、河间微倾平地、黏质低平地以及滏阳河沿岸高岗地及两侧的决口扇形地。黄河支流古河床沙地，古河漫滩低平地以及故道高平地占据了县境的东南角。按曲周县地貌图（图5-21），境内有3种地貌类型和22个亚型。

境内地下径流呈西南东北方向流动，水力坡降约为1:3 000，径流条件南部优于北部。冲积扇下部及故道高滩地的地下水埋深多大于4 m，冲积平原的河间微倾平地在2 m左右。地下水埋深与地貌类型有着良好的相关。区内浅层地下水矿化度变化较大，微咸水和咸水的面积占总面积的34%，主要分布于北部冲积平原区。浅层淡水层厚度一般为10～50 m，调节储量为7 440万 m³/年，是本区重要灌溉水源。深层淡水储量不丰，成井深度300 m左右，是北部咸水区的主要灌溉水源。近年来，由于采大于补，水位有持续下降趋势。

境内土壤依地貌和地下水状况发生变化。冲积扇和故道高平地，缓岗地的地下水位深，一般发育褐土化潮土。扇缘和河间微倾平地上部多发育为潮土。河间微倾平地中下部则地下水埋深小，多为咸水，土壤普遍盐渍化。河间黏质平地虽地下水埋深不大，但黏土层对水盐的垂直运行的抑制作用而很少产生盐渍化，多发育成黏质潮土。

根据水盐运动类型划分的要求，可归纳为以下7种地学综合体组合，可参见图5-29。

①高地形－深地下水位（埋深＞4 m）－淡水或微咸水——褐土化潮土组合。

②较高地形－较深地下水位（埋深＞3 m）－微咸水——褐土化潮土组合。

③河泛微倾平地上部－地下水埋深中等（2.0～2.5 m）－淡水或微咸水——潮土组合。

④古河泛决口扇平地－地下水埋深较浅（2.0 m左右）－微咸水或淡水——轻中度盐渍土和潮土组合。

⑤河间微倾低平地－地下水埋藏浅（1.5～2.0 m）－咸水或微咸水——盐渍

土组合。

⑥河间黏质微倾低平地 – 地下水埋藏（1.5 ～ 2.0 m） – 微咸水——黏质潮土组合。

⑦古河床沙地 – 地下水埋深中等（2.0 ～ 2.5 m） – 淡水——沙质潮土或砂土组合。

5.6.2 工程性人为因素及其处理方法

对工程性人为因素的处理，较之上述基础性因素的处理难度要大和更加复杂。所收集的资料的详细和准确程度对水盐运动类型的划分质量有着密切关系。提供这方面的图幅资料有水利工程现状图、浅层地下水开采强度图、灌排条件图等 3 幅（见图 5–26 至图 5–28）。各影响要素状况及处理方法如下。

• 河流与河水灌溉。曲周县境内主要有两条水系——滏阳河及民有渠，水源分别来自上游山区的东武仕水库和岳城水库。滏阳河沿曲周北部的东侧北流出境，可为曲周北部约 35 万亩土地作季节性灌溉水源（冬季和早春）。民有渠控制曲周南部的 3 个灌区共 26.9 万亩土地。河灌水源很不稳定，保证率低，且有逐年减少的趋势。1979—1985 年，民有渠灌区基本没有来水，多水年的年径流量一般在 1 000 万～ 2 000 万 m³，实际灌溉面积约 15 万亩。滏阳河情况稍好于民有渠，多水年，年径流量 1 500 万～ 2 000 万 m³，灌溉面积也在 15 万亩左右。

地表水灌溉尽管具有不稳定和保证率低的特点，但比非河灌区仍具有明显的有利条件。在河灌区的内部划分上，民有渠属正式灌区，田间工程配套较好。滏阳河属季节性灌区，田间工程配套较差。而在实际灌溉面积和次数上难以明显区分，可以同作河灌区处理。但民有渠 3 个灌区因田间工程配套而灌溉效率高，而北部的滏阳河灌区的主要受益者是滏阳河、老漳河、一分干、辛集排干的两岸农田。这将在水盐运动类型划分和制图上得到反应。

• 浅层地下水资源与利用。曲周县具有开采价值的浅层地下淡水区面积为 449 km²，占全县总面积的 66%。浅层淡水的调节储量为 7 440 万 m³/ 年，是曲周县的一项重要的水资源。全县有浅机井 3 212 个，灌溉面积 19.8 万亩。关于浅层地下淡水的分布及调节储量可参见图 5–24 和图 5–25。浅层地下咸水目前开采利用很少，暂不作影响因素考虑。

浅层地下淡水的开采具有多重作用，一是通过灌溉以改善农田土壤水分状况和有利于水盐的下行运动；二是通过抽取和降低地下水位以提高防涝和促进自然降水和灌溉水的入渗和盐分的下移。以每平方千米的井数为指标的地下水开采强度既可以反映浅井灌溉能力，也可以表示对地下水位的控制能力。地下水开采强度、灌溉度、地下水位控制程度划分如表 5–12 所示。

表 5–12　地下水开采强度指标

开采强度	指标（眼／km²）	灌溉面积占耕地面积%*	地下水位控制程度
强开采	>6	>40	采大于补，地下水位下降
较强开采	6～4	40～30	采稍大于补，地下水位缓慢下降
一般开采	4～23	0～20	对地下水位控制作用不大
弱开采	<2	<20	对地下水位基本没有影响

* 每平方千米按农田 1 000 亩计算。

● 深层地下淡水资源与利用。全县有深井 608 眼，主要开采第三含水组的深层地下淡水，是曲周北部咸水区的重要淡水资源，深井灌溉面积为 15.9 万亩。据河北省地质局邯邢水文地质中队资料，本区深层淡水储量约 6 200 万 m³/ 年。由于补给源远，近 10 年来采大于补，水位有持续下降趋势，属控制性开采资源。深井出水量一般在 60 ～ 80 m³/h，较浅井高 1 ～ 1.5 倍。作为一种灌溉水源，一眼深井相当于 2 ～ 3 眼浅井。因此在计算井灌程度时，可按 1：3 折算。

● 排水工程状况和处理。经十多年的农田基本建设，曲周县已在全县范围内形成了干支两级排水网，对改变全县水文状况，特别是过去洼涝地区的水文状况发挥了重要作用。支排以下的配套工程仅在部分地区进行。完成斗级配套的约 32 万亩，具有干、支到斗、农、毛五级排水配套的仅为北部面积约 4 万亩的旱涝盐碱综合治理区。

在整个排水系统中，除少数干排（如老漳河）外，一般实际沟深多小于 2 m。由于地下水开采量大，地表水补充少，地下水埋藏一般在 2 m 左右或深于 2 m，所以排水系统基本上不起控制地下水位的作用，而以排除雨季地面径流为主。因此，在水盐运动类型区划中，排水条件可以影响到水盐运动的程度和特点而不能影响其运动方向。需要提到的是，在黏质低平地和洼地，现有的三级排水（现五级排水区设在非黏质的盐渍土区）不能解决渍涝问题，即使是按现在的五级排水的毛排沟间距也是不够的。

按工程配套情况可将排水条件分为 4 级：五级配套区、三级配套区、二级配套区和黏质土渍涝区。

5.6.3　水盐运动类型的划分

通过上述对水盐运动影响因素的分析，我们提出了水盐运动类型划分过程的图式（图 5–20），以及曲周县水盐运动类型图（图 5–29）。需要说明的是，影响水盐运动方向的因素中，除诸基础性因素外，我们还增加了浅层地下水开采强度因素（主要是其中的强和较强级），因为它们可以较稳定地将地下水位控制在较大的深度。良好井灌和一般井灌的划分标准是井数大于或小于 4 眼 /km²（按 1 眼深井相当于 3 眼浅井折算）。

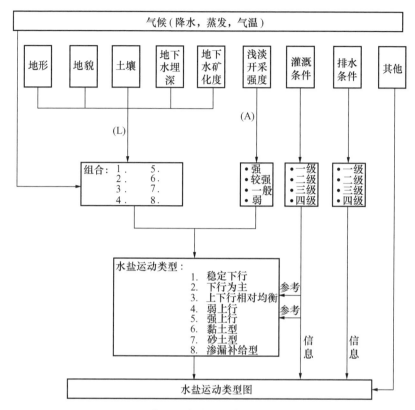

图 5-20　曲周县水盐运动类型划分过程图示

根据以上分析，按曲周县灌溉条件可划分为以下 4 个等级：一级灌区（河灌和良好井灌）、二级灌区（河灌和一般井灌）、三级灌区（良好井灌）以及四级灌区（一般井灌）。

从以上理论及实际情况的分析，在水盐类型的划分和制图上，我们采用了简化级数和解析图例的方法而不用多级续分法。所谓简化级数就是以水盐运动方向和特点划分为 8 类，每类中又区分为基础性影响因素（L），以浅层地下水开采强度为主的工程性影响因素（A）以及二者兼而有之（LA）的 3 种亚类或型。命名的办法是影响因素（亚类）在前，运动方向（类）在后，如 L_3，A_2，LA_5，……

水盐运动方向的非决定性影响因素——灌溉和排水条件不参加类的划分，而以信息和资料的形式标在图上。那么，图上任何位置的一个点都能找到它的灌溉和排水条件。如 23 型即指具有河灌和一般性井灌的二级灌区和三类排水条件（干、支两级排水）。

如果将上述两个方面结合起来，即可全面反映水盐运动及其影响因素的情况。如 LA1—12 型，即在自然和人为因素（强和较强的浅层地下水开采）综合影响下的水盐稳定下行的水盐运动类型，并具有一级灌溉条件及干、支、斗三级配套的排水条件。

在制图中主要表示运动方向类，以颜色或界限粗线条表示。灌溉和排水条件分别以虚线和点线表示。3 种界线可交叉叠置。这种方法可以收到既简单明了又有丰富资料和信息的特点。在此报告中已无彩色图，故将灌排条件另成图，以减轻类型图的图面负担。

曲周县水盐运动类型及相应影响因素分列如下，可兼作曲周县水盐运动类型图图例。

水盐运动类型	代号	基础因素组合	地貌类型
自然稳定下行类型	L_1	A	I_2，III_3
自然–工程稳定下行型	LA_1	A，B，C	I_2
自然下行为主型	L_2	B	II_1，II_2，III_3，II_{11}
自然上下行相对均衡型	L_3	C	I_3，III_2，III_4
自然–工程上下行相对均衡型	LA_3	C，D	I_3，III_4
自然弱上行型	L_4	D	I_4，I_6，II_4，II_5，II_8，II_{12}
自然–工程弱上行型	LA_4	D	I_4
自然强上行型	L_5	E	II_6
自然黏质土型	L_6	F	I_5，II_7，II_9，II_{10}
自然–工程黏质土型	LA_6	F	I_5，II_9
自然沙地型	L_7	G	III_1
自然–工程河渗补给型	LA_8	D	II_{12}

以下提供了曲周县水盐运动类型研究的基础资料图 9 幅。

图 5–21　地貌类型图
图 5–22　土壤类型图
图 5–23　盐渍土分布图
图 5–24　浅层淡水分布图
图 5–25　浅层淡水储量图
图 5–26　浅层地下水开采强度图
图 5–27　灌溉排水条件图
图 5–28　水利工程现状（1983 年）图
图 5–29　水盐运动类型图

以下为曲周县地貌类型图图例

I　漳河冲积扇平原

　　I_1　废河道及河岸沙地

　　I_2　河泛高平地

　　I_3　河泛微倾平地

　　I_4　扇缘微倾低平地

　　I_5　河间黏质槽形低地

　　I_6　河间壤质低地

II　漳河－滏阳河冲积平原

　　II_1　漳河故道自然堤缓岗

　　II_2　漳河故道自然－人工堤高平地

　　II_3　漳河故道决口扇高平地

　　II_4　漳河故道决口扇平地

　　II_5　故道河间微倾平地

　　II_6　故道河间微倾低平地

　　II_7　故道河间黏质洼地

　　II_8　故道河间壤质洼地

　　II_9　幼年河泛黏质低平地

　　II_{10}　幼年河泛黏质微高平地

　　II_{11}　滏阳河河床及人工－自然堤高岗地

　　II_{12}　滏阳河决口扇低平地

III　黄河冲积平原

　　III_1　古河床沙地

　　III_2　古河漫滩低平地

　　III_3　故道高平地

　　III_4　故道高平地边坡地

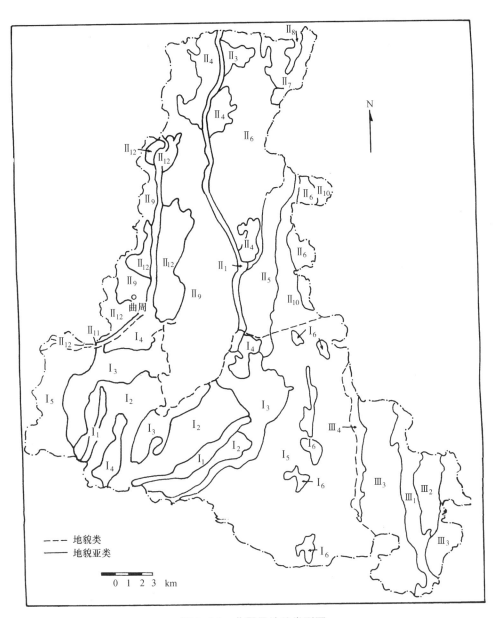

图 5-21　曲周县地貌类型图

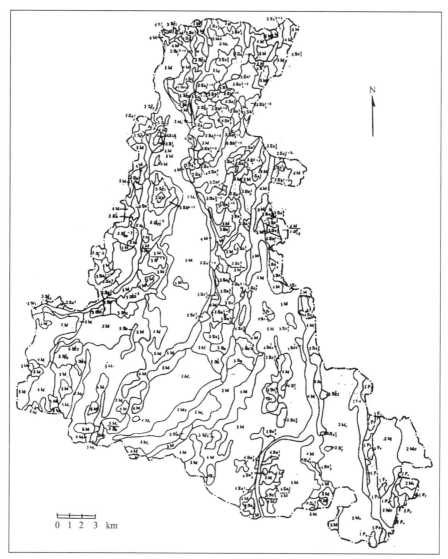

表土质地		发育类型		土相		土属或土种	
土壤质地	1 沙圭 2 砂壤 3 轻壤 4 中壤 5 黏质土	土壤类型	M 一般潮土 M_c 褐土化潮土 S 盐渍土 Wi 灌淤土 F 冲积沙土	土相	S_a 大片老盐碱 S_b 表土有所脱盐的老盐碱 S_c 小片盐碱 S_d 花白盐 S_e 潜在盐碱 F_a 固定沙丘或裸露沙滩 F_f 沙地农田	盐渍化程度	S_1 轻度盐化 S_2 中度盐化 S_3 重度盐化 S_4 盐土 S_0 表土脱盐
						盐分组成	S_1 黑碱 S_2 白碱 *

* 黑碱：含氯化物较多；白碱：含硫酸盐较多。

图 5-22　曲周县土壤类型图（根据马步洲图）

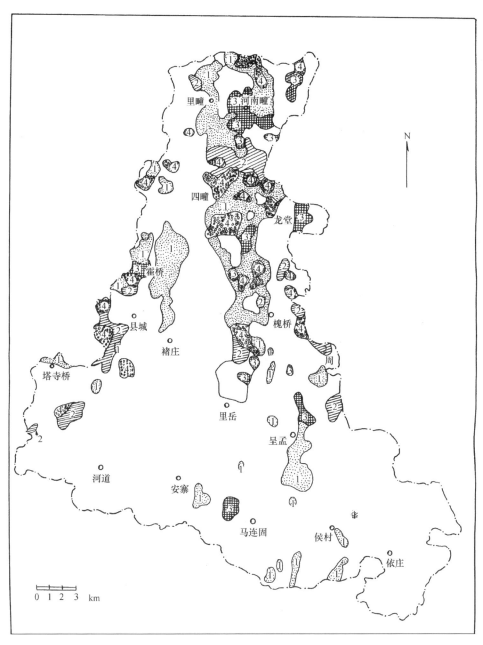

图 5-23 曲周县盐渍土分布图（参考马步洲图）

1.轻度盐化土；2.中度盐化土；3.重度盐化土；4.盐土

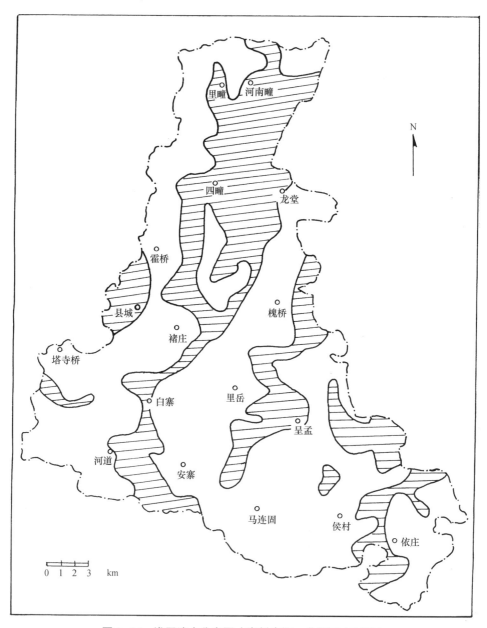

图 5-24　浅层淡水分布图（资料来源：曲周县水利局）

（有斜线部分为地下浅层水分布区）

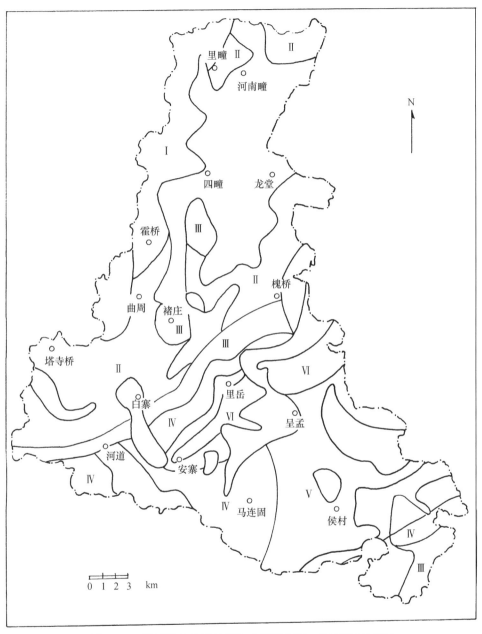

图 5-25　浅层淡水储量计算图（资料来源：曲周县水利局）

Ⅰ.水位变差＜1 m；Ⅱ.水位变差 1～1.5 m；Ⅲ.水位变差 1.5～2.0 m；

Ⅳ.水位变差 2.0～2.5 m；Ⅴ.水位变差 2.5～3.0 m；Ⅵ.水位变差 3.0～3.5 m

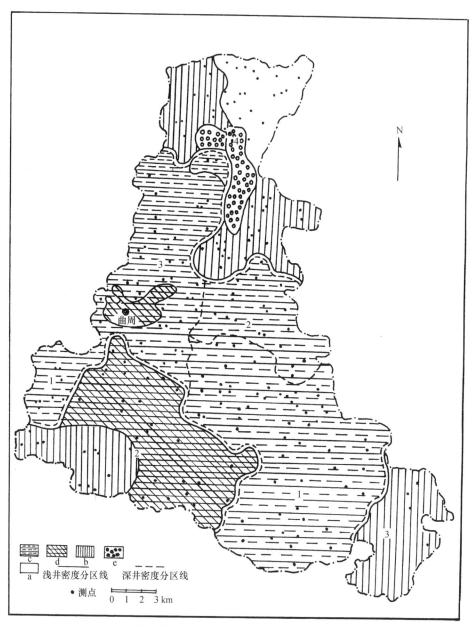

图 5-26　浅层地下水开采强度图（据曲周县水利局资料编制）

浅井密度：a. < 2 眼 $/km^2$；b. $2 \sim 4$ 眼 $/km^2$；c. $4 \sim 6$ 眼 $/km^2$；d. > 6 眼 $/km^2$；e. 咸水井区

深井密度：1. < 0.4 眼 $/km^2$；2. $0.4 \sim 0.8$ 眼 $/km^2$；3. $0.8 \sim 1.2$ 眼 $/km^2$；4. > 1.2 眼 $/km^2$

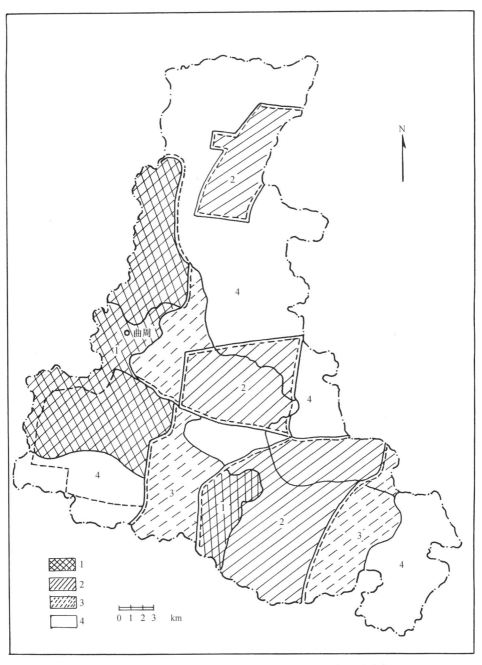

图 5-27　灌溉排水条件图（据曲周县水利局资料编绘）

1.一级灌区；2.二级灌区；3.三级灌区；4.四级灌区

（虚线符号为有地面排水工程区）

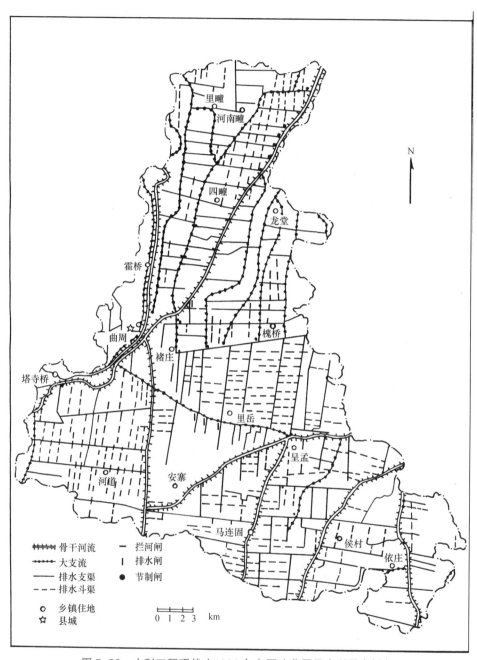

里疃
河南疃
四疃
龙堂
霍桥
曲周
槐桥
褚庄
塔寺桥
里岳
呈孟
河道
安寨
马连固
侯村
依庄

骨干河流　　拦河闸
大支流　　　排水闸
排水支渠　　节制闸
排水斗渠

○ 乡镇住地
☆ 县城

0 1 2 3 km

图 5-28　水利工程现状（1983 年）图（曲周县水利局资料）

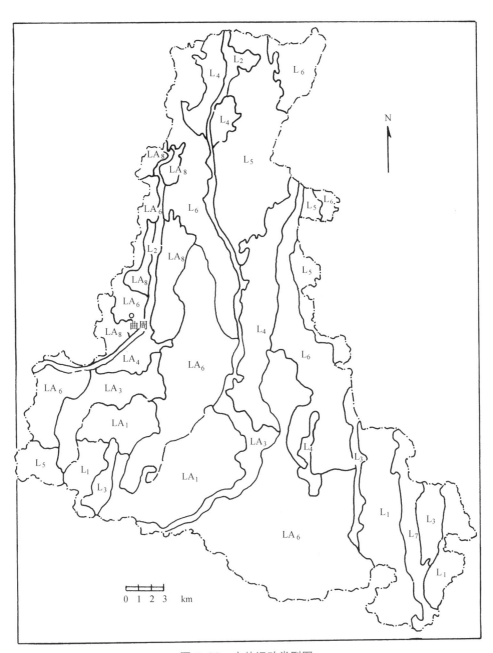

图 5-29　水盐运动类型图

参考文献

［1］石元春，辛德惠.黄淮海平原的水盐运动和旱涝盐碱的综合治理［M］.石家庄：河北人民出版社，1983：107-112.

［2］石元春.半湿润季风气候区盐渍土的水盐运动特点及其调节［M］//石元春，李韵珠，陆锦文，等.盐渍土的水盐运动.北京：北京农业大学出版社，1986：9-13.

［3］Kovda V A.盐渍土的发生与演变［M］.北京：科学出版社，1957（原著1946年出版）.

［4］Kovda V A.中国之土壤与自然条件概论［M］.北京：科学出版社，1960.

［5］中国科学院土壤及水土保持研究所，水利电力部北京勘测设计院土壤调查总队.华北平原土壤［M］.北京：科学出版社，1961.

［6］王遵亲，刘有昌，黎立群，等.山东聊城盐渍土的形成条件及其分布规律［J］.土壤学报，1963，11（4）.

［7］石元春.季风气候下盐渍土的水盐动态及其调控［J］//华北农业大学盐碱土改良研究组.旱涝碱咸综合治理的研究.华北农业大学《农业科技参考资料》，1977年第5期（总39期），1977.12，73-81.

［8］石元春.黄淮海平原水均衡分析［J］.北京农业大学学报，1982：8（1），13-21.

［9］地质部水文地质工程地质局.黄淮海平原浅层地下水补给资源分区说明书，1979.

［10］石元春，陈介福，谢经荣.区域水盐运动的类型及其划分［M］//石元春，李韵珠，陆锦文，等.盐渍土的水盐运动.北京：北京农业大学出版社，1986：22-40.

［11］李韵珠，石元春.土壤和地下水化学类型和垂向主组分的动态——以河北曲周盐渍土区为例［J］.土壤学报，2003，40（4）：481-489.

［12］李韵珠，陆锦文，黄坚.蒸发条件下黏土层与土壤水盐运移［M］//石元春，李韵珠，陆锦文，等.盐渍土的水盐运动.北京：北京农业大学出版社，1986：161-174.

［13］李韵珠，胡克林.蒸发条件下黏土层对土壤水和溶质运移影响的模拟［J］.土壤学报，2004，41（2）：493-502.

［14］Willis W O. Evaporation from layered soils in the presence of a water table［J］. Soil Sci. Soc. Amer. Proc., 1960, 24(4)：239-242.

［15］Hadas A, Hillel D. Steady state evaporation through nonhomogeneous soils from a shallow water table［J］. Soil Sci., 1972,113: 65-73.

［16］Selim H M, Davidson J M, Rao P S C. Transport of reactive solutes through multilayered soils［J］. Soil Sci. Soc.Am.J., 1977, 41: 3-10.

［17］Jacobsen O H, Leij F J, van Genuchten M Th. Lysimeter study of anion transport through layered coarse-textured soil profiles［J］. Soil Sci., 1992, 154(3)：196-205.

［18］Porro I, Wierenga P J, Hills R G. Solute transport through large uniform and layered soil columns [J]. Water Resour. Res., 1993, 29(4): 1321-1330.

[19] 罗焕炎, 严蔼芬, 谢驹华. 层状土中毛管水上升的试验研究 [J]. 土壤学报, 1965, 13 (3): 312-314.

[20] 袁剑舫, 周月华. 黏土夹层对地下水上升运行的影响 [J]. 土壤学报, 1980, 17 (1): 94-100.

[21] 刘思义, 魏由庆. 马颊河流域影响土壤盐渍化的几个因素的研究 [J]. 土壤学报, 1988, 25 (2): 110-118.

[22] 刘思义, 魏由庆, 梁国庆, 等. 黏土夹层土体构型水盐运动的试验研究 [J]. 土壤学报, 1992, 29 (1): 109-112.

[23] 刘福汉, 王遵亲. 潜水蒸发条件下不同质地剖面的土壤水盐运动 [J]. 土壤学报, 1993, 30 (2): 173-181.

[24] Simunek J, Sejna M, van Genuchten M Th. The HYDRUS-1D software package for simulating the one-dimensional movement of water, heat, and multiple solutes in variably-saturated media [M]. Version 2.0. U.S. Salinity Laboratory, Agricultural Research Service, U.S. Department of Agriculture, Riverside, California. 1998.

[25] Van Genuchten M Th. A close-form equation for predicting the hydraulic conductivity of unsaturated soil [J]. Soil Sci. Soc. Am. J., 1980, 44: 892-898.

[26] 石元春. 咸水灌溉的土壤盐动态及其预测 [M] // 石元春, 辛德惠, 等. 黄淮海平原的水盐运动和旱涝盐碱的综合治理. 石家庄: 河北人民出版社, 1983: 192-202.

[27] 河北省水利科学研究所等. 综合治理旱涝碱咸 (内部资料). 1977.

[28] Woods P C.Management of hydrologic systems for water quality control. Water Resources Center Contribution No.121, University of California, 1967: 121.

[29] Hornsby A G.Prediction modeling for salinity control in irrigation return flows [M]. EPA-R2-73-168, U.S. Environment Protection Agency, 1973.

[30] 柯夫达 B A. 土壤学原理 (译本)[M]. 北京: 科学出版社, 1973.

[31] 石元春, 辛德惠, 等. 黄淮海平原的水盐运动和旱涝盐碱的综合治理 [M]. 石家庄: 河北人民出版社, 1983.

6 水盐运动的调节与管理

【本章按语】

  自 1973 年旱涝碱咸综合治理曲周试验区建立以来，一直不断地进行着旱涝碱咸综合治理试验并取得了显著效果，其治理措施主要为水盐运动之调节与管理。这方面的技术报告和发表的文章甚多，1977 年、1983 年和 1986 年出版的三部专著[1-3]中也设有专门章节叙述。本章是对这些成果资料的一次系统整理，其中第 1 节是根据过去工作，在出版本书时增写的。

  前一章阐述了黄淮海平原的水盐运动，本章将着重介绍在旱涝碱咸综合治理试验中进行水盐运动调节方面的研究成果。水盐运动研究是为了认识自然，水盐运动的调节管理是为了科学地利用自然。本章从水盐运动调节管理的背景与思路入手，分别介绍旱季与雨季的水盐运动调节管理，以及黄淮海平原主要调节模式的研究成果，最后以一个调节管理案例结束本章。

6.1 背景与思路

  对半湿润季风气候区水盐运动及其调节管理的认识是在长达十多年旱涝碱咸综合治理实践中不断深化和建立的。认识指导实践，实践提升认识的循环往复是认识论的一般规律，在水盐运动调节管理实践与水盐运动理论认识相依相促的过程中，逐渐形成了如下的理论认识与调节管理思路。

  1. 水盐运动的统一调节观

  春旱、夏涝、土碱（盐）、（潜）水咸四害不是孤立存在的，而是在半湿润季风气候和低平地形条件下水盐运动的一组外在表现，是一个相互依存、相互联系和制约着的有机整体和系统。所以，综合治理旱涝碱咸必须实行对水盐运动的统一调节。

  20 世纪 50 年代中期的黄淮海平原，为抗旱引水而忽视排水，引起灌区土壤次生盐渍化而未加重视，继续大规模引黄济卫，大引大蓄，招致了一场史无前例的"盐灾",农民"谈水色变""谈盐色变"。60 年代开挖了大量排水工程,盐碱和渍涝威胁缓解,干旱问题又显突出,于是又在一些骨干排水河道上建闸蓄水而恶化了排水排盐条件,盐涝灾害重新回弹。如此顾此失彼,此起彼伏,时消时长地长期困扰着黄淮海平原的农业生产。

我们的大量实践证明,旱涝碱咸是相互联系的整体,必须综合治理,综合治理的实质是对水盐运动的科学调节与管理,调节管理的目标是将表现为春旱夏涝、土碱水咸的自然态水盐运动状况调节为有利于抗旱防涝、土壤脱盐和浅层地下咸水淡化的人为管理的水盐运动状况。

2. **水量调节为水盐运动调节之本**

根据对黄淮海平原的水量平衡研究[4],水分进入总量中,降水占70%(2 972亿 m³),另30%来自周边山地;水分输出总量中,74%(2 209亿 m³)消耗于蒸散,26%(763亿 m³)以径流形式入海,是一种降水 – 蒸散的水平衡类型。一面是春、秋两季缺乏灌溉水源,一面是雨季里大量径流入海,如能拦截利用四成入海水量,即可增加 300亿 m³ 的灌溉用水。所以,黄淮海平原的水量调节中要重视灌溉与排水,还要注重蓄水。

水蓄在哪里?地面蓄水导致土壤次生盐化和渍涝的教训已经很多了,且占地多和容积有限,而浅层地下含水层则是一座巨大的调蓄水库,调蓄量可达 558亿 m³ / 年。据水文地质勘探资料[5],黄淮海平原中具有良好地下蓄水条件的有74处,仅黄河以北,可蓄水 68亿 m³。土壤也是一个巨大的水分调蓄场所,参与循环的总水量的 3/4,有约 2 000亿 m³ 的水分均以入渗—储存—蒸散的形式在土壤中完成其全部转化过程。在"开源"上,据水文地质部门报道,有 200 余亿 m³浅层淡水未被利用(主要在黄河以南);有矿化度低于 5 g/L 的浅层咸水(主要在黄河以北)经利用改造后的年平均调节储量在 50亿 m³ 以上。

人无力调节大气降水,但对进入地面、土壤和地下水的水量却有很大调节余地与潜力。

3. **浅层地下水是黄淮海平原水盐运动调节的枢纽和杠杆**

浅层地下水层既可提供水源,又是将大气降水、地面水、土壤水和地下水融会贯通,统一调度,做到排灌蓄滞结合的地下水库,还能通过地下水位调节以减轻盐涝危害。与地上水库相比,具有技术简单,耗资少,不占土地,危险性小,不需特殊工程地质和地形条件,可就地施工、分散进行等许多优点。浅层地下水是黄淮海平原水盐运动调节的枢纽,抓住了它就抓住了统一调度降水、地表水、土壤水和地下水的指挥权和综合治理旱涝碱咸的关键。因此,应主动和积极开采和利用浅层地下水,浅层咸水区首先要推广利用矿化度低于 5 g/L 微咸水的技术。

以上着重探讨了如何通过调节,克服水运动在时间上的不均性和积盐性问题。黄淮海平原面积大，条件复杂，水运动在空间上也表现出明显的不均性。此外，南部水多，北部水少；海河平原西部水多，东部水少；浅层淡水区水资源较多而咸水区较少等的特点，流域内以至跨流域调水是必要的。但是，调水投资甚大，工程复杂，牵涉问题很多。所以，近期内，除在有条件的地方作小规模调水外，重点是挖掘内部水资源潜力，就地和小范围内进行水调节，可以起到事半功倍、立竿见影的功效。

6.2 旱季的水盐运动的调节与管理[6]

旱季是一年中的主要积盐季节，旱季水盐运动的调节管理的主要目标是通过地下水位的调节以抑制土体积盐过程。调节中需要注意的是土体的导水性与地下水埋深。本节在介绍土壤导水性及地下水埋深与土壤积盐的关系后重点阐述旱季水盐运动的调节与管理。

6.2.1 土壤的导水性能和积盐

当气候条件相同，地下水的埋深、水质和地面的覆盖状况相似的情况下，影响土壤水分状况和积盐强度的因素，主要是土壤的质地、质地剖面以及相应的导水性能。

土壤积盐过程是伴随着地下水上升和土壤水的蒸发过程而进行的。地下水在水势梯度的作用下，以毛管水流的形式通过土体向上运动。毛管水流的上升高度与速度决定了地下水补给的速度和土壤积盐的强度。而影响毛管水流的上升高度和速度的因素，一是地下水埋深和土壤表层的水势梯度（水分的蒸发–蒸腾愈盛，表土愈干燥，其所造成的水势梯度愈大）；二是土壤的导水性能所决定的土壤导水率，它们共同决定着毛管水上升的高度和潜水通过土体到达蒸发面的通量。土壤的导水性能受制于土壤的质地、质地剖面，及其相应的结构和孔隙状况。

不同质地和质地剖面的土壤，毛管水上升高度有很大差异，表6-1提供了有关资料。

表6-1 不同土壤质地和质地剖面的毛管水上升高度   m

土壤质地	毛管水上升高度	毛管水强烈上升高度	资料来源
砂壤土	2.3～2.5	1.5～1.7	冼传领（河南人民
壤土	2.0～2.3	1.0～1.2	胜利渠）
黏壤–黏土	1.2～1.5	0.6～0.8	

续表 6-1

土壤质地剖面	临界深度[*]	毛管水强烈上升高度	资料来源
轻壤土	2.2～2.3	1.5～1.7	山东水科所（鲁西
中位薄层黏土	1.6～1.7	1.0～1.2	北地区）
表层厚层黏土	1.2	0.6～0.8	

* 临界深度为毛管水上升高度加上土壤物理蒸发层 20 cm。

根据山东六户试验站资料，在潜水位为 1.4 m 情况下，轻质土和黏质土在春季 3—6 月，地下水的日蒸发强度分别为 2.36 mm 和 0.58 mm，相差达 4 倍。

黄淮海平原为河流冲积物堆积而成，土壤质地剖面多为砂壤和轻壤质并含一或数层黏质土，黏土夹层的厚薄及层位对水盐运动影响较大，对此进行了实地观测（表 6-2）。

表 6-2　黏土层厚度及位置与土壤积盐状况

剖面名称	黏土层距地表位置 /cm	厚度 /cm	4—6 月积盐率 /%[*]	
			地下水埋深 1.0 m	地下水埋深 1.5 m
壤质夹薄黏层（1）	49～54，61～66，114～116	5～10	45.5	39.2
壤质夹中黏层（2）	90～110	20	147.1	26.2
壤质夹厚黏层（3）	20～42，109～150	30～70	2.7	

* 积盐率以 1 m 土体计算。

从表 6-2 中可看到，黏土层厚薄及位置不同，对土壤盐分积累的影响。在地下水埋深为 1.0 m 时，因黏土层距地下水近，1 号与 2 号土返盐较重，其中 2 号土因黏土层处于地下水面，阻隔作用不大，地面为稀疏的植被（茅草）所覆盖，不能减弱水分的蒸发，故积盐较 1 号为重。3 号土因第一层黏土厚度为 22 cm，距地下水面 50 cm 左右，正好处于毛管水强烈上升的高度内，所以黏土层的阻隔作用大，积盐最轻。在地下水埋深 1.5 m 时，1 号土的黏土层距地下水位 84～101 cm，处在毛管水强烈上升高限附近，此层土壤导水率已经较低，但黏土层薄，其阻隔作用相对较小，所以积盐率与 1.0 m 水位差不多，而 2 号土黏土层厚 20 cm，正处在地下水面上 40 cm 处，是毛管水强烈上升区的中部。因此，黏土层的阻隔作用较大，积盐率较地下水埋深 1.0 m 的土壤是大大地降低了。3 号土在 1.5 m 以上有两层黏土，而且黏土层厚度大于 30 cm，阻隔作用最大，基本上不返盐。

6.2.2 地下水埋深与积盐

华北地区旱季主要是春季和秋季，水盐运动调控在于减少土壤蒸发和控制积盐。一是要调控好地下水位，二是要抑制土壤上行水流和促进下行水流。

旱季地下水位偏高会加重土壤返盐过程而伤害农作物，但也不是地下水位越深越好，因为会导致工程和能源浪费，加重土壤旱情。关于华北地区土壤的临界深度（或安全深度、适宜深度）曾有许多报道，综合于表6-3，壤土的临界深度一般在2 m左右。

表6-3　华北地区地下水临界深度（或安全深度、适宜深度）的报道

土壤类型	毛管水强烈上升高度 /m	地下水临界深度 /m	报道人
轻壤土	1.6 ± 0.2	1.8 ± 0.2	袁长极
轻壤土	$1.2 \sim 1.4$	$2.0 \sim 2.2$	刘有昌
轻壤土	$1.3 \sim 1.7$	$1.8 \sim 2.2$	赖民基
轻壤土	—	$2.2 \sim 2.3$	王洪恩
轻壤 – 砂壤	$1.4 \sim 1.8$	$1.9 \sim 2.3$	娄溥礼

关于如何确定毛管水强烈上升高度的方法，据过去文章介绍的有暴晒法、潜水蒸发试验法，以含水量相当田间持水量处的高度作为上限的方法，以及根据地下水位和土壤水分较长期的定位观测资料，绘制成土壤剖面湿度变动图的方法。这些方法都比较费工费时。根据旱季土壤水吸力剖面特征的研究，我们认为在确定地下水位控制深度方面，可以根据土壤水吸力梯度转折点以及一定的超高作为调控地下水埋深的依据。

在蒸发条件下，土壤水吸力梯度的转折点就是地下水位以上吸力梯度略大于1的高度，在此转折点以上，梯度变大。若在土壤不同深度埋入张力计（负压计），就可以得到土壤水吸力值及吸力梯度的剖面分布状况，并确定吸力梯度转折点的位置。然后再在转折点以上加上一个"保护"土层，或"超高"，就可确定地下水应控制的深度，即地下水控制深度为地下水到转折点的距离加上"超高"。如地下水埋深不易测得，则可根据转折点所处位置与地表的距离来估算应该降低水位还是抬高水位，或保持不变。

在土壤质地和大气蒸发力不同时，超高会有差别，根据曲周试验站的材料，认为壤质土壤的超高一般应大于$60 \sim 80 \, cm$，这时地表吸力值高，土壤积盐微弱。表6-4中所列为几次试验的综合材料，可供参考。该表说明了转折点位置及表土吸力水平与积盐的关系。

表6-4 土壤水吸力状况与土壤积盐

土壤积盐类型	土壤水吸力状况			
	转折点距地表 / cm	吸力值 /bar		
		0 ~ 2 cm	20 cm	40 cm
重积盐型	< 40	0.1 ~ 0.5	0.08 ~ 0.15	0.05 ~ 0.1
中积盐型	40 ~ 60	0.5 ~ 2	0.15 ~ -0.3	0.1 ~ 0.2
轻积盐型	> 60 ~ 80	> 2 ~ 15	0.3 ~ 0.5	0.2 ~ 0.4

土壤积盐类型	土壤积盐量 / %		
	0 ~ 2 cm	0 ~ 20 cm	0 ~ 40 cm
重积盐型	> 1	0.15 ~ 0.20	0.1 左右
中积盐型	0.2 ~ 1	0.04 ~ 0.1	0.05 ~ 0.1
轻积盐型	< 0.2	< 0.04	< 0.05

据试验，在均质壤土中，转折点高度加超高，为 2.0 m 左右，与过去临界深度的资料相近。但根据吸力剖面特征确定地下水深度，要比过去沿用的方法简便得多。

6.2.3 旱季土壤水盐运动的人工调节

参考上述对土壤水吸力状况与土壤积盐的关系的研究成果，根据不同条件将地下水埋深调节到合理深度，然后通过灌溉、中耕等农田措施以达到旱季有效调节水盐运动的目标。常用的人为措施有压盐、灌溉、排水、中耕、培肥熟化土壤等，以下是这些措施的调控效果试验的观察结果。

1. 在调节地下水位的基础上进行常量灌溉对水盐动态的影响

当作物进入生长旺季，蒸散增强，土壤表层因水分迅速丢失而积盐速度加快时，如能控制地下水埋深，并进行一两次常量灌溉，既补充了作物对土壤水分的需求，又暂时地改变了土壤水盐运动方向，有利于逆转旱季积盐过程。如表 6-5 中的 N_1，除表层积盐外，2 m 土体有轻微的脱盐。而没有井排和灌溉的 W_{14} 和 W_6，2 m 土体旱季积盐率分别为 5.1% 和 31.5%。

2. 在调节地下水位和进行常量灌溉的同时，进行大定额压盐灌溉的作用

控制地下水位是抑制水盐上行运动的有效措施，但不能起到脱盐的作用。在高水位情况下，排除高矿化度土壤水只能使下部土体有所脱盐。但对上部土体，只能抑盐不能脱盐。因此，在利用井排控制地下水位的基础上，进行大定额（约 100 m³/亩）压盐灌溉，可以加强下行水流的作用，变积盐为脱盐。图 6-1A 说明了这种措施下的旱季地下水位过程线。表 6-5 中 1975 年 X_{14} 和 E_8 两个点的材料说明了这种措施的效果。2 m 土体通体脱盐，脱盐率达 24% 左右，这种措施脱盐率高，脱盐深度大，效果好。

3. 初冬或早春人工冲洗重盐化土后, 迅速将地下水位降到临界深度以下

冲洗、压盐, 结合井排, 可以有效地控制水盐运动。曲周试验区 1976 年早春冲洗压盐 (250 ~ 300 m³/亩) 后, 地下水位迅速增高, 离地面不到 0.5 m。为了提高冲洗效果, 先用沟排使地下水位降至 1 m 左右, 再在 3 月下旬用井排降至 2 m 左右 (图 6-1B)。随着地下水位的下降, 土壤水分剖面也发生变化, 水分下移, 使土壤由饱和状态成为不饱和态, 土壤溶液内的盐分随水下移而得以部分排除。早春冲洗、压盐, 结合井排, 地下水位迅速降低, 使春季 2 m 土体通体脱盐, 脱盐率达 17% ~ 19%, 高者达 28% (表 6-5)。

这种措施, 虽对改变土壤水盐运动方向, 加大脱盐强度, 具有良好作用, 但在旱季里, 仍有 1 个月左右, 地下水位高于适宜深度, 积盐危险性仍较大。且井排任务重, 投资大。所以这种措施, 适用于需要人工冲洗的较重的盐碱地。

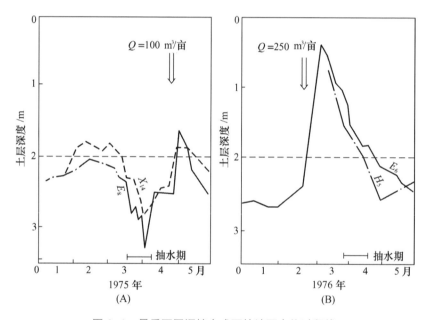

图 6-1 旱季不同调控方式下的地下水位过程线

(A) 采用表 6-5 中第 2 种调控方式; (B) 采用表 6-5 中第 3 种调控方式

图中土层深度 2 m 处的横虚线为临界深度线

表 6-5 旱季采取不同调控方式及对照点的土壤脱盐情况

观测点和观测年份	土层深度 / cm	起始盐量 / (t / 亩)	季末盐量 / (t / 亩)	增减率 / %
1. 将地下水位调控到安全深度以下和常量灌溉				
N₁ (1975 年)	0 ~ 40	0.68	0.90	32.4
	40 ~ 100	1.25	0.87	-30.4

续表 6-5

观测点和观测年份	土层深度 / cm	起始盐量 /（t/亩）	季末盐量 /（t/亩）	增减率 /%
N₁（1975 年）	100～200	3.91	3.36	−14.1
	0～200	5.82	5.13	−11.9
2. 将地下水位调控到安全深度以下，并进行大定额灌溉压盐				
X₁₄（1975 年）	0～40	1.14	0.60	−47.4
	40～100	1.30	0.92	−29.2
	100～200	2.74	2.41	−12.0
	0～200	5.18	3.93	−24.2
E₈（1975 年）	0～40	5.48	5.28	−3.65
	40～100	5.69	3.54	−37.9
	100～200	7.55	5.38	−28.8
	0～200	18.7	14.2	−24.1
3. 早春人工冲洗后，迅速将地下水位降到安全深度以下				
H₅（1976 年）	0～40	1.97	3.06	55.4
	40～100	4.56	2.43	−46.7
	100～200	6.23	3.65	−41.4
	0～200	12.8	9.14	−28.6
E₈（1976 年）	0～40	3.95	2.81	−28.9
	40～100	4.48	3.95	−19.8
	100～200	6.33	5.57	−12.0
	0～200	14.8	12.0	−18.9
E₆（1976 年）	0～40	1.56	0.81	−48.1
	0～100	1.74	1.25	−28.1
	100～200	2.66	2.86	7.5
	0～200	5.96	4.92	−17.4
4. 无调控措施				
W₁₄（1975 年）	0～40	3.20	4.58	43.2
	40～100	2.84	3.49	22.9
	100～200	5.77	4.34	−24.8
	0～200	11.8	12.4	5.08
W₆（1975 年）	0～40	2.32	3.90	68.2
	40～100	2.68	3.47	29.5
	100～200	6.14	7.22	17.6
	0～200	11.1	14.6	31.6

续表 6-5

观测点和观测年份	土层深度 / cm	起始盐量 /（t/亩）	季末盐量 /（t/亩）	增减率 / %
W₁₄（1976 年）	0～40	3.13	4.22	34.8
	40～100	3.39	4.59	35.4
	100～200	3.67	3.10	−15.5
	0～200	10.2	11.9	16.7

4. 中耕松土，培肥熟化，抑制旱季土壤积盐

在以上各种措施基础上，配合中耕松土等农业措施，对抑制春季积盐也很重要。中耕松土是我国农业传统中精耕细作的措施之一，它的增温保墒作用早已熟知。在盐渍土的利用和改良中，它还可起到调节水盐运动的作用。据曲周均质非原状壤土的中耕松土试验，中耕松土，使松土层的水分含量减少，形成一薄层干土层，降低了导水率，因而可抑制水分进一步蒸发。但紧接松土层的下部土层水分稍增。地下水埋深 1 m 者因地下水可以直接补充地表，不能形成干土层，导水率仍高。埋深 1.5 m 者，通过中耕松土，5～40 cm 层的含水量可增加 1.5%～3.0%，见图 6-2A。相应地，松土层的积盐率较未松土者降低（图 6-2B），而下部土层则相差不大。

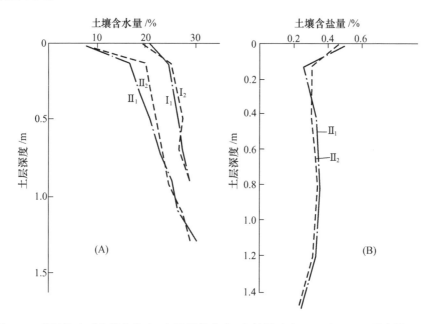

图 6-2　表层松土对土壤水分（A）及积盐率（B）的影响（1977 年 6—7 月中的 45 天）

- - - 为未松土；……为 0～5 cm 表土松土；Ⅰ为地下水埋深 1.0 m；Ⅱ为地下水埋深 1.5 m

其他农业措施，如种植绿肥、培肥土壤、加厚熟化层等，也对抑制旱季返盐有利。在春季干旱的气候条件下，熟化的表土层干燥较快，导水率降低，尤其在表面几厘米迅速地形成干燥的覆盖层后，水分的进一步蒸发只能在干土层下部进行汽化，再经干土层扩散至大气。这样就大大抑制了土壤水分的蒸发，减轻了旱季土壤积盐。而且在雨季，结构良好的表土也有利于脱盐。

6.3 雨季水盐运动的调节与管理[6]

在季风气候影响下，黄淮海平原降雨量的 80% 降于夏季。有云："七月八月地如筛"，是一年中唯一的自然脱盐季节。但是土壤的自然脱盐过程是否顺利进行还深受多种自然和人为因素的影响。为提高雨季里土壤脱盐效果，需要进一步认识雨季土壤水盐运动与诸影响因素间的关系。在曲周试验区综合治理旱涝碱咸试验中，进行了通过不同时期抽排地下水以降低地下水位和提高土壤脱盐率的试验。

6.3.1 影响雨季土壤水盐运动的因素

雨季土体脱盐是在土壤水分下行过程中产生和进行的，与雨水的实际入渗量有密切关系。雨季降水的实际入渗量受到日降水量、降水强度、土地平整、地面覆盖、地下水位以及土壤的渗水性能等诸多因素的影响。

在高地下水位情况下，下行雨水较快补充到地下水而抬高地下水位，顶托下行的水分和盐分，所以在地下水位高而又无排水条件的地方，尽管大雨滂沱，但土壤中盐分变化不大。如地下水埋藏较深，地下水位以上有较大空间，无疑有利于水盐下行和脱盐。我们统计了曲周试验区内三种地下水埋深条件下的 0～40 cm 和 0～200 cm 土体的脱盐率于表 6-6。图 6-3 显示了二者间的密切相关，特别是 0～200 cm 土体。

表 6-6　三种地下水埋深条件下的 0～40 cm 和 0～200 cm 土体的脱盐率

地下水位	0～40 cm 土层脱盐率/%	0～200 cm 土层脱盐率/%
地下水位变动在 1 m 左右	5～25	< 5
地下水位变动在 2 m 左右	25～45	14～24
地下水位维持在 2.5 m 以下	35～65	20～40

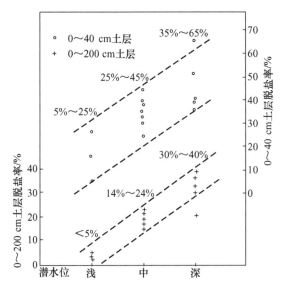

图6-3　地下水埋深对雨季土壤脱盐的影响（曲周试验区）

6.3.2　浅井抽水对地下水埋深的调控

既然雨季里的地下水埋深对提高雨水实际入渗量和土体脱盐有如此明显的作用，即可通过调控地下水埋深以促进土体自然脱盐过程，曲周试验区采取沟排与井排结合取得了很好的调控效果。1974年曲周试验区雨季前提取浅井微咸水16 d用于抗旱灌溉，雨季里又井排抽水35 d，7—9月的地下水埋深过程线与未抽水的对照区迥然不同。进入雨季，7月10—30日降水160 mm，对照区（观测孔W_{15}）的地下水埋深由3.02 m急剧上升到1.71 m，直至9月上旬，始终维持在1.4～1.6 m。雨季前抽水灌溉的农田潜水位下降了0.6～1.06 m，埋深达3.2～4.1 m，7月中旬降水160 mm后，距抽水井50 m的E_6、E_9观测孔的水位由3.2～3.5 m上升到2.6 m左右。8月1日第二期抽水开始后8 d，水位又迅速降至3.5 m以下，整个雨季都稳定在3.5～4.0 m。距抽水井170 m左右的E_7和E_{10}的水位虽较E_6和E_9为高，但雨季中水位始终保持下降趋势，埋深维持在2.5 m以下。

1974年抽水试验的地下水位过程线（参见本书第4章图4-1）表明，雨季里，试验区和对照区的水位一降一升，相差1.6～2.5 m。这个差值和雨季中地下水埋深能稳定在2.5～3.5 m以下的事实，对加速雨季的自然脱盐过程有着重要意义。1975年雨季抽水观测资料反映了相同的趋势。从图6-4中可以清楚看到，位于无井排条件的对照区的观测孔"K_{41}"的地下水位过程线显示，雨季初期一次大雨，水位上升1.5 m。这种高地下水位一直维持到雨季末。而距抽水井

180 m 的 X_7 和 E_7 观测孔的水位只升高了 0.3 ~ 0.4 m，地下水埋深在整个雨季始终控制在 2.5 m 左右。距抽水井 50 m 的 X_6 和 E_8 观测孔，地下水埋深则一直保持在 3 m 以下。

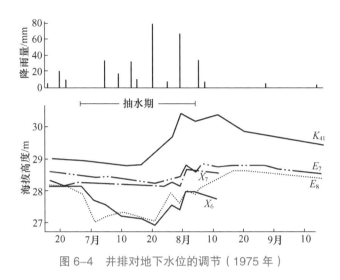

图 6-4　井排对地下水位的调节（1975 年）

6.3.3　雨季浅井抽水与排盐

促进雨季自然脱盐过程的另一个重要条件是必须及时排除从土中淋滤下来的盐分，否则这些盐分只是暂时脱离上部土层，进入地下水表部，一旦雨季过后，这层高矿化的地下水又成为土壤积盐的重要盐源。在这里，雨季的群井抽水，在控制水位的同时，还担负着对这些盐分的排除作用。

根据地下水和咸水层的水文地质条件，浅井（全部为滤水管）抽水时地下水能够较快地向井管内汇流的特点，雨水将土体盐分淋到地下水表部所形成的高矿化水是可以在抽水中得以及时排除的。从我们所做的硝酸铵移动试验中也可得到证实。在距抽水井 20 m 处，将硝酸铵投入地下水。投入后 17 ~ 25 h，在浅井抽出水中即有出现，说明了地下水表部的高矿化水是可以在较短时间内，由浅井抽水排除的。雨季中，在一次中雨或大雨后，往往出现抽出水矿化度暂时增高的现象，这也是一个很好的说明。

图 6-5 中记载了 1975 年雨季两次大雨（分别为 80 mm 和 54 mm）和一次中雨（34 mm）时，304 井（在大片盐碱地之中）抽出水的矿化度和距井 50 m 的"E_8"水盐动态观测点的地下水埋深、土壤盐量的变化情况。图中清楚地显示了每次雨后即出现地下水位和抽出水矿化度暂时升高现象，下次降雨又可重现的这种规律性的波动曲线。通过雨季，E_8 观测点的 2 d 土体盐量由 12.9 t/ 亩下降到 10.2 t/ 亩，每亩排除盐分 2.7 t，排除率 21.1%。这说明了浅井抽水的明显排水排盐能力。

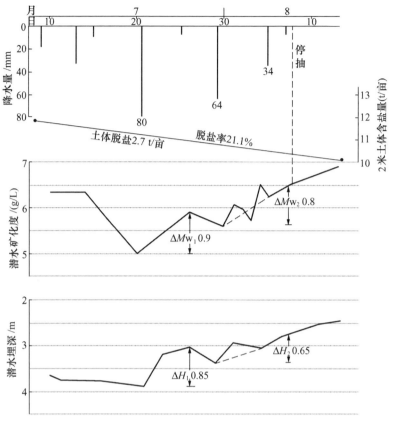

图 6-5 雨季抽水对 E_8 土壤脱盐和地下水矿化度的影响（1975 年）

ΔM_W 为潜水矿化度变化幅度；ΔH 为潜水埋深变化幅度

6.3.4 雨季浅井抽水与土壤脱盐

井排区的地下水位实际上是一个大小不等的漏斗群所组成，随着距井的远近而水位的降幅不同。同时，在一定的空间范围内，土壤的质地剖面结构及其相应的透水性能也不一样。所以，井排区的土壤脱盐是在以地下水位为主的多种影响因素综合作用的结果。为了了解井排中土壤脱盐的特点，我们进行了单井抽水的土壤脱盐情况观察。

图 6-6A 表示了以 302 井为中心的观测断面的土壤质地断面和抽水前的地下水位状况。

雨季初，各观测点水位由于 302 井抽水，形成漏斗（图 6-6B），7 月下旬虽经大雨，各点都抬高了地下水位，但因 302 井继续抽水，各点水位仍呈一定差别。地下水埋深以 S_1 为最深，依次为 N_1、S_2、S_3、N_2、N_3。图 6-6B 和表 6-7 表现了雨季初期（7 月 7 日）和雨季后期（7 月 30 日）土壤的脱盐情况。

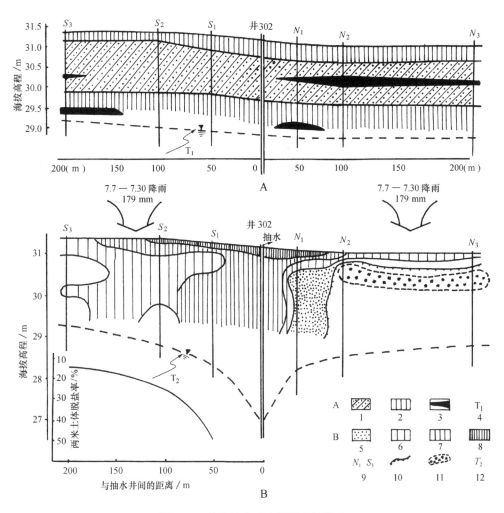

图 6-6 单井抽水对土壤脱盐的影响

1. 砂壤土；2. 轻壤土；3. 重壤土或黏土；4. 原始地下水位；5. 脱盐率＜20%；
6. 脱盐率 20%～40%；7. 脱盐率 40%～60%；8. 脱盐率＞60%；9. 观测孔编号；
10. 稳定区；11. 积盐区；12. 抽水期地下水位（雨季前期）

整个断面的脱盐率等值线清楚地显示了以下的趋势，一是在水平方向上，随着与井的距离的加大而脱盐率降低；二是在垂直方向上，上层脱盐率高而往下降低；三是井的西南方向（图左侧）脱盐率高而东北方向脱盐率低，如与土壤质地断面图 6-6A 相对照，乃与东北方向的黏土夹层影响土壤脱盐过程有关。图 6-6B 左下角，随着与井距的减小而土壤脱盐率变大的相关曲线，清楚地说明了在土壤质地剖面和降雨实际入渗量基本相似的情况下，抽水造成的降落漏斗的地下水埋深上的变化和土壤脱盐率之间密切相关。当与井的距离为 200 m、105 m 和

52 m 时，其土壤脱盐率分别为 14.1%、23.6% 和 49.1%。

从各个观测点的脱盐情况看，以 S_1 脱盐效果最好，$0 \sim 20$ cm 脱盐率大于 60%，下部（$70 \sim 200$ cm）脱盐也在 40% $\sim$ 60%，2 m 土体脱盐 49.1%。其他依次为 S_2、N_1、S_3、N_3、N_2。分析其脱盐效果有差别的原因，凡离抽水井近者，地下水位较低，脱盐效果好。如 S_1、N_1 的脱盐效果大于 N_3、N_2。凡离支排近者，排水情况较好，脱盐率也较高，如 S_3，在抽水期间，其地下水位始终低于 N_3，有时也低于 N_2，因此脱盐效果也高于 N_2、N_3。另外，凡土层中"黏土"层较厚者，脱盐就差，如 N_2 点 $70 \sim 100$ cm 为重壤土，其脱盐效果低于 N_3。

表 6-7　井 302 各观测点雨季土壤脱盐状况（1977 年）

项目	脱盐率 %（7 月 7 日雨季初至 7 月 30 日雨季后期）					
	S_1	S_2	N_1^*	S_3	N_3	N_2
土层深度						
$0 \sim 40$cm	57.7	37.3	55.8	43.3	15.3	-1.99
$0 \sim 100$cm	44.5	35.3	26.9	14.4	-19.1	-41.5
$0 \sim 200$cm	49.1	23.6	20.7	14.1	-26.0	-33.6
脱盐深度 /cm	200	150	200**	同左	40	20
地下水埋深变	$2.3 \sim 2.8$	$2.16 \sim 2.67$	$2.3 \sim 2.8$	$2.15 \sim 2.45$	$2.05 \sim 2.57$	$2.16 \sim 2.70$
幅 /m	~ 0.68	~ 0.86	~ 0.71	~ 0.77	~ 0.72	~ 0.76
降雨量 /mm	179					

* N_1 土壤原始含盐量较高，$0 \sim 20$ cm 为 1.10%，其他点 $0 \sim 20$ cm 为 0.30% $\sim$ 0.58%。
** $40 \sim 70$ cm 除外。

雨季浅井抽水脱盐的土柱模拟试验也得到相似结果。图 6-7 和表 6-8 表示在两种地下水埋深情况下，降雨 250 mm 后，抽水（保持一定地下水位）与不抽水（雨后水位升高）的土壤含盐量变化和脱盐率情况。图 6-7A 是保持 2.0 m 地下水埋深的抽水土柱、不抽水土柱和后抽水土柱在降雨 250 mm 后土壤脱盐情况的比较。不抽水土柱的水位升高约 60 cm。脱盐深度不抽水者为 1.0 m，抽水者为 1.2 m。2 m 土体脱盐率，抽水土柱为 23.8%，不抽水土柱为 1.2%，相差 20 倍。

图 6-7B 说明了保持 2.5 m 地下水埋深的土柱在降雨 250 mm 后的脱盐情况。2 m 土体脱盐率抽水土柱比不抽水土柱高出 10 倍。

表 6-8 说明了雨季浅井抽水的土壤脱盐效果。但雨季抽水，究竟以何时为宜？雨季前开始抽水（视地下水位而定），加大降深，加强土体接受雨水的能力，然后雨季中再继续抽水，就不致因降雨而迅速抬高水位，脱盐效果均较明显。整

个雨季连续抽水，效果也与上相同。如果等待雨季地下水位上升后，再抽降，脱盐效果较差。

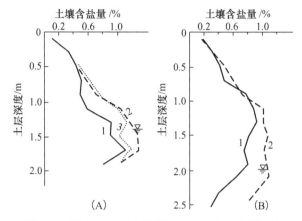

图 6-7　抽水、不抽水及后抽水的土壤含盐量比较

（A）250 mm 降水量，地下水埋深 2.0 m；（B）250 mm 降水量，地下水埋深 2.5 m
1. 抽水并维持一定地下水位；2. 不抽水和雨后地下水位抬高；3. 雨后地下水位抬高后抽水

表 6-8　抽水、不抽水和后抽水土壤脱盐率比较

| 土层深度 /cm | 脱盐率 /% | | | | | |
| | 地下水埋深 2.0 m | | | 地下水埋深 2.5 m | | |
	抽水	不抽水	后抽水	抽水	不抽水	后抽水
0～100	53.5	45.0	44.5	46.7	36.1	43.7
100～200	−5.9	−42.2	−31.3	−1.3	−31.3	−25.8
0～200	23.8	1.2	6.5	22.8	2.3	8.9
0～240					2.4	4.1
脱盐深度 /cm	120	100	100	100	100	100

注：降雨量 250 mm。

从模拟试验中雨季抽水、不抽水与后抽水（待水位升高后再抽水）三者相比，可以看到在脱盐效果方面的差异。

从图 6-7A 和表 6-8 中还可以看到后抽水者在 2 m 脱盐率方面仅稍高于不抽水者，比抽水土柱仍低 3 倍左右。其中主要是 1～2 m 土层含盐量高于抽水者，稍低于不抽水者，1 m 以上差别较小。

以上情况说明了，开始土壤盐分随降水而下移，但当土体内水位抬高后，上部淋洗下来的盐分就进入地下水，增加了地下水的矿化度。当后期再抽水时，虽然地下水位下降，去除了一部分矿化度较高的土壤水，减少了一部分盐分，但地下水下降段，土体内尚存的盐分是与原来矿化度较高的地下水相平衡的，因而高于无地下水顶托、由降雨直接淋洗的土体盐分含量。所以雨季降水时，随降随抽，或先腾清库容，再随降随抽，脱盐效果均较好。当然，在其他条件受限制的情况下，采用雨季后抽水，也能取得一些效果。

6.4 水盐运动的调节模式[7]

水盐运动在空间和时间上的巨大差异，要求水盐运动的调节必须在上述大思路和战略思想指导下，因地因时而异。从战术观点看，地下水位是调节区域性水盐运动（土壤和潜水）的主要"杠杆"，要根据具体地区的条件和生产要求，按季节和时段做出地下水埋深动态的调控设计。通过人为调节，使之表现为旱季不旱，雨季不涝，土壤脱盐和潜水淡化。

区域水盐运动的调节中，我们考虑到以下的一些方面：旱涝碱咸要统一考虑，实行综合治理；根据水盐周年动态的不同阶段采取不同对策；潜水位是调节区域水盐运动的杠杆；不同地区和条件采取不同的调节模式。

下面对 3 种不同条件下的水盐运动调节模式加以阐述（图 6-8）。

6.4.1 抗旱防涝和预防土壤次生盐渍化的调节模式

在这类地区，一般为非盐化土壤，浅层地下水为淡水，自然条件较好。水盐运动调节的主要目标是提高抗旱防涝能力和预防土壤次生盐渍化，调节中重要的是涉及半湿润季风气候区潜水埋深的控制指标问题。因为水盐呈上行下行，积盐与脱盐交替出现的特点，因而不能简单地引用传统的土壤积盐的临界深度的概念，贾大林（1963）[8]、袁长极（1964）[9]等都曾对地下水临界深度问题做了探讨，袁长极提出了根据黄淮海平原土壤水盐季节动态特征，不仅要考虑影响土壤积盐过程和地下水临界深度，还要考虑作物利用地下水的"适宜深度"。我们是同意这个观点的。

据此，此类型在调节中，在使土壤盐分的周年和多年的动态平衡维持在不影响作物正常生长水平以及雨季具有较高防涝能力的前提下，可以在春秋干旱季节，潜水埋深保持在 2 m 左右的深度。为此，利用各种淡水资源，进行人工引渗回补是必要的。

重旱涝碱咸型自然状态下的水盐运动

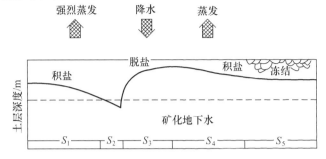

重旱涝碱咸型的调节模式

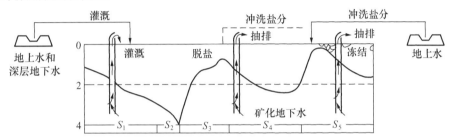

旱涝碱型的调节模式

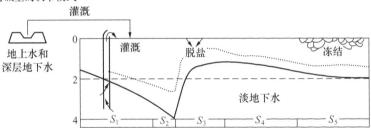

旱涝防次型的调节模式

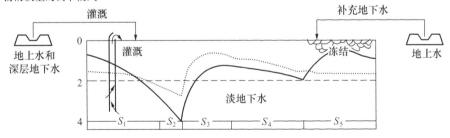

图 6-8 重旱涝碱咸型的水盐动态及三种不同条件下的调节模式

注：S_1. 3—5 月；S_2. 6 月；S_3. 7—8 月；S_4. 9—11 月；S_5. 12 月至翌年 2 月
点线为自然状态下的地下水埋深线

6.4.2 中、轻度旱涝碱咸的综合治理调节模式

此种类型主要分布在冲积平原上部的一些河间微倾平原上，地表和地下径流条件较好，潜水一般为淡水（或为矿化度 2～4 g/L 的微咸水），可用于灌溉。盐渍土成斑状分布，以中轻度盐化土壤为多。但是在水分管理不当时，也会发展为重盐化以至盐土，是十分脆弱的潜在盐渍化类型。

此类型水盐运动调节的任务是在提高抗旱防涝能力的基础上，促进自然脱盐过程和预防次生盐渍化。这类地区过去曾大量引地面水灌溉而又缺乏良好的排水系统，土壤次生盐渍化发展很快，如采取以开采浅层地下水为主，辅以地表水，则可以起、灌、排蓄结合，综合解决旱涝盐碱的多种作用。

6.4.3 重度旱涝碱咸的综合治理调节模式

此类型多见于黄淮海平原的北部和中部。这里地势低缓，潜水矿化度一般在 3～10 g/L，土壤盐渍化重，是黄淮海平原中旱涝碱咸为害最盛，治理难度最大的一种类型。其调节模式可详见图 6-9。

春季强蒸发—积盐阶段和初夏相对稳定阶段里，气候干旱、水源不足，浅层地下咸水没有开发利用，且水位长时间处在土壤返盐的临界深度以上。本阶段的主要问题是干旱和积盐。采取的调节措施是：以开采浅层地下咸水为中心，组织咸淡混灌（淡水资源主要是开发当地的深层承压水及地面水）以提高抗旱能力。同时，潜水位得到相应的下降，抑制了土壤的春季积盐过程并提高了雨季的防涝能力，达到对付旱涝和盐渍化的综合目的。

雨季到来时，由于潜水位低（埋深一般达 4 m 左右），故而避免了在无调节条件下的潜水位迅速上升的"顶托"作用从而提高了防涝能力，增加了雨水的入渗和脱盐能力，在雨季降水量偏少的年份，还可引用地面水或深层承压淡水作大定额灌溉，以加速土壤脱盐过程。

秋季蒸发积盐阶段，如潜水埋深小于 1.5 m 可以井排迫降水位，减弱秋季积盐过程。

在重盐渍化土壤改良初期，冬季是进行人工冲洗和井排的好季节。即在初冬，利用非盐渍土开始冻结，而以盐斑形成出现的盐渍土尚未冻结的时机，引地表水（初冬和早春，灌溉用的地面水较多）进行人工冲洗。当潜水位回升到 1 m 左右时开始井排，以及时将自土中淋出的盐分排出和使淋洗脱盐过程能较好地持续进行。利用此法可取得很好的冲洗效果。

咸水淡化，是 20 世纪 70 年代初河北省沧州地区农民在实践中抽用微咸水和大量补入淡水，发现潜水淡化，又经河北省地质局调查总结而提出的。1974 年开始在曲周（北京农业大学）[10]、束鹿（河北水利水电学院）[11] 和沧州（河北

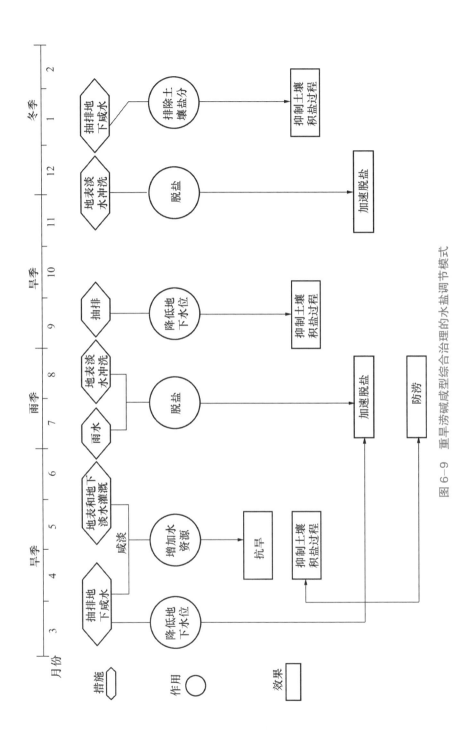

图 6-9　重旱涝碱咸型综合治理的水盐调节模式

省水科所）[12]、天津（天津市水科所）等地开展了此项"抽咸换淡"的试验研究[13]。试验证明，浅层地下咸水是在地下径流滞缓，垂直方向蒸发和与土壤中易溶盐频繁交换的条件下逐步形成的。一旦抽取咸水，即可补入淡水，大大加速其循环过程和向淡化方向发展。当然，在浅层咸水上部形成一个稳定的淡化水层是需要在土体盐分不高的条件下和有较长的时间才能做到的。

6.5 水盐运动调节的一个实例[7]

6.5.1 背景和条件

1974—1976 年，我们在河北省曲周县北部面积为 400 hm² 的土地上进行了重旱涝碱咸调节型的试验。试验区位于漳河故道间的微倾平原上，地势低缓易涝，盐渍土面积占总面积的 83%，以 SO_4^{2-} – Cl^- 盐土和重盐化浅色草甸土为主。旱季潜水位一般在 1.5 ~ 2.2 m，矿化度 4 ~ 8 g/L，咸水层厚约 100 m。100 m 以下的深层承压淡水的开采井深 300 ~ 350 m，水储量仅可供 1/5 土地灌溉。这里地表水源缺乏，仅初冬和早春有地面水作一两次灌溉，但 1/3 的年份全年无地面水。所以这里十年中九旱六涝。农业生产量低而不稳，一般年份粮食产量仅 1 t/hm² 左右。

6.5.2 设施和措施

（1）农田工程系统 任务是调节水盐运动。

• 深浅机井组：1 个深机井和 3 ~ 5 个浅机井（开采浅层咸水）构成一个井组，起咸淡混灌，垂直排水，调节潜水位的作用，共建了 11 个井组。

• 排水系统：有干、支、斗、农、毛五级排水，由于有井排控制农田潜水位，故斗、农、毛三级为浅沟，以排除雨季地面径流为主。

• 灌溉系统：分干、支、斗、农、毛五级，设计中要能满足地面水灌溉和井灌的两种需要。斗级和农级灌渠一般以水泥衬砌，除灌溉外，尚可作排咸之用，以减少咸水在农田的渗漏。

• 动力和机械系统，动力以电力为主，机械包括施工机械和农田作业机械。

• 土地平整。

（2）生物工程系统 任务是建立一个良好的农田生态结构。

• 农田林网 400 m × 250 m。

• 高效能的农林牧副业结构。

• 合理的种植制度及选用良种。

- 有机肥、化肥、绿肥相结合的施肥和培肥土壤的制度。
- 先进的农业技术。

（3）监测和咨询系统 任务是指导各项农业管理。

- 水盐运动监测和预报。
- 土壤养分监测和施肥咨询。
- 农田气候测报和服务。
- 作物病虫害测报和服务。

（4）智力开发系统 任务是积累科技力量。

- 科学研究和新技术引进。
- 培训地方技术人才和农民。

6.5.3 水盐运动调节管理下的水盐动态

根据上述对"重旱涝碱咸综合治理调节型"的调节模式，我们在曲周试验区进行了水盐运动调节试验。1974 年 7 月至 1976 年 12 月，调控性抽水 6 次，累计 175 d。1975 年和 1976 年早春进行了盐渍土的人工冲洗，随即抽水排盐，迫降地下水位。另外，采取了平整土地，雨季围埝蓄淡和一整套的农业技术措施。

从图 6-10 中可以看到，由于对地下水位的调控，1974 年和 1975 年春季地下水位均低于安全深度，抽水期间可深达 3 m 以下。雨季中，地下水位也稳定地控制在 2.5 m 以下。所以，在这两年里，地下水位几乎全部时间都处在安全深度以下，这对于人为地抑制积盐过程，加速脱盐过程提供了一个基本的前提。

人为调控下的地下水位的周年动态又极大地影响和调节了土壤的水分状况。图中可以看到，早季的水分剖面是稳定的，土壤毛管强烈上升的前缘始终在地面以下 30 ～ 50 cm 处。在这种地下水位和土壤水分状况下，春季的一般灌溉、压盐灌溉和雨季的降水都会有良好的脱盐作用。盐分等值线清楚地显示了在这种地下水位条件下，两年来，2 m 土体特别是土壤上层有明显的脱盐趋势。

1976 年在进行早春压盐后抽排迅速降低地下水位的调控方式。早春压盐是为了改变土壤水盐运行的方向并加大其强度。但是，压盐后的一段时间里，高地下水位造成土壤毛管水强烈上升到地面进行蒸发和积盐。从盐量等值线看，1976 年早季盐量虽仍稍有降低，但脱盐率低于 1975 年。

3 年间，该观测点 2 m 土体排除盐量达 8.2 t / 亩，脱盐率 41.5%。图 6-11 中尚列举了速脱型的观测点"新 14""东 6""东 7"的 1974—1976 年土壤盐分的动态，三年的累计脱盐率分别为 41.7%、50.1% 和 58.7%。而缓脱型的"西 14"，三年累计脱盐率为 28.7%。土壤剖面中分层的脱盐率（图 6-11 右侧横坐标是脱盐率 %，纵坐标是土层深度，单位为 m）亦显示了速脱型和缓脱型之间的明显差异。

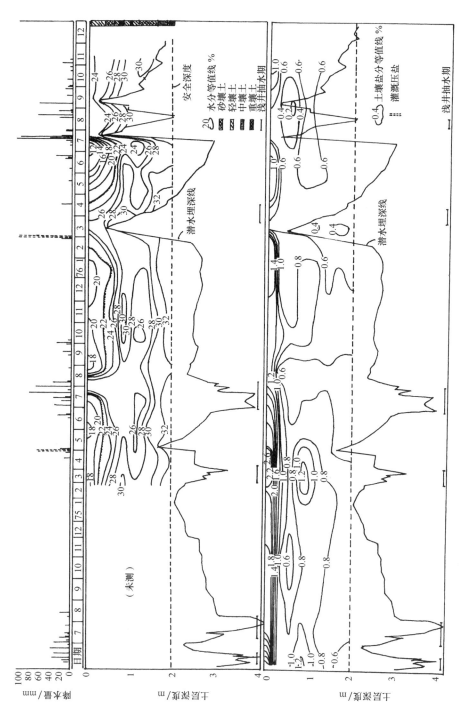

图 6-10　强积盐浅层咸水区旱涝碱综合治理调控区水盐动态（曲周，东 8,1974—1976 年）

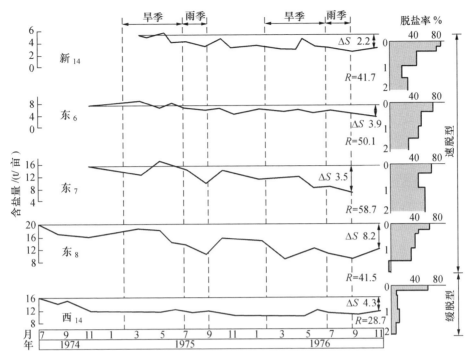

图 6-11　曲周试验区速脱型水盐动态的土壤盐量变化（1974—1976 年）

ΔS 为 2 m 土体脱盐量（t/ 亩）；R 为 2 m 土体脱盐率（%）

6.5.4　抗逆性的提高和生产条件的改善

由于灌溉水源和灌溉条件的改善，地面水灌溉由过去 30 d 才能普浇一遍提高到 5 d 可以普浇一遍。井灌面积由 16% 提高到 90% 左右。由于充分利用地表水，合理开采深层淡水，积极利用和改造咸水，从而大大提高了试验区的抗旱能力。1978—1981 年连续干旱 4 年，年降水量仅为多年平均值的 75% 左右，1981 年小麦生育期间降水比历年同期减少 56%，但试验区始终保持着持续的增产。

由于利用浅井灌溉和抽咸，雨季到来前试验区潜水埋深可达 4 m 左右，提高了防涝能力。雨季中因沟井可以同时排水，除涝能力大大提高。1976 年 7 月中旬一次连续降雨 284 mm，试验区外普遍受涝，严重减产，试验区内潜水埋深仍保持在 1 m 以下，秋粮丰收。

土壤迅速向脱盐化方向发展。在试验区南部建立的面积为 400 hm² 的水盐均衡观测区内，1974—1976 年，2 m 土体盐储量由 40 322 t 减少到 28 963 t，差值为 11 359 t，排盐率 28.2%。各类盐渍土面积变化情况如表 6-9 所示。

表6-9 曲周试验区综合治理中土壤与浅层咸水的变化（按占观测区总面积的百分比）%

项 目	年 份		
	1974	1975	1976
土壤盐渍化状况改善			
非盐渍土壤占总面积	17.0	46.5	71.9
轻盐化土壤占总面积	15.7	11.5	5.0
中盐化土壤占总面积	15.1	13.3	7.5
重盐化土壤和盐土占总面积	23.2	15.2	9.8
盐土荒地占总面积	29.0	13.5	5.8
浅层咸水开始淡化			
< 4 g/L 咸水面积占总面积	0	7	26
4～5 g/L 咸水面积占总面积	4	30	57
> 5 g/L 咸水面积占总面积	96	63	17

参考文献

［1］华北农业大学盐碱土改良研究组.旱涝碱咸综合治理的研究.华北农业大学.农业科技参考资料, 1977, 39.

［2］石元春, 辛德惠, 等, 黄淮海平原的水盐运动和旱涝盐碱的综合治理［M］.石家庄：河北人民出版社, 1983.

［3］石元春, 李韵珠, 陆锦文.盐渍土的水盐运动［M］.北京：北京农业大学出版社, 1986.

［4］石元春.黄淮海平原水均衡分析［J］.北京农业大学学报, 1982, 8（1）：13-21.

［5］地质部水文地质工程地质局.黄淮海平原地下蓄水水文地质图说明书, 1979.12.

［6］李韵珠, 陆锦文.旱季与雨季的土壤水盐运动调控［M］//黄淮海平原的水盐运动和旱涝盐碱的综合治理.石家庄：河北人民出版社, 1983: 112-139.

［7］石元春.半湿润季风气候区盐渍土的水盐运动特点及其调节［M］//石元春, 李韵珠, 陆锦文, 等.盐渍土的水盐运动.北京：北京农业大学出版社, 1986: 14-29.

［8］贾大林.地下水的临界深度探讨（内部资料）, 1963.

［9］袁长极.试论华北冲积平原弱矿化地下水的适宜深度［J］.土壤通报, 1963, 3.

［10］华北农业大学盐碱土改良研究组.旱涝盐碱综合治理的研究.华北农业大学.农业科技参考资料（内部资料）, 1977, 39.

［11］河北水利水电学院农水系.抽咸换淡试验总结（内部资料）, 1977.

［12］河北省水科所.南皮试区综合治理旱涝碱咸的研究（内部资料）, 1981.

［13］天津市水科所.抽咸补淡综合治理盐碱地//淡化地下水试验阶段总结报告（内部资料）, 1978.

7 黄淮海平原的水盐平衡

【本章按语】

在旱涝碱咸综合治理中，水盐平衡是研究水盐运动和评价治理效果的一种重要方法，是我们在曲周旱涝碱咸综合治理试验区和黄淮海平原旱涝盐碱综合治理中应用的重要研究方法之一，同时也揭示了研究区水盐平衡的特点与水盐的调节方向。20 世纪 70 年代及 80 年代初在一代试验区（张庄试验区）的研究成果，本书作者总结发表于 1983 年出版的《黄淮海平原的水盐运动和旱涝盐碱的综合治理》一书。1979 年，本书作者指导的研究生陈焕伟依此在二代试验区（王庄试验区）进行了水盐平衡研究；1982 年作者又研究了整个黄淮海平原的水平衡。本章是对水盐平衡研究成果的系统整理与总结。

区域的水盐平衡是指用动态平衡的概念和方法对设定的时空范围内的区域水分和盐分在数量上的输入、输出和增减盈亏及其影响要素的分析与研究，以探求其水盐运动的发展过程及诸影响因素的作用，评价人为改良的效果，以及对发展趋势做出判断和预测。水盐平衡既是一种研究方法，又是对目标区水盐运动状况与趋势的阐述与分析，作为对目标区水盐运动调节与管理的依据。本章概述水盐平衡类型后，重点介绍了样方点、小区和大区 3 个不同尺度上我们的研究成果。资料来源主要是《黄淮海平原的水盐运动和旱涝盐碱的综合治理》[1] 和《盐渍土的水盐运动》（1986）[2] 两部专著及已发表文章中的有关部分。

7.1 水盐平衡研究概述 [3]

水分和溶于其中的易溶性盐类是地球陆地表面上分布极广，活动力极强的运动着的物质。和自然界的其他物质一样，在一定的时间和空间条件下，它的运动总是阶段性地处于一个相对稳定和平衡的状态。水盐运动是在诸自然条件和人为活动综合影响下进行的，随着影响条件的不同，水分和盐分也表现出不同的运动形式，存在着各种水盐平衡类型。

在干旱和半干旱地区，水分在其运动过程中所发生的对易溶性盐类的溶解、迁移和积聚的表生地球化学过程，强烈地影响着这一地区的成土过程和整个生态系统。农田灌溉排水工程和改良土壤等人为活动，使这个地区的水盐运动及其平衡表现得更加复杂和多样化。长期以来，土壤学、土壤改良学、地理学、地球化学等学科都十分重视对干旱半干旱地理景观及区域水盐运动与平衡方面的研究。

区域水分和盐分在平衡中的盈亏变化可以用这样一个简单的平衡式表示

$$\Delta S = S_i - S_e \qquad (7.1)$$

即该地区在某一时期内水分和盐分在数量上的变化（ΔS）等于进入量（S_i）减去排出量（S_e）。若 ΔS 为正值，则为正向平衡，反映了水分和盐分的增加。若 ΔS 为负值，则为负向平衡，反映了水分和盐分的减少。

盈亏分析的上述平衡式及其概念是十分明了和简单的，但是，构成某一地区水盐平衡的各种要素却十分复杂。它要求对水分和盐分的补给来源，累积方式和排除途径等作量上的确定和质上的分析。进入项中的主要构成要素如大气降水、地表水、灌溉水、土壤水分以及水分中所携带盐分；排出项中的主要构成要素如蒸发蒸腾、地表径流、地下径流等水分及其中所携带的盐分。从上列的水盐平衡的主要构成要素中不难看出，在某一时限（一年、数年或更长）内，该地区的进入项和排出项若大体相当，则水分和盐分处于相对稳定的状态；进入量大于排出量则意味着该地区向着渍水和土壤盐渍化的方向发展；反之，则向着脱盐方向（指盐渍地区）或干旱方向发展。分析和确定水盐运动的发展方向和趋势是在盐渍化和易盐渍化地区工作时必须首先考虑和研究解决的一个基本和重要任务。

对导致区域正向平衡和负向平衡的影响要素分析很重要。如导致正向平衡是因为进入项增加还是排出项减少？进入项和排除项中哪些要素增加和哪些要素减少？以及增减的致因。这就可以使我们对水盐运动的方向以及各个细节有一个清晰的概念，以及有针对性地提出有效和经济的解决方案。

当然，要做到这一点不容易，因为在平衡的诸构成要素中，除大气降水容易直接测定外，其他则需要搜集整理分析大量的有关资料和进行必要的专门性工作。确定这些构成要素的数值与气候条件（降水、蒸发、温度、湿度等），水文地质条件（地下水位、地下水矿化度、地下径流条件等）、土壤状况（质地、剖面构造、水分物理性质、含盐状况等），自然植被或作物生长状况以及耕作管理水平和改良措施等都有着密切的关系。

以上谈到的是水盐平衡的概念，其中包括水分平衡和盐分平衡两个方面，二者既要分别加以研究和处理，又是相互依赖和联系的。从总体来看，盐分运动的主要载体是水，所以盐分平衡状况主要取决于该地区的水分平衡状况，但是，在某些情况下，水分平衡是在盐分平衡的影响下形成的（莫洛佐夫，1954）[4]，如土壤盐渍化程度的增强往往导致蒸发和蒸腾的降低，在农田中则必须供水冲洗和改良，这都使得水平衡中的进入项增加。

水盐平衡研究已有半个多世纪。在 20 世纪 30 年代，格拉西莫夫根据苏联的自然地带的特点，从地理学的角度提出了水盐平衡类型的概念。在此期间，美国的史柯菲尔德在美国的亚利桑那、得克萨斯地区对盐分平衡进行了长期的专门性的研究。40 年代后期，科夫达系统搜集和分析了苏联中亚一带的土壤盐分平衡方面的某些典型资料，提出了土壤盐分平衡类型划分的意见和研究方法[5]。60 年代以来，盐渍土改良和水利工作者日益重视水盐平衡的研究，如用水盐平衡的方法研究土壤的盐动态，预防灌区土壤次生盐渍化中需水量的计算以及水盐运动的预测预报等。

水盐平衡的研究在我国开展得比较晚，20 世纪 50 年代以后，水文地质工作者在北京和石家庄等地设置了水均衡试验场，进行了水量平衡的观察。水利工作者结合灌区设计，进行了一些区域性水量平衡的研究。如黑龙江省水利勘测设计院为"引嫩"工程设计而进行的水量平衡的研究在这方面提供了很好的经验[6]。

我们是 1973 年开始在河北曲周旱涝盐碱综合治理试验区，结合季风气候影响下盐渍土水盐运动研究进行区域水盐平衡研究的，着重于观察半湿润季风区水盐运动及其平衡特点，同时观察和分析在综合治理过程中的水盐平衡状况，评价综合治理的效果[7]。

在季风气候影响下的黄淮海平原，水分和盐分的运动十分频繁，变幅很大，季节性强。在春秋少雨季节里，水盐运动的主要方向和形式是水分强烈蒸散和土壤下部盐分向上层转移积聚以及地下水矿质化过程。在多雨的夏季，水盐运动的主要方向和形式是雨水入渗并携带土壤上层盐分向土壤下层和地下水转移和补充的过程。由于地形高低起伏导致雨水在水平方向上的再分配，使区域水盐下行运动的同时也发生了水平方向的分异，特别是低地的雨涝渍水。在冬季，水盐运动主要以潜水径流的方式进行，土壤中的水盐运动比较微弱。水分和盐分正是这样周而复始、年复一年地运动着。在影响条件相对稳定的情况下，这种水盐运动形势也处于相对平衡的状态。这就是季风气候等自然条件综合影响下的黄淮海平原的水盐运动及其平衡的一个基本轮廓。

气候和地质等自然条件及其对区域水盐运动的影响，一般保持着相对的稳定或表现为周期性变化。但对于一个具体地区，人为活动，特别是现代的灌溉排水或土壤改良工程，往往深刻地影响着这个地区的水盐运动，以致打破原来的平衡类型，产生一个新的平衡类型。这个新的平衡类型可以变得更加有利于农业生产和人类生活，也可能向着恶化的方向发展。近 30 年来黄淮海平原上的大量事实不是已经说明了这个客观的规律性吗？我们的任务正是去认识这个水盐运动的规律性和水盐平衡的特点，并通过改变和创造某些条件，使水盐运动向着有利于人类的方向发展，使原来不利的水盐平衡类型转化为新的有利于人类的平衡类型。

7.2 水盐平衡类型[8]

水盐平衡是客观存在的一种十分复杂的自然现象，它受各种自然因素和人为因素（主要是灌溉和排水）的影响，并随着空间和时间条件的不同而不同。所以，将它们区分成不同的类型，也是个相当复杂的问题。我们应当承认，在这方面所累积的资料和研究的程度都不能认为是丰富和充分的。当前，水盐平衡类型的研究大多还是概念性和定性的。

格拉西莫夫、科夫达、莫罗佐夫、范登伯格、威舍等都曾对此提出过有关著作、文章和见解。与任何事物和现象一样，水盐平衡也是在人们对它认识的基础上，从不同的角度和不同的目的要求来对它进行区分的。石元春（1983）提出了一般可按自然地理条件、平衡状况以及研究目标的三种视角划分水盐平衡类型[8]。

7.2.1 根据自然地理条件划分水盐平衡类型

从大的自然地理区和景观类型上研究和划分水盐平衡类型是十分重要的，它可以帮助我们认识某一地区水盐运动的基本特性与一般规律。尽管人为的灌溉排水，特别是大型的排灌工程会对某一地区的水盐平衡发生重大影响，但是从整体上看，这种影响必然也只能在一定的自然地理条件的背景下发挥作用。气候、地貌、水文和水文地质等自然因素仍然深刻地影响着这个地区的水盐运动。自然的和人为的因素总是综合地影响着区域的水盐运动和平衡。

格拉西莫夫和伊凡诺娃曾根据苏联的地理特点，区分为3种地理上的水盐平衡类型：干旱的盐分平衡、特别干旱的盐分平衡和湿润的盐分平衡，并根据积水与否区分亚类。

我国除南方地区因受湿润气候影响，易溶性盐分在土壤及地下水中呈稳定的排除状况外，自秦岭淮河以北的北方地区和青藏高原均为干旱半干旱或半湿润季风气候，易溶性盐类在土壤和地下水中均有显著的转移—积聚过程。在这辽阔的地域里，自然条件变化很大，既有自北而南的不同的自然地理带，也有自东而西的明显的相性分异。从受季风气候强烈影响的渤海之滨向西延伸到表现为强烈大陆性气候的欧亚大陆腹地，从现今仍受海水直接影响的滨海盐土到海拔4 000 m以上的青藏高原，这种自然地带和景观类型上的巨大差异和演化，也必将强烈地反映在水盐平衡的特征上。

中国北方地区和青藏高原水盐平衡的自然地理带类型主要为：

- 半湿润季风区水盐平衡类型

此种平衡类型的气候特征是降水量较高（500～1 000 mm），但是在季风气候的强烈影响下，降水十分集中，干湿季分明，水盐运动表现为蒸发—积盐过程与入渗—排盐过程在一年中的交替进行。水盐运动的变幅大，频率高和季节性强是这种水盐平衡类型的基本特点。同时，易溶性盐分在土壤和潜水中频繁交换和转移，使土壤的盐化和地下水的矿化成为密不可分的一个现象的两个方面。春季干旱、夏季雨涝、土壤积盐以及地下水矿化四者间在发生和治理上也密切相关，构成一个有机的整体。

这种水盐平衡类型可以继续区分为以下 4 个亚型：①温带半干旱半湿润季风区水盐平衡亚型（主要为东北平原和呼伦贝尔地区）；②温带半湿润季风区水盐平衡亚型（黄河两岸和海滦河平原）；③暖温带半湿润季风区水盐平衡亚型（淮北平原）；④滨海平原亚型（渤海及黄海的滨海平原）。这 4 种亚型的水盐平衡各具特色，但基本特征是共同的。

- 干旱半干旱内陆地区水盐平衡类型

这种平衡类型主要存在于阴山南麓，祁连山北麓以及天山南北的塔里木盆地和准格尔盆地。随着向内陆伸展，季风气候的影响减弱，降水量逐渐减少（年降水量多低于 300 mm），干燥度增大。水分和盐分的垂直方向上的蒸发—积盐成为这种平衡类型的主要运动形式。易溶性盐类不仅在土壤上层强烈积聚，而且积盐深度也大；不仅有氯化物和硫酸盐的积聚，而且存在着标志极端干旱的硝酸盐的积聚；不仅土壤积盐，地下水的矿化度也很高。由于地质上的原因，这些地区的广大的山前冲积平原上存在着大面积的残积盐化的土壤，地下水埋深多在 10 m 或 20 m 以下。若垦殖不当，特别是过量水的冲洗和灌溉常使地下水位逐年上升，一旦达临界水位以上，就会爆发强烈的土壤次生盐化。

此类型可分两个亚型：半干旱内陆区水盐平衡亚型（主要在阴山山脉南麓）和干旱内陆区水盐平衡亚型（主要在祁连山北麓和天山南北的塔里木盆地和准噶尔盆地）。

- 干旱半干旱高寒区水盐平衡类型

这种平衡类型主要出现在青藏高原。降水量极少（大多少于 200 mm），干燥度很大，年平均气温在 0～4℃，气候严寒。水盐运动的主要形式是蒸发—积盐过程，而入渗淋盐过程极其微弱。由于一年中大部分时间土壤处于冻结状态，蒸发—积盐过程主要在夏季进行。水盐运动无明显季节变化。水盐平衡的形式多与内陆集水盆地和盐湖的发展有着密切联系。此类型含干旱高寒区水盐平衡亚型（柴达木盆地、羌塘高原大部）和半干旱高寒区水盐平衡亚型（藏南雅鲁藏布江流域及羌塘高原东南部）。

7.2.2 根据平衡状况和产生原因划分水盐平衡类型

根据自然地理条件来研究和区分水盐平衡类型，使我们能够了解和认识到不同自然条件下水盐运动及其平衡的特点和一般规律性，乃整个水盐平衡研究工作的基础。同时对不同水盐平衡状况的产生原因做出判断，这是水盐平衡研究的重要内容。科夫达等 1973 年从总的概念方面提出了划分水盐平衡类型的意见[9]。对于认识和分析不同条件下的水盐平衡的特点是很有帮助的。他分别对地下水平衡类型以及土壤（和区域）的盐量平衡类型进行了划分。地下水的平衡划分为如下 3 种主要形式：

- 稳定补偿型：入流相和出流相等。
- 不稳定的正向非补偿型：入流超过出流。
- 不稳定的负向非补偿型：入流少于出流。

表 7–1 是科夫达对苏联灌溉地带的地下水平衡类型的划分。

表 7–1 苏联灌溉地带地下水状况的主要类型（科夫达）[5]

水盐平衡类型	水盐平衡亚型	盐分积累过程和方向
（a）稳定补偿型（原生的和次生的）	（1）地下水出流补偿亚型	脱盐过程，次生盐化的危险性不大
	（2）地下水出流和蒸腾补偿亚型	脱盐过程；$CaCO_3$ 和 $CaSO_4$ 在底土累积；偶尔会发生次生盐渍化
	（3）地下水出流蒸腾蒸发补偿亚型	Na_2CO_3 和 Na_2SO_4 稍有积聚；如耕作粗放，也能强烈积聚
	（4）蒸腾蒸发补偿亚型	强烈盐化，大量积累 $NaCl$、$MgCl_2$、$MgSO_4$、Na_2SO_4
	（5）蒸发补偿亚型	
（b）不稳定非补偿（+）型	（1）地下水补给增加的非补偿亚型	地下水达到临界深度、盐渍化过程强烈进行，有时还有渍水
	（2）地下水出流减少的非补偿亚型	
（c）不稳定非补偿（–）型	（1）补给减少的非补偿亚型	随着地下水接近和超过临界深度，盐渍化增强，地下水低于临界深度，则进行脱盐作用
	（2）出流增加的非补偿亚型	随着地下水位的逐渐下降而脱盐

在盐化和易盐化地区，地下水状况（特别是地下水位）是观察和分析该地区水盐运动方向及其平衡的重要标志。以上 3 种平衡类型基本上说明了原生和次生盐化（或沼泽化）的主要过程。入流和出流大体相当的稳定补偿型的主要特征，是地下水储量和水位在多年内保持相对稳定。但是，出流项中各均衡要素之间的

比例以及他们之间的消长关系，对该地区的水盐状况的影响极大。因此，按出流项目中地下径流、蒸腾、蒸发三者之间的消长和比例关系，可将此稳定补偿型继续区分为五个不同的亚型。

不稳定的正向的非补偿类型，标志着地下水储量和水位的持续增长的过程。反之，不稳定的负向的非补偿类型，反映了地下水储量和水位的持续下降的过程。无论是正向的或是负向的非补偿型水分平衡，都可以从平衡式的左端进入部分和右端排出部分的增减，找到不稳定的产生原因，并据此区分亚型。这对我们分析和确定一个地区水盐运动的发展方向及其产生原因大有帮助。如果进一步从入流部分和出流部分中找出各要素的变化及其相关关系，这就使我们在这个复杂的自然现象中，能够清楚地判断出问题的性质，产生的具体原因和寻求满意的解决办法。

7.2.3 根据研究目的和地区范围划分水盐平衡类型

在实际工作中，水盐平衡的研究往往是用来了解某一地区水盐运动和水盐平衡的特点、状况和存在问题；或是为某项灌溉或排水工程的设计或改建提供理论根据和有关参数；或是审察某项已实施工程的实际效果等，所以，水盐平衡的研究总是离不开它的具体目标和工作范围的。一般情况下，有如下一些方面的水盐平衡研究：

- 样方点的水盐平衡。
- 地块的或小区的水盐平衡。
- 大区的或流域的水盐平衡。

研究样方点的水盐平衡是对小范围内的某种土壤的水盐平衡状况进行观察和分析，了解其水盐运动的特点和对改良措施做出评价。地块或小区的水盐平衡研究，大多用于对某一灌溉排水或治理工程的设计，提供理论根据和有关参数，同时也可以分析工程实施后的效果。大区的或流域的水盐平衡研究，主要是针对大范围内水盐平衡的特点和现状，进行考察和分析，为大区或流域内水盐平衡状况的改善提供战略性的建议和措施。

工作范围的大小常常是和实际工作目的联系在一起的。从样方点的水盐平衡到地块或小区的水盐平衡，进而到大区或流域的水盐平衡，随着工作范围的扩大，研究的目的和要求也有着相应的变化，研究中所采取的工作方法和手段也有所不同。

我们的研究区域是黄淮海平原，目的是综合治理旱涝碱咸，因此我们的水盐平衡类型的研究正是按照这个目标，沿着样方点、地块（小区）和流域的水盐平衡类型的路径进行的。以下各节将分别阐述这 3 种水盐平衡类型研究的成果，并列举一些实例加以说明。

7.3 样方点的水盐平衡[10]

　　样方点是最小尺度的水盐平衡观察研究范围，一般是针对某种具体需要而设置的，面积在数平方米到数十平方米，观察某一时段内土壤或地下水的水盐动态和平衡分析。宁夏灵武农场（1957）和洛惠渠灌区（1958）等都曾有过土壤盐量平衡研究的报道[11]。苏联的戈洛德草原和北高加索等地也报道了这方面的资料（1939、1946）[5]。我们在曲周试验区进行的旱涝碱咸综合治理试验中广泛地应用了样方点的水盐平衡观测对比研究，研究的目的是观察和分析在调节水盐运动、综合治理旱涝碱咸的过程中，试验区内不同改良条件下的土壤盐分平衡状况。

　　在土壤盐分平衡的研究中，我们着重观察分析的土层是 0～40 cm 和 0～200 cm。前者是作物主要根系活动层，对作物的生长有着直接的影响，是盐渍土改良中首先要解决的对象。后者的盐分状况将反映改良工作的程度。因为尽管 0～40 cm 土层的脱盐较好，达到作物能够正常生长的要求，但是，盐分仍存积在 0～40 cm 以下的不深的土体内，盐化威胁仍在。如 2 m 土体盐分达到了改良要求，则有了比较巩固的改良基础。

　　土壤盐分以绝对含量 t/ 亩来表示。考虑到一般作物生长前期的耐盐能力，我们将改良的一般指标（指春季土壤含盐）定在：

　　0～40 cm 土层 ≤ 0.7 t/ 亩　（≤ 土壤含盐量 0.2%）

　　0～200 cm 土层 ≤ 3.0 t/ 亩

　　土壤盐分平衡的时限以周年为主，但是鉴于季风气候下盐渍土水盐动态具有鲜明的积盐，脱盐和相对稳定的分阶段现象，因此在周年和多年盐平衡中，将每年的积盐阶段和脱盐阶段分别处理。某年的旱季积盐阶段，包括头年雨季结束后到本年雨季到来前的整个时段，即包括了春季和秋季积盐时期以及冬季和初夏的相对稳定时期。雨季脱盐阶段则是按当年雨季到来前和结束时土壤盐分进行平衡计算的。

　　土壤水盐平衡要素的入量中主要包括大气降水量（R）、灌溉水量（I）、施肥量（F）和地下水量（C）4 个方面；出量中主要包括蒸发 – 蒸腾（E）、淋滤（P）和作物收获所携出的盐分（T）。土壤盐分的平衡式一般可列为：

$$R \cdot S_R + I \cdot S_I + C \cdot S_C + F \cdot S_F = E \cdot S_E + P \cdot S_P + T \cdot S_T + \Delta S \qquad (7.2)$$

式中：S 代表该进入或排出要素的含盐浓度。如 $P \cdot S_P$ 即表示淋滤的水量乘以该淋滤水的含盐浓度。

　　假设降水及蒸发水分的含盐量接近于零（$R \cdot S_R \approx 0$ 和 $E \cdot S_E \approx 0$）。另外，施用肥料携入的盐分和作物体携出的盐分量甚少，可假定二者相等（$F \cdot S_F \approx T \cdot S_R$）。因此式（7.2）可简化为：

$$I \cdot S_I + C \cdot S_C = P \cdot S_P + \Delta S \qquad (7.3)$$

在地下水参与成土过程和水盐平衡的条件下，式中 $P \cdot S_P$ 和 $C \cdot S_C$ 是分析盐平衡的重要因素。在人为调控水盐运动过程中，主要也是通过影响 $P \cdot S_P$ 值和 $C \cdot S_C$ 值改变土壤盐平衡状况的。二者的消长情况代表了土壤的盐分平衡状况。因此，式（7.3）可改写为：

$$\Delta S - I \cdot S_I = C \cdot S_C - P \cdot S_P$$

如以
$$C \cdot S_C - P \cdot S_P = \Delta G$$

则
$$\Delta G = \Delta S - I \cdot S_I \qquad (7.4)$$

或
$$\Delta S = \Delta G + I \cdot S_I \qquad (7.5)$$

式中：ΔG 为正值，即 $C \cdot S_C > P \cdot S_P$，显示积盐过程；$\Delta G$ 为负值，即 $C \cdot S_C < P \cdot S_P$，显示脱盐过程。以上各式中的单位为 t/亩，即指某一平衡期中某一厚度土层之含盐量。

根据改良条件（如距浅井的远近、灌溉和冲洗的次数及水量等）和管理水平（土地平整、施肥、耕作管理等），试验区内有如下 4 种代表性的样方盐分平衡类型：

- 样方盐分平衡 I：改良条件好，管理水平高。
- 样方盐分平衡 II：改良条件好，管理水平一般。
- 样方盐分平衡 III：改良条件和管理水平都一般。
- 样方盐分平衡 IV：改良条件好，改良的盐荒地。

以下分别对这 4 种样方盐平衡类型加以说明。a 表示平衡期初始的土壤盐量，b 代表平衡期末的土壤盐量，ΔS 代表平衡期始末的土壤盐平衡差（$a - b$）。旱季期末盐量即当年雨季的期始盐量。

1. 样方点盐平衡 I

定位观测点设在距 205 号抽水井约 40 m 的一块由中度盐化土壤经初步改良后种菜的地块，代号为"E_6"。该地块土地平整标准高，施肥量大，耕作管理精细。1975 年冬和 1977 年早春进行过压盐灌溉，其他时间为一般菜地上进行的常量灌溉。年总灌水量为 350～400 m³/亩。样方盐分平衡 I 的观测与计算资料列入表 7-2。

表 7-2 土壤盐分平衡 I（1974.9—1977.9） t/亩

平衡期	土层/cm	旱季				雨季			全平衡期		说明
		a	b	ΔS	ΔS/%	b	ΔS	ΔS/%	ΔS	ΔS/%	
1974.9—1975.9	0～40	2.06	1.96	0.10	4.9	1.37	0.59	30.1	0.69	33.5	冬季压盐灌溉，春菜地，$Q = 340$
	0～200	9.99	7.85	2.14	21.4	5.78	2.07	26.4	4.21	42.1	

续表 7-2

平衡期	土层/cm	旱季				雨季			全平衡期		说明
		a	b	ΔS	$\Delta S/\%$	b	ΔS	$\Delta S/\%$	ΔS	$\Delta S/\%$	
1975.9—1976.9	0～40	1.37	1.18	0.19	13.9	0.99	0.19	16.1	0.38	27.7	菜地，$Q = 400$
	0～200	5.78	5.57	0.21	3.6	4.67	0.90	16.2	1.11	19.2	
1976.9—1977.9	0～40	0.99	0.67	0.32	32.3	0.40	0.27	40.3	0.59	59.6	早春压盐灌溉，$Q = 340$
	0～200	4.67	4.08	0.59	12.6	3.70	0.38	9.3	0.97	20.8	
1974.9—1977.9	0～40			0.61	29.6		1.05	51	1.66	80.6	
	0～200			2.94	29.4		3.35	33.5	6.29	63.0	

注：a 为初始值，b 为期末值，$\Delta S = a - b$，ΔS，%，脱盐率 %（每年旱季以 a 为基数计算，雨季以旱季期末 b 为基数计算；三年各季的 ΔS，% 均以第一年的 a 值为基数计算）；Q 为灌溉量（m³/亩）。表 7-3 至表 7-5 同此。

　　从表 7-2 中可以看到盐分平衡 I 的明显脱盐趋势。1974—1977 年的 3 年中，0～40 cm 土层的盐量由 2.06 t/亩下降到 0.4 t/亩，盐分排除率达 80.6%，由中度盐化土壤改良为非盐化土壤。2 m 土体盐量也由 9.99 t/亩降为 3.70 t/亩，盐分排除率 63%。在 1974—1977 年的分年的周年平衡中，以 1974—1975 年的排盐量最大，以后两年的 2 m 土体的排盐率都在 20% 左右。盐分平衡中的另一个重要特点是 3 年的旱季均进行脱盐过程，除 1975—1976 年外，旱季 2 m 土体的排盐率也较高。

　　样方点盐平衡 I 的资料给我们一个重要启示，只要将地下水位控制起来，并加以一般的灌溉压盐（年总灌水量 350～400 m³/亩）和精细的农业管理措施，中度盐化土壤是可以在一两年内得到相当好改良效果的。

　　2. 样方点盐平衡 II

　　改良条件好，但管理水平一般的土壤盐平衡点设在一块距抽水井约 50 m 的大田里，为小麦－玉米（高粱）一年两作。土地平整，施肥耕作等管理措施属一般水平，但灌溉条件较好，每年冬季有一次压盐灌溉（$Q > 80$ m³/亩），麦田灌水 3～4 次，年总灌水量在 250 m³/亩左右。样方盐分平衡 II 的观测和计算资料列入表 7-3。

　　样方盐平衡 II 同样显示了迅速脱盐的趋势，3 年的全平衡期中，上层和 2 m 土体的排盐率都在 50% 以上。它与土壤盐平衡 I 的主要差别在于 3 个周年的年平衡期里的旱季均有轻微积盐，积盐率为 6%～13%。因为大田里灌溉次数和灌溉总量均不如菜地。在 3 个年平衡期里，仍以 1974 年 9 月至 1975 年 9 月的排盐率最高，2 m 土体排盐 1.71 t/亩。1976 年 9 月至 1977 年 9 月的排盐情况最差，这和整个水盐运动调控试验区中水盐状况有关。试验初期的轻盐化土壤经一年的

表 7-3　样方点盐分平衡 Ⅱ (1974.9—1977.9)

t/亩

平衡期	土层/cm	旱季				雨季			全平衡期		说明
		a	b	ΔS	ΔS/%	b	ΔS	ΔS/%	ΔS	ΔS/%	
1974.9—1975.9	0~40	1.26	0.87	0.39	31.0	0.30	0.57	65.5	0.96	76.2	小麦－高粱，灌溉 3 次，压盐 1 次，$Q=250$
	0~200	4.94	5.41	-0.47	-9.5	3.23	2.18	40.3	1.71	34.6	
1975.9—1976.9	0~40	0.30	0.34	-0.04	-13.3	0.36	-0.02	-5.9	-0.06	-20.0	小麦－夏玉米，灌溉 4 次
	0~200	3.23	3.53	-0.30	-9.3	2.41	1.12	31.7	0.82	25.4	
1976.9—1977.9	0~40	0.36	0.38	-0.02	-5.6	0.32	0.06	15.8	0.04	11.1	小麦－玉米，灌溉 4 次，$Q=200$
	0~200	2.41	2.64	-0.23	-9.5	2.36	0.28	10.6	0.05	2.07	
1974.9—1977.9	0~40			0.33	26.2		0.61	48.4	0.94	74.6	
	0~200			-1.00	-20.2		3.58	72.4	2.58	52.2	

水盐调控和其他改良措施，上部土层开始变为非盐化土。到 1977 年，上层及 2 m 土体均达到了非盐化土壤的盐储量指标。

3. 样方点盐平衡Ⅲ

改良条件和管理水平均为一般的定位点（X_7）设在一块小麦–夏玉米（高粱）一年两作的大田里，距抽水井约 150 m。因距深井近，灌溉条件较好，年总灌溉量约 250 m³/亩。施肥和耕作水平一般。从 3 年的全平衡期看，上层及 2 m 土体的排盐率分别为 35.2% 和 27.2%，虽明显脱盐，但在程度上显然不如前两种类型。特别是旱季积盐率在 10% 以上，且 3 个年平衡期中，有两年是上层积盐。在 3 年全平衡期中上层土壤的盐量由 0.71 t/亩下降到 0.46 t/亩，由轻盐化发展为非盐化土壤，2 m 土体盐量稍高于非盐化土壤的指标。样方盐分平衡Ⅲ的观测和计算资料列入表 7–4。

定位点 X_1 的其他条件和 X_7 相似，但灌溉条件差，1974 年和 1975 年种棉花，仅有一次灌溉和冬白地的压盐灌溉。在这种改良和管理条件较差的情况下，3 年的全平衡期内，2 m 土体排盐率仅 4.5% 左右，上层尚有积盐。雨季的脱盐率和 X_7 相近，但旱季的积盐率较 X_7 为高。3 年的全平衡期中，1974 年 9 月至 1975 年 9 月的排盐状况最好，1976 年 9 月至 1977 年 9 月最差。

4. 样方点盐分平衡Ⅳ

这种类型是指改良条件好，以压盐灌溉方式改良的盐荒地或枸杞地的土壤盐分平衡。在 5 040 亩的土壤水盐运动调控试验区内，有盐土荒地 1 200 多亩，枸杞地 400 余亩，二者约占总面积的 1/3，是综合治理的重要对象。下面以张庄大队西南约 300 亩连片的枸杞地中的定位点 E_7 的资料说明这种改良类型的盐分平衡状况。E_7 距 305 号抽水井的距离是 50 m。改良方式除以浅井调控潜水位，以调动水盐运动外，主要是进行了多次压盐灌溉，其中包括淡水和浅井抽出的咸水，3 年累计灌溉压盐水量约 700 m³/亩。

3 年的全平衡期中，E_7 的 2 m 土体排盐率为 51.7%，上层达 78.7%。这种类型的总排盐量很大，分别为 8.57 t/亩和 4.58 t/亩。旱季里，除 1976 年 9 月至 1977 年 9 月的年平衡期表现积盐外，其他两年均为脱盐。雨季的脱盐率一般较高，与距抽水井近、潜水位较深有关。这种土壤盐平衡类型的排盐量和脱盐深度较大，土体盐分的排除状况是好的。但是，由于原始含盐量高，虽经初步改良，上层及 2 m 土体尚未达到非盐化土壤的指标。样方盐分平衡Ⅳ的观测和计算资料见表 7–5。

根据对改良条件和管理水平不同的四种土壤进行的样方点盐平衡分析，我们可以得到如下一些看法：

①曲周试验区 1974—1977 年的盐渍土改良试验中，在不同的改良条件和管理水平下，表现出盐分运动明显地向着脱盐改良的方向发展。这种趋势既表现

表7-4 样方点盐平衡III (1974.9—1977.9)

t/亩

平衡期	土层/cm	旱季				雨季			全平衡期		说明
		a	b	ΔS	$\Delta S/\%$	b	ΔS	$\Delta S/\%$	ΔS	$\Delta S/\%$	
定位点 X_7											
1974.9—1975.9	0~40	0.71	0.48	0.23	32.4	0.32	0.16	33.3	0.39	55.0	小麦-高粱，$Q=250$
	0~200	5.23	5.88	-0.65	-12.4	4.79	1.09	18.5	0.44	8.4	
1975.9—1976.9	0~40	0.32	0.62	-0.30	-93.8	0.38	0.24	38.7	-0.06	-18.8	小麦-夏玉米，$Q=250$
	0~200	4.97	5.55	-0.76	-15.9	4.24	1.31	23.6	0.55	11.5	
1976.9—1977.9	0~40	0.38	0.66	-0.28	-73.7	0.46	0.20	30.3	-0.08	-21.1	小麦-夏玉米，$Q=200$
	0~200	4.24	4.48	-0.24	-5.7	3.78	0.70	15.6	0.46	10.8	
1974.9—1977.9	0~40			-0.35	-49.3		0.6	84.5	0.25	35.2	
	0~200			-1.65	-31.5		3.1	59.3	1.45	27.7	
定位点 X_1											
1974.9—1975.9	0~40	0.68	0.69	-0.01	-1.5	0.42	0.27	39.1	0.26	38.2	棉花冬白地压盐灌溉 $Q=140$
	0~200	5.82	6.16	-0.34	5.8	4.04	2.12	34.4	1.78	30.6	
1975.9—1976.9	0~40	0.42	0.66	-0.24	57.2	0.48	0.18	27.3	-0.06	-14.3	棉花，$Q=40$
	0~200	4.04	6.03	-1.99	-49.3	4.65	1.38	22.9	-0.61	-15.1	
1976.9—1977.9	0~40	0.48	0.89	-0.41	-85.4	0.91	-0.02	-2.3	-0.43	-89.6	小麦-夏玉米，$Q=150$
	0~200	4.65	5.81	-1.16	-24.9	5.56	0.25	4.3	-0.91	-19.6	
1974.9—1977.9	0~40			-0.66	-97.0		0.43	63.2	-0.23	-33.8	
	0~200			-3.49	-59.9		3.75	64.4	0.26	4.5	

t/亩

表7-5 样方点盐平衡Ⅳ（1974.9—1977.9）

平衡期	土层/cm	旱季				雨季				全平衡期		说明
		a	b	ΔS	ΔS/%	b	ΔS	ΔS/%	ΔS	ΔS/%	
1974.9—1975.9	0～40	5.82	5.39	0.43	7.4	2.65	2.74	50.8	3.17	54.5	枸杞地，压盐灌溉3次，Q=280
	0～200	16.57	13.83	2.74	16.5	8.57	5.26	38.0	8.00	48.3	
1975.9—1976.9	0～40	2.65	2.59	0.06	2.3	1.57	1.02	39.4	1.08	40.8	枸杞地，压盐灌溉3次，Q=280
	0～200	8.57	8.10	0.47	5.5	6.27	1.83	22.6	2.30	26.8	
1976.9—1977.9	0～40	1.57	3.20	-1.63	-103.8	1.24	1.96	61.3	0.33	21.0	枸杞地，春灌压盐1次，Q=100
	0～200	6.27	8.84	-2.57	-41.0	8.00	0.84	9.5	-1.73	-27.6	
1974.9—1977.9	0～40			-1.14	-19.6		5.72	98.3	4.58	78.7	
	0～200			0.64	3.9		7.93	47.8	8.57	51.7	

在土壤上层，也表现在 2 m 土体；既表现在雨季脱盐，也表现在某些类型的旱季脱盐或不积盐。改良的总体效果显著。

②改良条件和管理水平不同，使盐平衡状况产生很大差异。2 m 土体排盐率高者可达 70%（样方盐平衡Ⅰ、Ⅱ），低者仅 7%～30%（样方盐平衡Ⅲ）。这种差异说明了改良和管理措施的重要性和在改良效果和速度上存在很大的潜力。

③改良条件中，井距是一个重要因素，也就是改良初期加大地下水降深很重要。从另一方面也说明了该试验区在改良初期利用浅机井调控地下水位具有普遍意义。不同地块距井的远近不同，但是，根据改良需要，及时加大地下水降深是可以做得到的。至于灌溉压盐和提高管理水平更是事在人为。

④从样方点盐分平衡Ⅳ的资料中可以看出，对于那些原始含盐量高的盐渍化土壤，如盐荒地、枸杞地和耕地中的重盐化土壤，除上述一般改良措施和提高管理水平外，进行人工冲洗可以加快其改良进度。

7.4 地块和小区的水盐平衡 [12]

地块水盐平衡研究是指在面积数十亩到数千亩，周边有灌排沟渠等水利工程设施分隔，水盐运动相对独立的地块进行水盐平衡的观测研究。小区水盐平衡则是在更大的范围，如某种地貌部位或景观类型；准备进行设计施工或改建的某项灌溉排水或改土工程地区进行水盐平衡研究。通过对地块或小区水盐平衡研究，可以了解其水盐运动与平衡状况及存在问题；也可以为工程设计提出改善这个区域水盐运动状况的方向与途径；还可以对已实施工程的效果作出评价。地块及小区的水盐平衡研究具有重要理论与实践意义。

在一个地块和小区内，水分和盐分的运动及其平衡主要是在土体及地下水中进行的。反之，土体和地下水的水盐状况及其发展演变过程总是真实地反映和"记载"了这个地区的水盐运动及其平衡状况。在地下水参与土壤蒸发蒸腾和积盐过程的情况下，土体和地下水中的水盐运动是一个统一的整体。但是，在水盐平衡的研究中通常把土区和地下水区（主要是潜水）分别进行处理和计算，然后再联系起来对整个地块或区域的水盐平衡进行评价。

7.4.1 土区的水盐平衡

土区水量平衡的进入项中包括降水量（R）、灌溉水量（I）和地下水上升到土层的毛管上升水量（C）。地下水埋藏较深的高亢地的 C 值很小或可忽略不计。排出项中包括蒸发蒸腾水量（E）和渗漏水量（P）。

土区水量平衡的一般式可列为：

$$I + R + C = E + P + \Delta M \qquad (7.6)$$

式中：ΔM 为平衡期始末土壤水量的差值。

式中，I 值和 R 值是比较容易直接测得的。E 值可以间接地采用勃兰里 – 克里德尔法或彭门法对气象资料进行计算而得。M 值的取得在方法上不难，但工作量大，如果将平衡期的始末选在土壤含水量相近的时候，即可设 $\Delta M \cong 0$。

一般情况下，取得满意的 C 值不容易。威斯林（1957）、加德勒（1950）和柯夫达（1961）等的研究，提供了不同质地土壤中最大毛管上升水量与地下水埋深的关系的资料（表 7-6）[9]。尽管这些数值比较粗略，实际情况又很复杂，但是取得一个近似值也是很有用处的。

表 7-6　土壤毛管上升水量与地下水埋深的关系[9]　　　　　mm/d

地下水埋深 /cm	黏壤土和黏土	壤土	砂壤土	中粗沙
25	10	高	很高	10
40	4	10	很高	2.5
50	2.5	3	高	1.0
75	1	1	高	0.5
100	0.5	—	10	0.2
150	0.2	—	1～4	—
200	—	—	0.5～1	—

具有重要实际意义的是 P 值的确定。在地下水埋藏较深的情况下，确定 P 值既要考虑土壤上层的淋洗需要量，又要尽量避免和减少渗漏水所造成的地下水位的上升。在地下水埋藏较浅的情况下，P 值的确定更加重要，它不仅与淋洗需要量及地下水位的抬高有关，而且直接涉及排水工程的设计。

以上分别讨论了水量平衡的进入项和排出项中各个要素。需要强调的是诸要素间是相互联系和制约的，不能孤立地去考虑和确定某个要素的具体指标，例如 P 值就直接和 I 值有关，一定要联系起来考虑。另外，在盐渍土地区 P 值的确定和盐分的淋洗需要量是分不开的，所以必须与盐量平衡结合起来。

盐分主要是随着水分的运动而运动的，一般情况下，盐量的平衡式可以用水量平衡式中各要素乘上各自的含盐浓度，即：

$$R \cdot S_R + I \cdot S_I + C \cdot S_C = E \cdot S_E + P \cdot S_P + \Delta S \qquad (7.7)$$

式中：S_I，S_P，…，代表灌溉水及渗漏水等要素的含盐浓度；ΔS 是平衡期始末的土壤盐储量的变化。

雨水几乎不含盐分，但是对灌溉水能起稀释作用，所以 $R \cdot S_R + I \cdot S_I$，应改写为 $(R + I) \cdot S_{R+I}$，即 S_{R+I} 的含盐量为 S_I 和 S_R 的加权平均值。另外，蒸发蒸腾的水分一般认为是不含盐的，所以 $E \cdot S_E = 0$，因此，可以将盐量平衡式简化为：

$$(R + I) \cdot S_{R+I} + C \cdot S_C = P \cdot S_P + \Delta S \qquad (7.7.1)$$

或 $$\Delta S = (R + I) \cdot C_{R+I} + C \cdot S_C - P \cdot S_P \qquad (7.7.2)$$

式中没有列入施肥所携入的盐量和被收割作物所携出的盐量。在一般施肥及生产水平情况下，可以假设二者大体相抵。

在盐渍地区，易溶性盐类不仅在垂直方向上有很大的活动性，在水平方向上的活动性也很大。特别是在灌溉条件下，渠道的渗漏，灌溉地块与非灌溉地块，稻地与周围的大田，以及灌溉地内微域地形上的差异等都会引起易溶性盐类在水平方向上的运动。一个地块土壤盐分的减少也可能同时引起另一些地块土壤盐分的增加。所以，我们在研究某些典型的土壤盐量平衡的同时，还必须考虑到整个地块的或小区的水盐平衡状况。

查依奇科夫曾在苏联中亚的戈洛德草原上的一块面积为 160 亩试验地里进行了时限为一年的土区盐量平衡的研究[5]。主要方法是通过春秋两季作大比例尺（1∶1 000）专门性土壤调查进行的。表 7-7 中列举的资料表明，从春季到秋季，整个来说，试验地的盐储量是增加的，属盐化的平衡类型，特别是苜蓿地增加量较大。但是曾经进行大定额灌溉的棉田的盐储量基本上没有增加，表现为稳定的平衡类型。另外，2 m 土体的盐量有明显增长，而 1 m 土体却稍有降低，这与生长期间进行灌溉和耕作活动是分不开的。所以，一个地块或区域的总的水盐平衡类型，往往是由其中各个不同，以至方向相反的分区的平衡类型所组成的。

表 7-7 土区（2 m 土体）盐量平衡资料[5]　　　　　　　　　　　　　t

地块	1941 年春季盐储量	1941 年秋季盐储量	盐量平衡
棉田	2 166.96	2 176.07	+9.11
苜蓿地	1 076.22	1 459.05	+382.83
休闲地	708.55	841.68	+133.13
2 m 土体的总储量	3 951.75	4 476.80	+525.05
1 m 土体的总储量	1 879.02	1 799.29	−79.82

7.4.2　地下水区的水盐平衡

降水、灌溉和河道渗漏是地下水的主要补给来源。它们对地下水的补给，使地下水位抬高和影响了这个地区地下水运动的方向和速度。在高亢地区，如渗漏补给水量不大，时间也不长，虽一时地抬高了地下水位，但也因增加了与周边地区的水头差而加大了地下水的排出量（排向河流、湖泊和低地），不致引起地下水位的明显上升，并使之达到一个新的相对稳定的平衡点。如渗漏补给量大，时间也长，靠增加水头差而加大地下水排出量不足以抵消不断补给的渗漏水量，因而呈现为不稳定的正向的非补偿型的地下水平衡类型。在这种情况下，人们所关心的是如何制止减缓这个过程以及预测地下水位将以什么样的速度，需要多长的时间上升到积盐的临界深度，以便事先做好相应的排水设施和其他准备工作。

在地下水埋藏较浅的低洼地区，不大的渗漏水量也会较快地补充到地下水而引起水位上升，而且还要接纳来自高地的地下径流，若加以自身排水条件不善，则地下水位迅速上升，招致土壤的盐渍化和渍水。渗漏水可以很快地补充到地下水和抬高水位，但是排除这些水量，将水位降落下来却要求较长的时间。暂时性的土壤渍水和强烈积盐将给农业带来很大危害。土壤改良设计中关心的问题是排水工程能否及时排除这些过量的水分和消除盐涝灾害。

地下水区的水量平衡式一般可列为：

$$P_{I+R} + F_G = C + D_{N+A} + \Delta H \qquad (7.8.1)$$

或 $$\Delta H = (P_{I+R} - C) + (F_G - D_{N+A}) \qquad (7.8.2)$$

式中：P_{I+R} 为灌溉和降水的渗漏水量；F_G 为来自区外的地下水径流；D_{N+A} 为排出区外的地下水径流及人工排出的地下水；C 为毛管上升引起的地下水消耗；ΔH 为地下水层水位变动所造成的水储量上的变化。

当 ΔH 为正值，即表现为不稳定的正向非补偿地下水平衡类型；ΔH 为负值，则为不稳定的负向非补偿地下水平衡类型；如果 $\Delta H \approx 0$，则地下水位相对稳定，为稳定的补偿地下水平衡类型。平衡式的诸平衡要素中的 P 值和 C 值已于土区水盐平衡一节中有了说明。而 F_G 值和 D_{N+A} 值则必须通过专门性的水文地质工作才能得到。

上述水量平衡式不仅可用于了解和分析该地块或区域的水量平衡的状况和类型，而且对排水工程的设计有着重要指导意义。按正常程序，工程设计之前应当对工程区的水量平衡的现状和有关资料有一个正确的分析，并在此基础上提出改善工程区水盐平衡现状的方向和措施。

在土区的水盐平衡部分中已确定了 P 值和 I 值，所以在此水量平衡式中主要的任务是按照改善水平衡状况的方向和要求来确定 D 值。在半湿润季风区，有着它自己的各种最优的地下水位周年动态过程线，这是确定 D 值的重要依据。需要提到的是，改良阶段的 P 值和 D 值是不同于改良后的管理阶段的。当 D 值确定以后，各级排水沟渠的配套，井沟如何结合等即为工程设计的任务了。

下面列举几个地下水区水量平衡方面的实例。

20 世纪 70 年代以来，河北省石家庄地区东部由于超量开采地下水而产生地下水降落漏斗。张原秀等应用水量平衡的方法对藁城县南约 484 km^2 的面积上进行了地下水的多年（1964—1977 年）动态分析[13]，得出多年平均年采补均衡差为 -0.214 亿 m^3，潜水位年均降速为 0.46 m。只有采取人工回灌和利用节水灌溉技术以减少开采量才能保持采补平衡，制止地下水降落漏斗的进一步发展。

在设计地区内，对不同地段分别作地下水的平衡分析，可以为工程设计提供很有价值的资料。克涅诺夫在苏联阿姆河三角洲的琴拜地区对一个洼地的不同地形部位的地下水平衡分别做了处理，得到的资料[5]如表 7-8 所示。

表 7-8　琴拜地区某洼地资料　　　　　　　　　　　　　%

项目	整个洼地	微倾平地	洼地中心
进入项			
（1）地下径流	0	0	—
（2）灌溉水的渗漏	80	67	—
（3）渠道渗漏	17	30	—
（4）降水	3	3	—
排出项			
（1）蒸发	100	60	100
（2）排出的地下水量	0	40	0

从水量平衡中看出，进入该洼地的水分全部靠蒸发排除，属蒸发型水分平衡，易溶盐在土壤和地下水中强烈积聚。但是，渠道沿微倾平地的上部布置，微倾平地的区域的排出项中，地下径流占 40%。土壤和地下水未出现积盐过程，作物产量稳定。水平衡分析提出了该洼地的灌排设计中需要解决的主要问题，是改善整个洼地的地下水出流条件和减少微倾平地的渠道渗漏。

近年来，国内外都很重视地下水库的建设。在设计中，地下水水量平衡分析是一项重要方法和设计资料。河北地理研究所对河北省南宫地下水库及其设计，进行了全面计算和分析[14]，取得了良好成果。水均衡计算表明，只靠降水，河道渗漏及灌溉回归补给，23 万亩库区灌溉保证率为 54%，每年需人工回灌补充 700 万 m^3，并计算了扩大库区面积的不同方案的人工回灌的补给量。此项水均衡分析为地下水库的建设提供了有意义的资料。

以上谈到的是地下水区的水量平衡，关于地下水区的盐量平衡研究难度较大。首先是地下水层的含盐量不均一，往往随深度而发生变化。地下水层的岩性在水平和垂直方向上的变化也很大。这些都影响到估算的准确性。

在盐渍化地区往往是利用排水设施中的排出水的含盐状况及其变化来评价地下水以及土壤的盐平衡特点。我们知道，如果渗漏水的含盐量显然高于或低于潜水的含盐量，都会在潜水的表部形成一个高矿化的或低矿化（或淡水）的"飘浮体"。一般沟排，首先排出的正是这层表部的地下水。所以它能相当灵敏地反映出渗漏水的含盐状况及其与地下水的关系。如果渗漏水水质变淡和在咸水层上面开始出始出现淡水飘浮体即标志着土壤改良阶段的完成。当然，在改良阶段，我们希望能够从排水沟中排出高矿化的地下水，它反映了良好的土壤脱盐效果和区域盐量平衡中的良好排盐状况。尽管排除的水量并不很多，但是区域的总排盐量却很高。

7.5 地块水盐平衡实例之一 [12]

建立旱涝碱咸综合治理曲周试验区之初，我们就将以张庄为中心的第一代试验区作为现场进行了地块的水盐平衡观测研究，以了解半湿润季风区水盐平衡方面的某些特点和在综合治理过程中所采用的调控水盐运动措施的实际成效。为了与以王庄为中心的二代试验区的水盐平衡研究地块相区别，第一代试验区称"水盐平衡观测研究地块 I"。

水盐平衡观测研究地块 I 毛面积 5 040 亩，四周为 3 ~ 4 m 深的深沟所割切的一块相对独立的综合治理单元，深沟隔离了区内和区外地面径流以及河水灌溉和高地下水位时地下径流之间的联系（指深沟对地下水的截渗作用）。从深沟和井中提取的河水和井水灌溉，又通过深沟和浅井进行排水，控制地下水位，这些都自成系统，有利于水盐平衡方面的计算。所以，综合治理单元像一块相对独立的巨大地块，其上布置着井沟等各项调节水盐运动的设施。

根据综合治理单元地下水位动态特点，实际观测面积为 4 390 亩，确定计算土壤盐平衡的土层厚度为 2 m，即将这块体积为 4 390 亩 × 667 m² / 亩 × 2 m = 585 万 m³ 的巨大土体作为我们观察和研究盐平衡的对象。这块土体一方面受大气降水、地面水、地下水以及各种改良和耕作管理措施的影响，同时又和下面的地下水联通，构成一个大气降水、地面水、地下水（深层淡水和浅层咸水）和土壤水的水盐循环系统。随着季节和人为的改良和耕作管理活动，这个水盐循环系统以不同方式，向着不同方向运动着。盐分是随水分运动而运动的，同时，盐分在土体中的存在和运动的状况又是水分运动的一个可靠的"记录"。因此，我们在研究治理单元的土壤盐平衡时，首要的是观测和分析这个巨大土体中盐量的变化情况。

水盐平衡观测期为 1974—1976 年。工作方法主要是在每年雨季前（6 月下旬）绘制土壤盐储量图，比例尺为 1 : 5 000。制图单位是按土壤盐化程度划分 5 级：非盐化、轻盐化、中盐化、重盐化和盐荒地（包括枸杞地）。平均 150 ~ 200 亩一个取样点，观察取样深度分别为 0 ~ 0.2 m，0.2 ~ 0.4 m，0.4 ~ 0.6 m，0.6 ~ 1.0 m，1.0 ~ 1.5 m，1.5 ~ 2.0 m，共 6 层。盐化程度是在野外按作物长势、自然植被和地面特征等指标确定的，它是土壤盐化程度的综合反应。通过取样分析和资料统计，确定不同程度盐化土壤的含盐量范围。图 7-1 至图 7-3 分别是土壤盐量平衡观测区 1974 年春季、1975 年春季和 1976 年春季的土壤盐储量图。

7.5.1　2 m 土体的盐量平衡

综合治理单元的土区盐平衡是和整个试验区水平衡状况密不可分的。平衡区 1974 年投入试验以来，水平衡状况发生了巨大和实质性变化。在浅井 – 深沟体系运转过程中，1974—1976 年浅井群抽水 205 d，抽出咸水约 235 万 m³。由于浅井抽水使地下水位降低，抑制了土壤水盐的上行运动，促进了下行运动。此外，冬春季引河水约 180 万 m³，开采深层淡水 32 万 m³ 进行灌溉和压盐。整个平衡区内，地下水的垂直蒸发削弱了，大气降水，地面水和吸取的深浅层地下水的入渗（土壤）量，补入地下水量及地下水排出量大大增加了。这种水循环形式代替了盐渍土地区以地下水垂直蒸发为主的水循环形式，这是平衡区土壤向着脱盐方向发展的基本前提和原因。

根据 1974—1976 年春季的土壤盐储量图（图 7-1 至图 7-3）的计算，各年度的盐量平衡资料列入表 7-9 中，表中分子为差值（t），分母为增减率（%）。

表 7-9　1974—1976 年的盐平衡资料

年份	盐总储量 /t	ΔS_{74-75}	ΔS_{75-76}	ΔS_{74-76}
1974	40 190	—	—	—
1975	31 991	8 199/20.4	—	—
1976	28 959	—	3 032/9.5	11 231/27.9

1974 年试验区 2 m 土体盐储量（S）为 40 190 t，代表治理前的状况。经治理，1975 年排除了 8 199 t，1976 年又排除 3 032 t，两年共排盐 11 231 t，排盐率为 27.9%。该地块盐平衡明显向着脱盐方向发展，速度较快，特别是 1974—1975 年的排盐率达 20.4%。按 2 m 土体经改良后含盐指标为小于或等于 3 t/ 亩，则整个平衡区的允许盐储量为小于或等于 13 170 t，故尚需排盐 15 789 t。

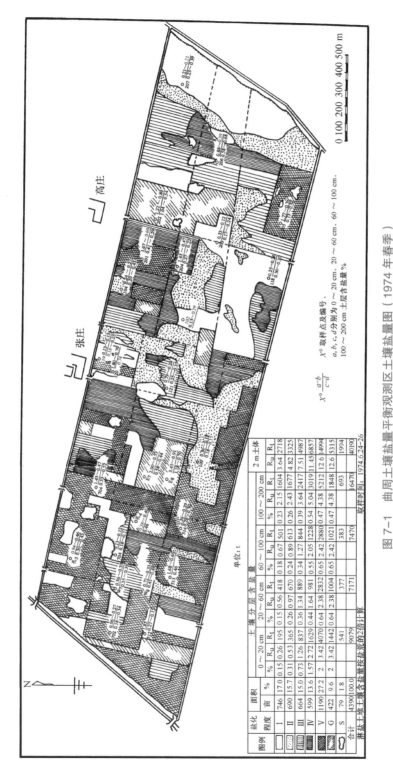

图7-1　曲周土壤盐量平衡观测区土壤盐量图（1974年春季）

图例符号：Ⅰ为非盐化土壤；Ⅱ为轻盐化土壤；Ⅲ为中盐化土壤；Ⅳ为重盐化土壤；Ⅴ为盐荒地；G为枸杞地；S为淋盐土堆；R_u为窗储盐量；R_t为总储盐量。

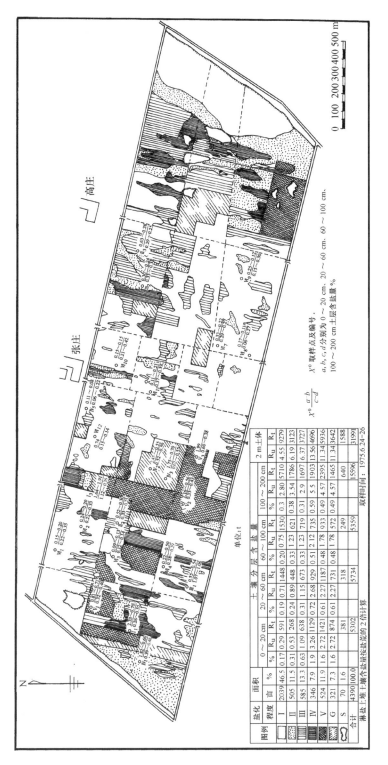

单位: t

盐化程度	图例	面积		土壤分层含盐量																		
				0～20 cm			20～60 cm			60～100 cm			100～200 cm			2 m土体		
		亩	%	%	R_u	R_t	%	R_u	R_t	%	R_u	R_t	%	R_u	R_t	%	R_u	R_t
I		2039	46.5	0.17	0.29	591	0.19	0.71	1448	0.20	0.75	1530	0.3	2.80	5710	4.55	9279
II		505	11.5	0.31	0.53	268	0.24	0.89	448	0.33	1.23	621	0.38	3.54	1786	6.19	3123
III		585	13.3	0.63	1.09	638	0.31	1.15	673	0.33	1.23	719	0.31	2.9	1697	6.37	3727
IV		346	7.9	1.9	3.26	1129	0.72	2.68	929	0.51	2.12	735	0.59	5.5	1903	13.56	4696
V		524	11.9	1.6	2.72	1421	0.61	2.27	1187	0.48	1.78	933	0.49	4.57	2395	11.34	5936
G		321	7.3	1.6	2.72	874	0.61	2.27	731	0.48	1.78	572	0.49	4.57	1465	11.34	3642
S		70	1.6			381			318			249			640		1588
合计		4390	100.0			5302			5734			5359			15596		31991

淋盐土堆土壤含盐量是统灰盐底的2倍计算

取样时间: 1975.6.24-26

$$X^0 = \frac{a \cdot b}{c \cdot d}$$

X^0 取样点及辅号.
a, b, c, d 分别为 0～20 cm. 20～60 cm. 60～100 cm.
100～200 cm 土层含盐量%.

图 7-2 曲周土壤盐量平均观测区土壤盐量图（1975 年春季）

图例符号：I 为非盐化土壤；II 为轻盐化土壤；III 为中盐化土壤；IV 为重盐化土壤；V 为盐荒地；G 为枸杞地；
S 为淋盐土堆；R_u 为每亩储盐量；R_t 为总储量。

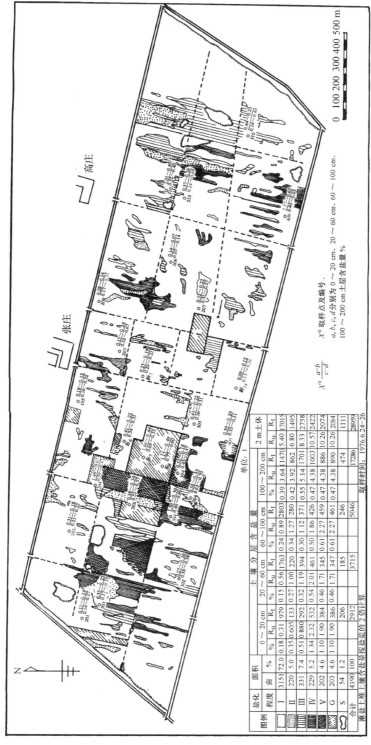

图例符号：Ⅰ 为非盐化土壤；Ⅱ 为轻盐化土壤；Ⅲ 为中盐化土壤；Ⅳ 为重盐化土壤；Ⅴ 为盐荒地；G 为枸杞地；S 为淋盐土堆；R_u 为旬储盐量；R_t 为总储量

图 7-3　曲周土壤盐量平衡观测区土壤盐量图（1976 年春季）

单位：1

图例	盐化程度	面积		土壤分层含盐量											2 m 土体	
				0～20 cm			20～60 cm			60～100 cm			100～200 cm				
		亩	%	%	R_u	R_t	%	R_u	R_t	%	R_u	R_t	%	R_u	R_t	R_u	R_t
	Ⅰ	3151	72.0	0.18	0.31	979	0.15	0.56	1763	0.24	0.89	2803	0.39	3.64	11470	5.40	7015
	Ⅱ	220	5.0	0.35	0.605	133	0.27	1.00	220	0.34	1.27	280	0.42	3.92	862	6.80	1495
	Ⅲ	331	7.4	0.51	0.880	292	0.32	1.19	394	0.30	1.12	371	0.55	5.14	1701	8.33	2758
	Ⅳ	229	5.2	1.34	2.32	532	0.54	2.01	461	0.50	1.86	426	0.47	4.38	1003	10.57	2422
	Ⅴ	202	4.6	1.10	1.90	384	0.46	1.71	345	0.61	2.27	459	0.47	4.38	886	10.26	2074
	G	203	4.6	1.10	1.90	386	0.46	1.71	347	0.61	2.27	461	0.47	4.38	890	10.26	2084
	S	54	1.2			206			185			246			474		1111
	合计	4390	100			2912			3715			5046			17286		28959

淋盐土堆含盐晶按盐泥的 2 倍计算　　取样时间：1976.6.24-26

$X°$ 取样点及编号。
a, b, c, d 分别为 0～20 cm, 20～60 cm, 60～100 cm,
100～200 cm 土层含盐量 %

$$X° \quad \frac{a \cdot b}{c \cdot d}$$

7.5.2 分层的土壤盐量平衡

从 2 m 土体看，1974—1976 年是脱盐的，但 2 m 土体的上下各土层的脱盐情况就不尽相同了，甚至有时向相反方向发展。所以，进一步分层剖析盐量平衡状况是必要的。平衡区分层的土壤盐量平衡资料列入表 7–10 中。

表 7–10　分层的土壤盐量平衡资料　　　　　　　　　　　　　　　t

土层 /cm	1974 年盐量	1975 年			1976 年				
		S_{75}	ΔS_{74-75}	ΔS_{74-75}/%	S_{76}	ΔS_{75-76}	ΔS_{75-76}/%	ΔS_{74-76}	ΔS_{74-76}/%
0～20	9 079	5 302	3 777	41.6	2 912	2 390	45.1	6 167	67.9
20～60	7 171	5 734	1 437	20.0	3 715	2 019	35.2	3 456	48.2
60～100	7 470	5 359	2 111	28.3	5 046	313	5.8	2 424	32.4
100～200	16 470	15 596	874	5.3	17 286	−1 690	−10.8	−816	−5.0

注：S 为盐量，ΔS 为盐量差值（脱盐量），ΔS/% 为脱盐率，右下角数字均为年份。

从表 7–10 中可以看到，0～20 cm 土层的脱盐率最高，1974 年至 1976 年累计脱盐量为 6 167 t，脱盐率 67.9%，达到了改良所要求的指标（3 073 t）。从 1976 年的土壤盐化程度和盐量图上可以看到，非盐化土壤已占 72%，其实际土壤含盐量大多低于 0.2%，而另外 28% 仍为不同程度盐化的土壤，表层含盐量超过 0.2%。

20～60 cm 土层也明显向着脱盐方向发展，但 1974—1976 年脱盐率为 48.2%，低于表层。不同年份的脱盐状况在各土层中表现得也不一样，如 20～60 cm 土层中，1975—1976 年脱盐率大于 1974—1975 年。但是 60～100 cm 土层的情况恰恰相反，1974—1975 年脱盐率仍保持了上层的水平（28%），而 1975—1976 年的脱盐率只有 5.8%。所以，1974—1975 年的脱盐深度大，20～100 cm 土层的脱盐率均 > 20%，而 1975—1976 年的脱盐层主要在 60 cm 以上，60～100 cm 脱盐率很低。

在 1～2 m 的土层里，1974—1975 年保持了微弱的脱盐趋势，1975—1976 年则向着积盐方向发展，两年累计表现为弱积盐现象，积盐率为 4.2%。这与上层土壤盐分向下淋洗有关。

1974—1976 年分层的盐平衡资料揭示了经脱盐改良的主要是 1 m 以上的土层脱盐显著，尤以表层最好，往下脱盐率逐渐降低。这种脱盐改良的特点，无疑对作物的生长和当前的农业生产是有利的。但是，1～2 m 的土层表现为轻微积盐，虽对作物生长影响不大，但亦说明目前土壤改良的土层深度还不大。如有不慎，下层的盐分仍将随地下水的蒸发而向上层转移。按前述改良指标，试验区的

1～2 m 土层尚有 1.07 万 t 的排盐任务,占全区 2 m 土体排盐任务的 2/3 左右。

7.5.3　土壤盐分在水平方向上的分异

平衡区内的土壤是由不同盐化程度的土壤所组成的,它们在多种自然和人为因素综合影响下,有规律地交互镶嵌分布,呈土壤复区形式存在。在调控水盐运动、改良盐渍土的过程中,正如土壤盐平衡中所指出的,因为改良条件和管理水平的不同,土壤盐平衡状况差异很大,使原来的土壤复区重新改组,原来的不同盐化程度的土壤,均在不同程度上向着脱盐化方向发展。

通过两年的改良,试验区盐碱土的面积迅速缩小,由 3 644 亩减少到 1 239 亩,改良了 2 400 亩(表 7-11)。盐碱土的面积由 1974 年的 83％下降到 28％。在被改良的盐碱土中,原耕地中的 1 953 亩盐碱土减少了 1 174 亩。降幅最大的是原来的 1 190 亩盐荒地,1976 年春只有 202 亩,减少了 87％。各种轻重不同的盐碱土都有了不同程度的改良,非盐化土壤由原来的 17％提高到 72％,由 746 亩增加到 3 151 亩,即增加了 2 400 亩。

表 7-11　1974—1976 年试验区各类土壤发展变化情况

土壤类型	1974 年		1975 年		1976 年	
	面积／亩	占比 %	面积／亩	占比 %	面积／亩	占比 %
非盐化土壤	746	17.0	2 039	46.5	3 151	71.9
轻盐化土壤	690	15.7	505	11.5	220	5.0
中盐化土壤	664	15.1	585	13.3	331	7.5
重盐化土壤	599	13.6	346	7.9	229	5.2
枸杞地	422	9.6	321	7.3	203	4.6
盐荒地	1 190	27.2	524	11.9	202	4.6
盐土堆	79	1.8	70	1.6	54	1.2
合计	4 390	100	4 390	100	4 390	100

注:毛面积 5 040 亩,净面积 4 390 亩。

土壤盐分在水平方向上的变化说明,整个试验区普遍地向脱盐和盐化程度减轻的方向发展。但是,各个具体地块的脱盐和改良程度是与抽水井和深沟的距离、土地平整情况、灌溉压盐质量、施肥多少以及耕作管理水平等有着密切的关系。经过改良,原来是大片相连的盐荒地和重盐化土壤,其盐化程度逐渐由重变轻,由大片分化为小片。到 1976 年,整个水盐调控试验区内,除少数面积不大的盐荒地和重盐化土壤及枸杞地外,各级盐化土壤主要是以大小不等的盐斑形式零星分布。所以，当前在重视和改良大片盐化土壤的同时，还必须重视农田中盐斑的改良。这是改良过程中，土壤盐分在水平方向上变化的特点所决定的。

7.5.4 不同盐化程度土壤的盐分垂直方向上的变化

水盐运动调控试验区内不同盐化程度的土壤在水平方向上发生变化的同时，在垂直方向上，即盐分剖面上也发生着显著的变化。

原来的盐荒地或重盐化土壤可以变为中度、轻度甚至非盐化土壤，原是中度和轻度盐化的也有了不同程度的减轻。自 1974 年到 1976 年，非盐化土壤由 746 亩增加到 3 151 亩。所增加的这些非盐化土都是由原来轻重不同的盐渍土演变而来。试验区土壤的这种迅速地全面地分化和演变，必然带来改良过程中的许多特点，特别是反映在盐分在当前各类土壤中的垂直分布上，这是与上述的分层土壤盐量平衡相适应的。

图 7-4 是对观测区内 65 个土壤盐分剖面的盐分资料统计的结果，显示了改良进程中各类土壤盐分在垂直分布上有如下一些特点。

• 根据 32 个剖面盐分的资料，非盐化和轻盐化土壤原始的盐分垂直分布大体是上下层含盐量相近。在改良的过程中，大量的各种盐化程度的土壤转化为非盐化和轻盐化土壤。这些土壤则强烈地表现为盐分上少下多的脱盐型的特点，即表层强烈脱盐，含盐量达到了非盐化指标，而下层的含盐量却较高，成为上小下大的盐分垂直分布曲线。$0 \sim 60 \, \text{cm}$ 土层含盐量较原来稍有增加，$60 \sim 100 \, \text{cm}$ 增加较多，$100 \sim 200 \, \text{cm}$ 盐量则有明显增加。

• 中度盐化土壤改良前的盐分垂直分布呈明显上大下小的表聚型。改良进程中，不少原来的重盐化和盐荒地改造成为中盐化土壤，盐分垂直剖面就发生了变化。上层脱盐率高，中层脱盐率低，下层处于积盐状态。所以，在改良进程中的中度盐化土壤的盐分垂直分布特点是上脱下积，表现为上下大、中间小的初期脱盐类型（图 7-4）。

• 重盐化土壤和盐荒地改良前的盐分剖面表现为强烈的表聚型，$0 \sim 20 \, \text{cm}$ 土层的含盐量达 2%，下层只有 0.4% 左右。通过对 28 个剖面盐分统计分析，在改良进程中，除原来的大量盐荒地和重盐化土壤已改造成为中度、轻度和非盐化土壤外，尚存的盐分剖面上也发生了很大变化。表层含盐量由 2% 下降到 1.1%，$20 \sim 100 \, \text{cm}$ 土壤盐量也由 0.6% 下降到 0.5% 左右，而 $1 \, \text{m}$ 以下土层的盐量保持了相对的稳定。从而使盐分的表聚程度大大降低，$2 \, \text{m}$ 土体的盐量显著减少，亩储量由 $12.60 \, \text{t}$ 降为 $10.26 \, \text{t}$。

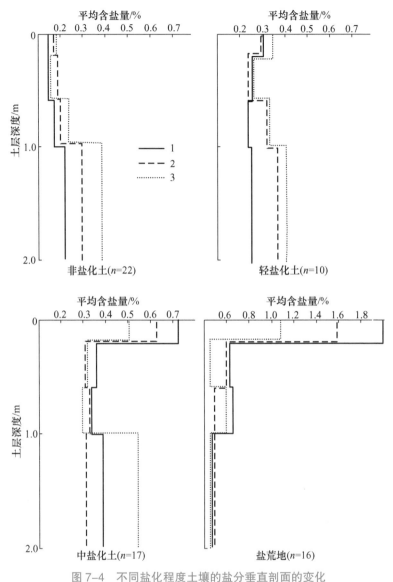

图7-4　不同盐化程度土壤的盐分垂直剖面的变化

n用于统计的剖面数目；1.1974年n剖面的统计均值；
2.1975年n剖面的统计均值；3.1976年n剖面的统计均值

7.6　地块水盐平衡实例之二[15]

水盐平衡观察研究地块Ⅱ是在曲周旱涝碱咸综合治理试验区第二代试验区上进行的，面积3 167亩，其中耕地2 750亩，观察时段是1979年9月到1981年

6 月。水盐平衡观察研究地块 Ⅱ 是继上述水盐平衡观察研究地块 Ⅰ（上节之实例一），在相同研究目标和方法，条件相近的地块，以不同时段的气候条件下研究其水盐平衡状况，可以起到类比和检验的作用。

水盐平衡观察研究地块 Ⅱ 的东、西两侧有 3～5 m 深的辛集排干和支漳河，南、北各有一条 3 m 左右深的排水支渠，是一个相对独立的治理单元。治理前，这里盐土堆比比皆是，红荆碱蓬丛生，景象荒凉。1978 年开始以调控水为中心的旱涝碱咸综合治理工程建设，统一规划和建设了灌渠、排沟、路、林、电、建筑物等田间工程。已消除了盐土堆，平整了田面，并以各级灌排渠沟将土地分化成面积约 50 亩大小的方田。

观察研究地块 Ⅱ 的土壤主要是不同程度的氯化物硫酸盐和硫酸盐氯化物盐化浅色草甸土。土壤质地剖面呈明显的多层性，上层多为轻壤土质，80～120 cm 以下多出现重壤 – 黏土层，厚度 20～60 cm 不等，再下层为细砂土和中壤土。图 7–5A 是观测研究地块 Ⅱ 的 0～2 m 土体的质地立体剖面图；图 7–5B 是水利工程和潜水观测井布置；图 7–5C 是潜水埋深等值线图；图 7–5D 是潜水矿化度等值线图。潜水矿化度的分布呈条带状，由东向西，矿化度从 2 g/L 过渡到 4 g/L，最高达 8 g/L 以上，地下水化学类型属于 $Cl^- - SO_4^{2-} - Ca^{2+} - Mg^{2+} - Na^+$ 型和 $Cl^- - SO_4^{2-} - Ca^{2+} - Mg^{2+}$ 型。

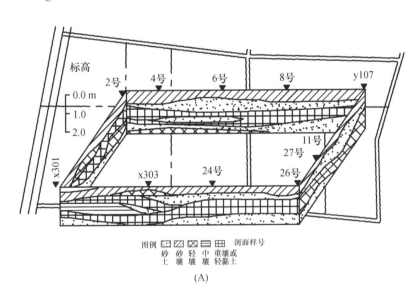

图 7–5　水盐平衡观察研究地块 Ⅱ 的概况图（一）

（A）土壤质地剖面立方图

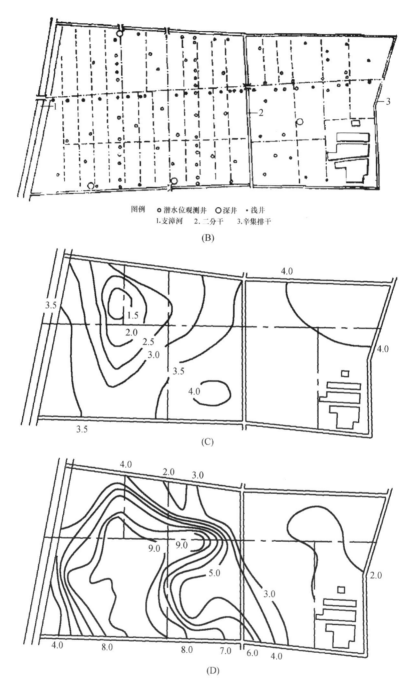

图例　○潜水位观测井　◎深井　·浅井
1.支漳河　2.二分干　3.辛集排干

(B)

(C)

(D)

图 7-5　水盐平衡观察研究地块 Ⅱ 的概况图（二）

（B）水利工程及观测井布置图；（C）潜水埋深等值线图（单位为 m）；
（D）潜水矿化度等值线图

（单位为 g/L，以 1979 年 11 月 20 日至 1980 年 3 月 20 日的平均值为本底值）

水盐平衡观测研究地块Ⅱ有干、支、斗、农、毛五级排水工程，各排水口设置测流站。区内有长 5 000 多 m 的防渗灌溉渠道，4 眼深约 300 m 的深井作为灌溉水源，还有 19 眼浅机井（咸水井）。观测区内埋设了 70 多眼潜水观测孔，定期量测潜水埋深，采集水样、土样进行化验，初步形成了一套水盐监测系统。

地块Ⅱ的水盐平衡观察分 4 个时段进行：头一年的 11 月下旬至第二年的 3 月中旬，为冬季相对稳定期；3 月下旬至 6 月中旬，为春季及初夏的积盐期；6 月下旬至 9 月中旬，为雨季自然淋盐期；以及 9 月下旬至 11 月中旬，为秋季积盐期。

7.6.1 地块Ⅱ的水盐平衡观测及计算结果

进行水盐平衡观察研究地块Ⅱ的地学条件、土壤以及农业生产水平基本同于上述观测研究地块Ⅰ，且均处于综合治理旱涝碱咸初期和措施相近，其主要不同点在于观测研究地块Ⅱ的观察期时逢降水量连续偏少的干旱年份，既无地表水灌溉水源，又无客水流入和地表水排出，以及地下水埋深常年处在 3 m 以下。这是两种不同水文年的不同水盐运动与平衡类型。

水盐平衡观察研究地块Ⅱ的观测期间，1980 年平衡期共降水 521.1 mm，雨季降水量仅 282.2 mm，比多年平均值（378.0 mm）减少近 1/4，属偏旱年。1981年平衡期降水 373.1 mm，雨季降水量 273.5 mm，比 1980 年雨季还少，属枯水年。这两年天旱少雨，河渠无水，深井水是主要灌溉水源。1980 年平衡期井灌用水量为 384 085 m³（相当于降水深 209.2 mm）；1981 年 167 274 m³（相当于降水深 91.2 mm）。

据中国科学院地理所资料，北京和衡水地区夏季雨水含盐量为 20 ~ 30 mg/L，以平衡期年降水量 500 mm 计算，则水盐平衡研究区每年雨水的盐输入量约为 20 t。通过对各个时段各井出水量和井水矿化度的测量计算出的灌溉水盐输入量 1980 年为 348.3 t，1981 年为 113.6 t。此外，通过有机肥和化肥施肥量计算了盐分输入量为 84.2 t，通过对观察区作物种植种类、收获面积、生物量及其含盐量可计算出盐分的携出量 36.6 t。

水盐平衡观测研究期间，分别于 1979 年 11 月下旬，1980 年 6 月、11 月下旬和 1981 年 6 月下旬进行了四次土壤盐储量调查和绘制了四幅土壤盐渍化状况程度图（图 7-6 至图 7-9）。经对水盐平衡区在水盐平衡观测研究期间水分和盐分的各主要输入项、输出项以及储量变化的计算，成果汇集于表 7-12 和表 7-13，储量变化项中的"＋"号表示储量增加，"－"号表示储量减少。

7.6.2 地块Ⅱ的水盐平衡要素分析

1.降水在旱年仍对水盐下行有显著影响

1980年和1981年属偏旱和干旱水文年，雨季降水量比常年减少1/4以上。以上观察资料显示，1980年平衡期的雨季降水（含灌溉水）为297.1 mm，其中243.5 mm用于蒸散，53.7 mm补充到土壤和地下水；1981年雨季降水（含灌溉水）为307.3 mm，其中163.3 mm用于蒸散，144.0 mm补充到土壤和地下水，即两年雨季均有一定量的下行水量，特别是1981年达到144 mm。

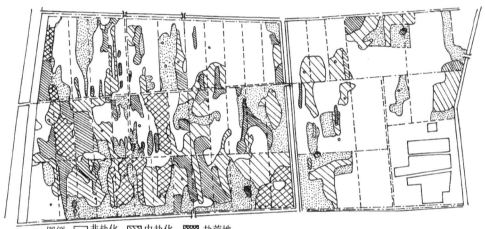

图例 □非盐化 ▨中盐化 ▩盐荒地
　　 ▨轻盐化 ▨重盐化 ∘取样点

图 7-6　1979 年 11 月土壤盐渍化状况

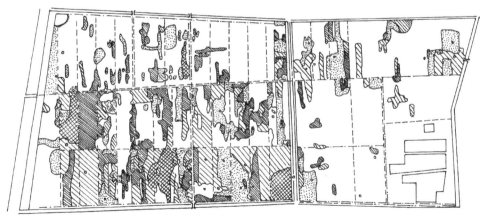

图例 □非盐化 ▨中盐化 ▩盐荒地
　　 ▨轻盐化 ▨重盐化 ∘取样点

图 7-7　1980 年 6 月土壤盐渍化状况

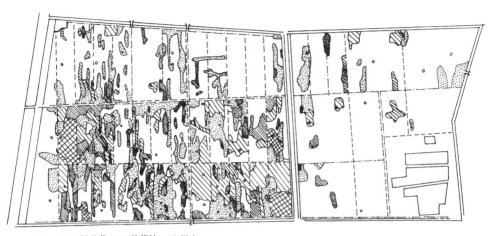

图例 轻盐化 盐荒地 •取样点
非盐化 中盐化 重盐化

图 7–8　1980 年 11 月土壤盐渍化状况

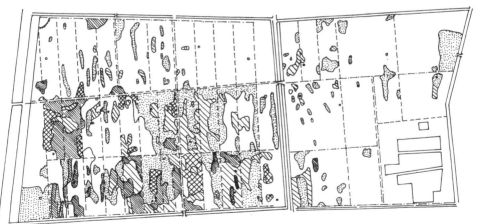

图例 非盐化 中盐化 盐荒地
轻盐化 重盐化 •取样点

图 7–9　1981 年 6 月土壤盐渍化状况

表 7-12 水平衡计算成果表

1980 年平衡期

均衡项目		冬季水深 /mm (%)		春及初夏水深 /mm (%)		雨季水深 /mm (%)		秋季水深 /mm (%)		1980 年小计水深 /mm (%)	
输入项	大气降水量	31.7	(25.5)	187.0	(75.6)	282.0	(94.9)	20.2	(32.9)	520.9	(71.3)
	灌溉水量	92.6	(74.5)	60.3	(24.4)	15.1	(5.1)	41.2	(67.1)	209.2	(28.7)
	总补给量	124.3	(100)	247.3	(100)	297.1	(100)	61.4	(100)	730.1	(100)
输出项	蒸散量	91.7		304.1		243.5		95.6		734.8	
	日平均蒸散量	0.76		3.31		2.65		1.57		2.02	
储量变化	0~2 m 土体土壤水储量	+11.2	(34.3)	-19.6	(34.5)	+37.9	(70.6)	-29.8	(87.1)	-0.3	(6.4)
	地下水储量	+21.4	(65.7)	-37.2	(65.5)	+15.8	(29.4)	-4.4	(12.9)	-4.4	(93.6)
	总储水量	+32.6	(100)	-56.8	(100)	+53.7	(100)	-34.2	(100)	-4.7	(100)

1981 年平衡期

均衡项目		冬季水深 /mm (%)		春及初夏水深 /mm (%)		雨季水深 /mm (%)		1981 年小计水深 /mm (%)	
输入项	大气降水量	22.7	(47.7)	51.8	(61.4)	273.5	(61.4)	348.0	(79.2)
	灌溉水量	24.9	(52.3)	32.5	(38.6)	33.8	(38.6)	91.2	(20.8)
	总补给量	47.6	(100)	84.3	(100)	307.3	(100)	439.2	(100)
输出项	蒸散量	88.4		147.4		163.3		399.1	
	日平均蒸散量	0.73		1.60		2.27		1.38	
储量变化	0~2 m 土体土壤水储量	-33.9	(83.0)	-25.3	(40.1)	+70.3	(40.1)	+11.1	(27.7)
	地下水储量	-6.9	(17.0)	-37.8	(59.9)	+73.7	(59.9)	+29.0	(72.3)
	总储水量	-40.8	(100)	-63.1	(100)	+144.0	(100)	+40.1	(100)

表 7-13　盐平衡计算成果表

t

项目		1979年11月下旬盐储量	1980年平衡期					增减量/%
			冬季	春及初夏	雨季	秋季	合计	
输入项								
大气降水输盐量			150.9	114.7	20.8	61.9	348.3	20.0
灌溉水携入盐量				53.7		181.1	234.8	
施肥携入盐量				168.5		190.0	358.5	
从下层土壤和地下水输入盐量	0~20 cm						84.2	
	0~40 cm							
	0~100 cm					509.8	509.8	
	0~200 cm					1071.0	1071.0	
输出项								
收获物携出盐量							36.6	
向下层土壤和地下水输出盐量	0~20 cm		645.6	43.9	570.9		1284.0	
	0~40 cm		861.3		829.3		1760.0	
	0~100 cm		970.2		1482.0		2563.7	
	0~200 cm		741.3	1397.7	2627.6		4834.2	
盐储量变化 ΔS	0~20 cm	1929.3	-494.7	+168.5	-550.1	+243.0	-633.3	-32.8
	0~40 cm	3340.3	-712.2	+283.2	-808.5	+251.9	-985.6	-29.5
	0~100 cm	7752.9	-819.3		-1461.2	+571.7	-1638.0	-21.1
	0~200 cm	15890.5	-590.4	-1283.0	-2606.8	+1132.9	-3347.3	-21.1

续表 7-13

项目		1980年11月下旬盐储量	1981年平衡期				1980—1981年平衡期	
			旱季	雨季	合计	增减/%	总计	增减/%
输入项	大气降水输入盐量				20.0		40.0	
	灌溉水携入盐量		74.1	39.5	113.6		461.9	
	施肥携入盐量				84.2		168.4	
	从下层土壤和地下水输入盐量 0~20 cm						234.8	
	0~40 cm						358.5	
	0~100 cm						509.8	
	0~200 cm						1 071.0	
输出项	收获物携出盐量				36.6		73.2	
	向下层土壤和地下水输出盐量 0~20 cm		106.5	640.8	814.9		2 098.9	
	0~40 cm		191.0	624.2	882.8		2 642.8	
	0~100 cm		916.7	590.6	1 574.9		4 138.6	
	0~200 cm		1 801.8	609.5	2 478.9		7 313.1	
盐储量变化 ΔS	0~20 cm	1 296.0	-32.4	-601.3	-633.7	-48.9	-1 267.0	-65.7
	0~40 cm	2 354.4	-116.9	-584.7	-701.6	-29.8	-1 687.2	-50.5
	0~100 cm	6 114.9	-842.6	-551.1	-1 393.7	-22.8	-3 031.7	-39.1
	0~200 cm	12 543.2	-1 727.7	-570.0	-2 297.7	-18.3	-5 645.0	-35.5

注：1.1980年平衡期的增减量（%），是指与1979年11月的盐储量相比，1981年则指与1980年11月的盐储量相比，1980—1981年则指与1979年11月的盐储量相比；

2.盐储量的变化 ΔS 是指每一时段末的盐储量与每一时段初始盐储量的差值，"+"表示增加，"－"表示减少。

根据对 1980 年平衡期的 40 个样点和 1981 年平衡期 32 个样点的资料，分析比较了雨季前后各层土壤盐储量的变化值，并进行了统计分析（表 7-14）。1980 年平衡期，0～2 m 土体，各层土壤脱盐效果均很显著。1981 年均衡期，0～20 cm 土层脱盐效果很显著，20～60 cm 土层脱盐效果也达显著水准，60～100 cm 土层有脱盐趋势，100～200 cm 为积盐状态，但未达显著水准。两个雨季里向下层土壤和地下水输出的盐量占原盐储量的 25% 以上，最高可达 50.7%，整体脱盐效果显著。

雨季降水量偏低而取得显著脱盐效果的一个重要前提是期间的地下水埋深一直处在 3 m 以下，对下行水盐不产生顶托作用而使雨水和盐分在土体中得以充分下移。所以，在综合治理中要十分重视雨季前的土地平整和修埂松地截流，以提高雨季降雨的入渗率。

表 7-14　雨季各层土壤脱盐效果的统计分析

层次	1980 年平衡期（6 月下旬至 9 月下旬）				1981 年平衡期（6 月下旬至 8 月底）			
	ΔS	S_d	n	t	ΔS	S_d	n	t
0～20 cm	−368	74.4	40	4.949[***]	−452.5	63.4	32	7.139[***]
20～60 cm	−352	71.7	40	4.909[***]	−259.0	93.6	32	2.769[***]
60～100 cm	−223	66.1	40	3.374[***]	−224.0	168.1	32	1.339
100～200 cm	−607	121.8	40	4.983[***]	+19.0	232.1	32	0.083

注：ΔS 代表所有样点盐储量的平均变化值，单位为 kg/亩；S_d 为差异标准误差；n 为样本数；t 为 t 值；[***]$P < 0.001$。

2. 灌溉水对土壤水盐运动可以起重要调节作用

水盐平衡观察期内，地块 II 无河水水源灌溉，仅以水量不多的井水在冬季和早春进行麦田灌溉和冲洗压盐，平整土地和铺设防渗渠道对提高井水灌溉效益发挥了重要作用。1979 年冬季和 1980 年春季的冲洗压盐和大定额灌溉面积占耕地面积的 60%，引入灌溉水 92.6 mm，是同期降雨量的 3 倍。期间 124.3 mm 的输入水量中，91.7 mm 用于蒸散、11.2 mm 补充土壤水分和 21.4 mm 补充到地下水，三者分别占水输入总量的 73.8%、9.0% 和 17.2%。所以，通过灌溉，可以打破自然态冬春季水盐上行运动而促进了水盐的下行运动。

根据对 34 个采样点的统计，冬春季灌溉可形成 0～60 cm 土体的显著脱盐，将盐分下移到 60 cm 以下土层，为作物播种保苗和前期生长提供了良好环境。1980 年 3 月下旬至 6 月下旬的蒸发 – 积盐期间，日蒸散量高达 3.31 mm，但因进行了大定额灌溉（亩浇水量达 100 m^3），抑制了积盐过程，0～20 cm 表层显示出脱盐效果，其他各层也具有脱盐趋势。与之形成对比的非井水灌溉地块的各层均表现为明显积盐过程（表7-15）。当地下水埋深较大时，灌溉水不仅满足作物需要和产生促进土体水盐下行的效果，还因土壤含水量较高而有利于雨季脱盐。

所以，水量平衡的输入项中灌溉水虽占份额不大（1980年约30%，1981年仅20%），但对提高作物产量和对地块水盐运动的调节可以发挥重要作用，特别是综合治理初期阶段的冲洗压盐和大定额灌溉。

表7-15　1980年春季及初夏大定额灌溉效果统计

土层/cm	灌溉				未灌溉			
	ΔS	S_d	n	t	ΔS	S_d	n	t
0～20	−190	60.7	12	3.128[**]	+211	95.7	16	2.208[*]
20～60	−31	125.0	12	0.245	+119	74.2	16	1.604
60～100	+71	129.2	12	0.548	+205	106.5	16	1.922
100～200	−368	324.0	12	1.134	+203	109.3	16	1.854

注：[*]$P < 00.5$，[**]$P < 0.01$。ΔS，S_d 含义和单位同表7-14。

3. 较深的地下水位对旱季水盐上行运动有显著抑制作用

1980年春季及初夏，蒸散量为304.1 mm，大于此阶段的输入水量（247.3 mm），但因地下水埋藏深度大于3 m，地下水的蒸发量仅为37.2 mm（指地下水储量的减少值），占到总蒸散量的12%。此外，由于春季部分农田的大定额灌溉，因此无论是下层土壤和地下水输入的盐量均未超过其盐储量的10%，可视为变动不大。

1980年秋季输入水量和蒸散水量均显著减少，在蒸散（95.6 mm）大于输入水量（61.4 mm）的情况下导致了土壤水和地下水储量的减少。也因地下水埋藏较深而地下水蒸发量仅为4.41 mm，远小于春季地下水蒸散量和仅占当季总蒸散量的4.6%。因而虽然盐储量有增加的趋势，但是从下层土壤和地下水输入的盐量，还不到原盐储量的10%，可视为轻度返盐。

1980年11月到1981年6月的干旱季节里，降水量（74.5 mm）和灌溉水量（57.4 mm）合计131.9 mm，而蒸散量为235.8 mm，是输入量的179%，势将造成土壤水盐上行和地下水位下降。但资料显示0～200 cm土体的脱盐率为14.4%，此无疑与地下水位趋深有关。因此，无论是在雨季和旱季，地下水埋深都是影响水盐上行和下行运动的重要条件，科学调节地下水位是调节水盐运动的杠杆，应引起足够的重视。

7.6.3　地块Ⅱ的土壤盐渍化类型变动

根据4幅土壤盐渍化程度图，得到表7-16的统计结果。观察研究地块Ⅱ原有的大片盐荒地不断缩小或消失，原来大面积分布的中等盐化和轻度盐化地，已经演化成非盐化土壤和零星散布的盐斑。非盐化土壤面积由 1 293.5 亩增加到 1 746.6 亩，增加了 35%；中等盐化和盐荒地的面积减少了一半；重盐化土壤因将含盐量很高的盐土堆在平整土地时散布于附近田块而由 1979 年 11 月的 252 亩增加到 1980 年 6 月的 306.9 亩，以后随脱盐过程而缩小。

表 7-16　不同盐渍化程度土壤在面积上的变化　　　　　　　　　亩

项目	1979 年 11 月 A	占比 %	1980 年 6 月 A	占比 %	1980 年 11 月 A	占比 %	1981 年 6 月 A	占比 %	1979.11—1981.6 ΔA	变化率 /%
非盐化	1 293.5	46.9	1 600.4	58.1	1 844.7	67.1	1 746.6	63.7	453.1	35.0
轻盐化	498.7	18.2	332.7	12.1	360.6	13.2	425.9	15.5	−72.8	−14.6
中盐化	521.7	18.9	416.6	15.2	272.3	9.9	294.6	10.8	−227.1	−43.5
重盐化	252.0	9.1	306.9	11.1	182.1	6.6	204.3	7.5	−47.7	−18.9
盐荒地	177.0	6.4	95.6	3.4	85.2	3.1	65.4	2.4	−111.6	−63.1
盐土堆	12.9	0.5	4.0	0.1	3.0	0.1	3.0	0.1	−9.9	−76.7
总计	2 755.9		2 756.2		2 747.9		2 739.8			

注：因道路、房屋等的更动，面积稍有变化；A 为不同盐化土壤面积；ΔA 为面积差值。

土壤盐分状况在垂直方向上也发生很大变化，图 7-10 是不同盐渍化程度土壤 3 个不同时期的土壤盐分剖面状况。非盐化土壤原始盐分状况为上小下大的脱

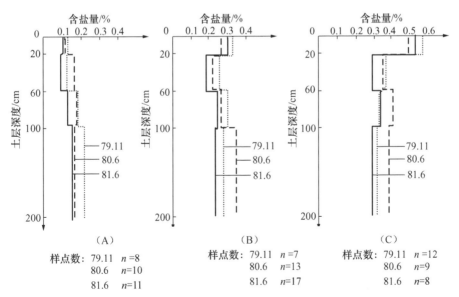

图 7-10　水盐平衡观察研究地块 II 不同盐化土壤的盐分剖面变化

观测期内的非盐化土壤（A）、轻度盐化土壤（B）和中度盐化土壤（C）的盐分剖面状况

盐型，两年后上下层盐分都降低，但差距减小。轻度盐化土壤的原始盐分剖面为上下大中间小的初期脱盐类型，经过两年来的治理，随着大量重度和中度盐化土壤向轻度盐化土壤转变而各层盐含量均在逐渐减少，土壤上下层之间盐分含量的差距缩小。中度盐化土壤的初始盐分剖面为典型的上大下小的积盐类型，两年后虽仍为积盐型，但强度减弱，有上部盐分下移至中部积累的现象。

7.7 大区和流域的水盐平衡[16]

大区和流域的水盐平衡一直为众多研究者所关注并试图从理论上探索某个区域的水盐运动特征与规律。如对里海低地盐量平衡研究以探讨呈穹窿构造的二叠纪含盐地层及里海海浸的影响下的盐量平衡特点[17]，如对戈洛德草原盐量平衡研究[5]等。而更多的水盐平衡工作是出于实践需要，对某些大型水利工程可能对该流域或地区水盐平衡影响的评价。大区和流域水盐平衡研究的不同目的和要求，自然条件往往复杂多样，所以研究方法也各具特色。

柯夫达在《盐渍土的发生与演变》[5]一书中引述了史柯菲尔德1929—1938年在美国新墨西哥州的里奥格兰德河和亚利桑那州的科罗拉多河灌溉工程进行的水平衡研究，从灌溉系统引入和排水系统排出两个方面观察水量及盐量（包括盐分组成）的平衡关系。

位于密西拉谷地的里奥格兰德河灌区年降水量约200 mm，集中降于夏季。灌区面积10万英亩，设有长达211英里的明沟排水系统，由灌溉系统进入灌区的水量年均744 380英亩·英尺，由排水系统排出的水量为496 113英亩·英尺，占进入量的66.6%。其相应的盐量和盐类组成的资料列入表7–17。从中可以看出，易溶性盐类的排量最大，而$CaCO_3$和$CaSO_4$的排出量则小得多。说明了这个灌区不仅是一种脱盐的盐量平衡类型，而且盐类组成上也得到了改善。

尤马谷地的科罗拉多河灌区情况恰好相反。灌溉面积49 278英亩，由灌溉系统进入灌区的年均水量为259 917英亩·英尺。但从排水系统中排出的水量只占进入量的22%。表7–17显示，盐类的排出量只及进入量的45.8%，灌区盐化程度加重，必须改善这种不良的盐分平衡状况。另外，两个平衡区在盐分组成上，氯离子的排除量均较多。

黑龙江省水利勘测设计院为审议和设计"引嫩"工程（北引嫩江水）而进行的水量平衡分析是很有意义的，也是半湿润季风区研究水量平衡的一个很好的实例[6]。平衡区选在安达闭流区，以了解地下水径流和天然排水条件不良的闭流区在引嫩后可能发生的问题。平衡区面积为23 700 km³，根据不同的集水特点划分成3个小区进行计算。采用的水量平衡式是：

$$Z + D_1 + q_1 = R + D_2 + q_2 \pm \Delta W \qquad (7.9)$$

分区计算的结果列入表 7-18 中。

从水量平衡现状的要素分析中不难看出，平衡区水分的来源几乎全靠大气降水，而水量消耗的主要途径是蒸发和蒸腾，地表及地下出流只占总流出项的 1.7%。这种降水—蒸发的水量平衡类型反映了闭流区的特点。

表 7-17　密西拉谷地和尤马谷地的盐分平衡[5]

成分	密西拉谷地（1931—1937 年）			尤马谷地（1937—1938 年）		
	进入	排出	排出*/%	进入	排出	排出*/%
水 /（英亩·英尺）	744 380	495 113	66.6	259 917	57 095	22.0
盐分 / t	599 369	608 076	101.5	248 428	113 791	45.8
Ca^{2+}	80 553	69 686	86.5	35 552	11 517	32.4
Mg^{2+}	17 557	15 468	88.1	9 113	4 111	45.1
Na^+	101 985	122 639	120.3	34 895	23 579	67.6
$HCO_3^- + CO_3^{2-**}$	93 936	80 540	85.7	26 303	11 698	44.5
SO_4^{2-}	233 419	207 950	89.1	113 771	30 256	26.6
Cl^-	71 306	111 122	155.8	28 024	32 542	116.1
NO_3^-	1 418	1 461	103.0	770	88	11.4
盐量 /（t / 英亩）	0.805	1.226	152.3	0.956	1.993	208.5

* 占进入总量的百分数；** 以 CO_3^{2-} 计算。

表 7-18　引嫩工程的水均衡现状分析[6]

分区	降水量 Z	地表水流入量 D_1 /亿 m³	潜水流入量 q_1 /亿 m³	蒸发量 R /亿 m³	地表水流出量 D_2 /亿 m³	地下水流出量 q_2 /亿 m³	地下水调节储量 ΔW /亿 m³	面积 /km²
I	24.20	0	0	22.37	1.82	0.01	0	5 430
II	55.90	0.75	0	56.17	0.47	0.01	0	12 570
III	25.35	0	0	24.78	0.57	0	0	5 700
合计	105.45	0.75	0	103.22	2.86	0.02	0	23 700

引嫩后江水进入平衡区的年总量为 11.92 亿 m³，用于灌溉的水量为 7.41 亿 m³。引嫩后平衡区各平衡要素的数值引入表 7-19。

表7-19　引嫩后的区域水均衡预测　　　　　　　　　　亿 m³

分区	降水量	北引流入量	蒸发量	地表水流出量	地下水流出量	工业用水量	地下水调节增量
I	24.20	1.38	23.17	1.82	0.01	0	0.58
II	55.90	6.03	59.25	0.47	0.01	1.00	1.20
III	25.35	4.51	28.01	0.57	0	0	1.28
合计	105.45	11.92	110.43	2.86	0.02	1.00	3.06

从表7-19中可以看出，引嫩后水量平衡中某些要素发生了重大变化。进入项中因引嫩而增加了11.92亿 m³，打破了原来的平衡状态。所增加的这些水量在消耗或流出项中的反映是蒸腾蒸发量增加了7.21亿 m³，相当于引嫩水量的60%。另外，引嫩水量中的26%约3.06亿 m³补充到地下水，每年可提高地下水位0.324 m，将导致本地区土壤次生盐渍化的迅速发展。这就要增大平衡区的排水能力，除排出原来的2.86亿 m³地表径流以外，还必须排出所增加的3.06亿 m³水量。为此，他们提出了采取浅沟密网的方法，及时排除雨季所产生的地表径流，减少雨水入渗和补充地下水的方案，以改善由于引嫩给这一地区造成的不良水量平衡状况。

7.8 黄淮海平原的水量平衡 [16, 18]

上节对大区和流域的水盐平衡做了一般性介绍，本节将介绍我们对黄淮海平原水量平衡的研究（1982）[18]。

普遍存在于黄淮海平原的旱涝盐碱和地下咸水，是半湿润季风气候和堆积平原的地学条件影响下，水分运动所表现出的一组自然现象。研究黄淮海平原水量平衡的目的在于根据其水循环（进入、转化、排出）及水平衡的特点，为科学利用水资源和为综合治理旱涝碱咸服务。过去，对黄淮海平原地区的水文、水文地质和水利建设方面做了大量的工作，积累了丰富的水资源资料，水利部和地质部有关单位正在汇集、核实、整理和分析。以下根据我们所收集到的部分资料进行水量平衡分析。

7.8.1　黄淮海平原水量平衡方程式和模型的建立

以黄淮海平原作为水平衡研究区，进入项主要有区内降水量（R）、来自区外（主要是周围山地）的地表径流量（F_s）和侧向补给的地下径流量（F_g）；排出项主要有蒸散量（E）、工业和生活用水量（I_n）和入海量（O）。其水量平衡方程可列为：

$$R + F_s + F_g = E + I_n + O + \Delta M \tag{7.10}$$

式中：ΔM 为某一平衡时段内开始和结束时的水量差值。

式（7.10）为区域水量的总体平衡方程式。如做进一步分析，情况要复杂得多，主要是因为进入平衡区的水分，绝大部分都要经过一系列的复杂转化过程，才被排出平衡区之外。进入平衡区的水量中，大部分将以各种形式渗入土壤和地下水，然后以地面蒸发和植物蒸腾的形式排出，一部分排泄入海，少部分从水面、被覆物（如叶面、建筑物等）表面直接蒸发。所以，水分的转化和循环主要在土壤—地下水—植物—大气系统中进行。

进入平衡区降水的主要转化项目有：渗入土壤（S_r）、入渗补给地下水（G_r）和为水面及地面覆盖物接纳（L_r）或转而蒸发（L_{or}），另有一部分以径流形式流入大海（O_r）。来自区外的地表径流包括有控（如山区水库）（F_{s1}）和无控（F_{s2}）两部分，它们主要转化为灌溉和河渠侧渗而进入土壤（S_{if}）和补给地下水（G_{if}），部分以地面径流形式存在和流入大海（O_f）。至于区外来的地下径流（F_g）主要转化为区内地下径流（G_f）和排出至区外（G_{of}）。以上诸项可列为：

$$R = G_r + S_r + L_r + O_r + L_{or} \tag{7.11}$$
$$F_s = G_{if} + S_{if} + O_f \tag{7.12}$$
$$F_g = G_f + G_{of} \tag{7.13}$$

转化为地下水的水分，或因势差而上升进入土壤（S_g），或因人为开采灌溉进入土壤（S_{ig}），二者均汇同原土壤中水分和 $S_r + S_{if}$，最后以蒸发和蒸腾的形式排出。此外，地下水也可以地下径流形式排流到区外。土壤水除以蒸散形式排出外，也可下渗补充地下水（G_s），G_s 与 G_r 有重复，可略去。依此转化过程，地下水和土壤水亦可作为一个相对独立的水量平衡的分系统，其方程式可分别列为：

$$G_r + G_{if} + G_f = S_g + S_{ig} + G_{of} + \Delta M_g \tag{7.14}$$
和 $$(S_r + S_{if}) + (S_g + S_{ig}) = E + \Delta M_s \tag{7.15}$$

结合黄淮海平原的特点，对以上平衡式做如下考虑和处理：①径流排出的唯一场所是渤海和黄海，排出形式主要是地表径流，而地下径流可以忽略（$G_{of} \approx 0$）；②L_r 和 L_{or} 数量不大，估测较难，暂不列入计算；③参加计算的数值均为多年平均值，故可设 $\Delta M = 0$。

依此处理，水量平衡方程式（7.10）可表达为：

$$R + F_s + F_g = E + I_n + O \tag{7.16}$$

根据水循环中上述各要素在进入、转化和排出过程的特点，所建立的水量总体平衡式（7.16）及各转化环节，黄淮海平原的水分循环及水量平衡概念模型如图 7–11 所示，图中实线箭头表示一次转化及其方向，虚线箭头表示二次转化及其方向。

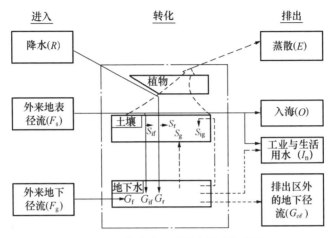

图 7-11 黄淮海平原的水量平衡模型

7.8.2 黄淮海平原的水量平衡

黄淮海平原主要由 3 个流域组成，即北部的海滦河流域、南部的淮河流域和中部面积不大的黄河流域。北部和南部的降水、地面和地下径流等方面都很不相同。北部降水少，水源缺，水量调节任务重。下面分别讨论北部海滦河流域平原部分及整个黄淮海平原的水量平衡。

海滦河流域平原部分的北面和西面以燕山和太行山为屏障。这些山地为平原输送的大量地面和地下径流，是平原水量平衡中的重要元素。南面以高抬的黄河和金堤河为界，东临渤海，是平衡区径流排出的主要场所。海滦河流域平原部分包括河北平原（含部分北京及天津平原）、鲁北平原（不包括黄河以南部分）及豫北平原北部（南部为黄河流域），总面积 128 389 km²。

● 进入平衡区的降水量（R）

整个海滦河流域的多年平均降水量为 1 692 亿 m³ [19]，平原部分胡学华曾提出为 735 亿 m³（1979）[20]。按我们 1980 年提出的《黄淮海平原年降水量分布图》[21]（根据 1957—1977 年降水资料统计），采用等雨量线法量测得的数据为 731 亿 m³，两数值十分接近。

● 进入平衡区的地表径流量（F_s）

海河流域的山区地表天然年径流量为 158 亿 m³（按 1962—1972 年平均资料，其中可控水量为 59%），山区用水量为 24%（按 1972—1973 年平均资料）[22]，故进入平原地面径流量可按 120 亿 m³ 计。滦河流域的山区地表天然年径流量为 51.5 亿 m³（其中可控水量约 15%），山区用水量参考海河流域，则进入平原的地面径流量可按 39 亿 m³ 计。黄河在郑州市花园口站实测多年平均年径流量为 470 亿 m³，鲁豫二省年平均引水量约 87 亿 m³（按 1972—1978 年统计）[21]。其中河南省人民胜利渠等引黄灌区平水年引用水约 40 亿 m³[23]，因多不属海河流域，故引黄入本平衡区的水量按 47 亿 m³ 计。此数字包括南岸引水，故稍偏高。总和以上 3 项，区外进入的地面径流量为 206 亿 m³，其中有控部分为 125.5 亿 m³。

来自区外山地的地下径流为 7.96 亿 m³[24]（没有包括河南部分）。黄河向两岸侧渗补给地下水水量约为 3 000 m³/（年·km），则海滦河流域段黄河侧渗（左岸）量为 3 亿 m³。

● 入海水量（O）

按 1950—1972 年水文系列的海滦河平均每年入海水量为 176 亿 m³，按 1960—1972 年水文系列统计数为 138 亿 m³。随着近 10 年来控制利用程度的迅速提高，20 世纪 70 年代平水年海河流域入海水量为 45 亿 m³[22]，加上 1960—1972 年滦河多年平均入海水量则为 94 亿 m³。考虑到接近近期实际情况，此平衡采用了后一数值。

做水分转化分析时，有必要在 O 值中区分为 O_r 和 O_f。降水和地表径流是个难以截然分割的转化链条，但考虑到黄淮海平原降水集中的特点，我们粗略地设汛期入海水量为 O_r，非汛期入海水量为 O_f。依此，$O_r = 77$ 亿 m³，$O_f = 17$ 亿 m³。

● I_n 约为 70 亿 m³（按 20 世纪 70 年代后期估算）

将以上有关数值代入式（7.10），则 $E = 784$ 亿 m³。

水量转化综合平衡中的 G_r 和 G_{if} 值的部分资料（河北、北京、天津）来自地质部水文地质工程地质局[24]，其余地区的 G_r 值是分别按降水量的量算和乘以 0.17 的水入渗系数。G_{if} 是按《黄淮海平原浅层地下水补给资源分区图》分别量算并减去相应的 G_r 值而后求得的。具体如表 7-20 所示。

表 7-20　黄淮海平原部分地区水资源计算　　　　　　　　　亿 m³

地区	G_r	G_{if}
河北、北京、天津	133.14	36.42
鲁北及豫东黄河以北部分	56.95	15.83
合计	190.09	52.25

地下水的年总补给量（$G_r + G_{if} + G_f$）为 253 亿 m³。潜水蒸发量按 60 亿 m³ 计[20]，设采补平衡，则农业开采量（即 S_{ig}）为 190 亿 m³。据水利部门统计资料，在偏旱的 1978 年，黄河以北地区浅层地下水开采量为 185 亿 m³[21]，此二数值相当接近。

将 R，F_s，G_r，G_{if}，O_r 和 O_f 值代入式（7.11）和式（7.12），则

$$S_r = 464 \text{ 亿 m}^3 \text{；} S_{if} = 137 \text{ 亿 m}^3$$

我们认为，对于占总进入水量 82.7% 的蒸散量 784 亿 m³，应尽可能地区分

出生产性（主要是农业）蒸散和非生产性蒸散。我们根据不同作物的播种面积、总产（1976—1978 年的 3 年平均数）及其耗水系数和计算了各自的总耗水量，结果列入表 7-21。

根据表 7-21，两平衡区按生产量计算的总耗水量分别为 255.42 亿～375.07 亿 m^3 和 777.24 亿～1 172.78 亿 m^3，我们称之为生产性蒸散（E_1）。其他部分称非生产性蒸散或无效蒸散（E_2），意指未直接生产农产品。当然，其中也会包括一些像林木、芦苇、饲草等有一定经济价值的生物性产品。

表 7-21　黄淮海平原和海滦平原的作物耗水量

平衡区	作物	播种面积 / 万亩	总产 / 亿斤[*]	耗水量 / 亿 m^3	说明
海滦平原	粮食	14 118.85	344.64	242.02 ～ 355.12	所用耗水系数（包括蒸腾和棵间蒸发）为：
	棉花	1 327.59	3.29	2.96 ～ 4.28	麦类：0.7 ～ 1.1
	油料	921.80	10.44	10.44 ～ 15.67	玉米：0.6 ～ 0.8
	合计	16 368.24	—	255.42 ～ 375.07	高粱：0.5 ～ 0.7
黄淮海平原	粮食	25 602.59	785.23	601.36 ～ 915.56	谷子：0.8 ～ 1.0 水稻：1.0 ～ 2.1
	棉花	2 804.47	13.21	118.88 ～ 171.72	薯类：1.0 ～ 1.3 （表中粮食含以上 6 类）
	油料	3 557.08	57.00	57.00 ～ 85.50	棉花：0.9 ～ 1.3
	合计	31 964.14	—	777.24 ～ 1 172.78	油料：1.0 ～ 1.5

＊1 斤＝ 0.5 kg。

总结以上资料，海滦平原水量平衡模型及各要素分析计算结果可见于图 7-12。

按海滦河流域平衡区的计算方法，整个黄淮海平原的水量平衡的诸要素值汇集如下（单位为亿 m^3）：

$R = 2\,082$

$F_s = 881$，其中：海滦河流域 206

黄河流域 560[*1]

淮河流域 115[*2]

$F_g = 8.59$[24]

$O = 763$，其中：海滦河流域 94

黄河流域 484[*3]

淮河流域 185[*4]

$E = 2\,209$（差减法求得）

注：[*1] 为花园口站 1919 年的 56 年系列资料；[*2] 为包括伏牛山区及淮南山丘区的河南部分的 1956—1979 年平均值；[*3] 为利津站 21 年资料；[*4] 为包括废黄河滨海区、苏北灌溉总渠六朵南闸全部及三河闸的一部分，此数值稍偏大。

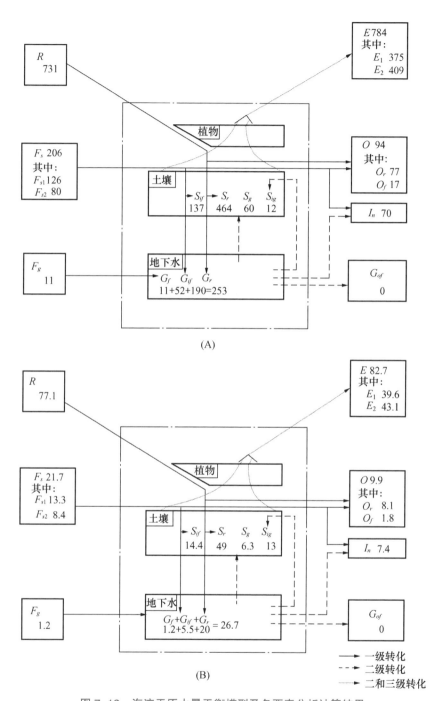

图 7-12　海滦平原水量平衡模型及各要素分析计算结果

（A）各要素之水量，亿 m^3；（B）各要素水量占总水量的百分数黄淮海平原水量平衡模型及各要素分析计算结果可见图 7-13。

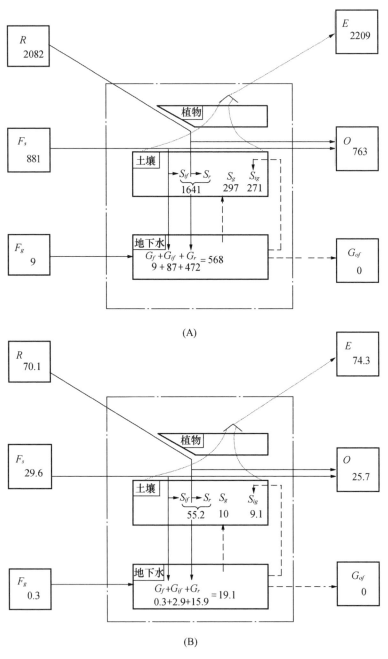

(A)

(B)

图 7-13 黄淮海平原水量平衡模型及各要素分析计算结果

（A）各要素之水量，亿 m^3；（B）各要素水量占总水量的百分数

7.8.3 黄淮海平原水量平衡分析

从以上水平衡分析中看出，黄淮海平原和其中的海滦河平原的水分来源主要是降水，分别占总量的 70% 和 77.1%，排出的主要形式是蒸散，分别占总量的74.3% 和 82.7%。黄淮海平原属暖温带半湿润季风区的降水 – 蒸散水平衡类型。降水 – 蒸散型的水平衡特征，决定了这个地区水运动和平衡的基本性质，是我们观察分析问题的主要依据和出发点。以下对水蒸散量、水调节中的地下水库和土壤水库等问题进行分析与讨论。

1. 关于水蒸散量及其潜力问题

黄淮海平原水量平衡中的排出途径主要是蒸散，需要对蒸散做进一步分析。

以海滦河流域水量平衡区为例，天然水资源总量是亩均 492 m³/ 年，如不计入海及工业生活用水，即参与转化和蒸散过程的水量为 407 m³/（亩·年）。区内耕地 11 732 万亩，土地利用系数 0.61，实际每亩可用水量为 452 m³/ 年（可采地下水按总面积计算）。

上节提出，$E_1 = （255 \sim 375）$ 亿 m³/ 年，即亩均 217 ~ 320 m³/ 年。所以，蒸散水量的有效系数为 0.48 ~ 0.71。这是因为生产水平低，耗水系数高，无效蒸发量大所致。另外，地下水没有充分开发也是一个原因。提高蒸散水量的有效利用率的途径包括改善田间管理（如耕作和保墒等），提高生产水平，调整作物布局和提高土地利用系数等生物性的和农业的措施，以及充分开发利用浅层地下水资源等。这些措施具有耗资少、见效快的长处。

以上谈到的是对耕地蒸散水量的分析及其潜力，易于被人们忽略。至于非耕地上水量的有效利用问题和通过调节以减少入海水量问题后面还将谈到。

地面径流的亩均和人均占有量方面，黄河、淮河和海河流域在全国平均水平的 25% 以下，是我国水资源相当贫乏的一个地区[25]，这就更应当对水状况做全面和仔细分析，挖掘和利用一切可能利用的水源。

当然，以上是按平均值估算的，没有考虑到自然条件和降水的地区差别及年内年际分配上的不均性。要克服这一点，则需要在空间范围和时间上对水分进行人工调节。

2. 水循环中的地下水调节和地下水库问题

浅层地下水是黄淮海平原水资源中的重要组成部分，同时其地下含水层又是一座巨大的天然储水库，在水循环中起着极其重要的作用。自然水资源总量的18.8%，即 558 亿 m³/ 年是以地下水的形式转化于水循环过程中的。新中国成立后国家投巨资建山区水库近 4 000 座，总库容约 250 亿 m³。若按设计全部蓄满水，也不及地下调蓄水量的一半。冀豫和北京市年灌溉用水 322 亿 m³，其中 62%，即 199 亿 m³ 取自地下水。如果黄淮海平原没有或只有一半这样的地下调蓄能力，几乎难以设想将会出现多么艰难的局面和荒凉的景象。

问题还不仅在于地下水的储水量大，更重要的是它所起的调蓄作用。半湿润季风区降水集中，年变率大，因而，水量的调蓄是个大问题。与地上水库相比，地下水不仅调蓄能力大，而且耗资小或不耗资，不占地，危险小，特别是它能适应季风区降水年变率高的特点，可以起多年调蓄的作用。1975 年以来我们多次提出了浅层地下水的开采不仅扩大了水源，而且能起防涝治碱和改造咸水的作用，它是调节黄淮海平原水分循环的中心枢纽和综合治理旱涝碱咸的关键的观点[26, 27]。

地下调蓄的潜力如何？这是人们所关心的问题。

显然，加大地下水埋深，可以多腾出地下空间，增加降水的入渗和减少地下水蒸发，以扩大地下调蓄能力。胡学华曾对海滦河流域平原浅层地下水不同埋深的降雨入渗量和地下水蒸发量作了估算，将现埋深降低 2 m，可增加 62 亿 m^3 的地下蓄量。当埋深继续加大时，可蓄水量可相应加大，但是在降水量不增加的情况下，则入渗补给地下水的水量相应减少。

吴忱等提出[28]，河北平原黑龙港地区具有良好蓄水条件的地下水库有 26 座，面积 3 500 km^2，若将这些地区的地下水埋深增加 3 m，每年可多蓄水 8 亿 m^3。又据地质勘探资料[23]，黄淮海平原中具有良好地下蓄水水文地质条件的有 74 处，面积 2.76 万 km^2，可蓄水 98.4 亿 m^3。这些蓄水地段主要集中于黄河以北，可蓄水 67.7 亿 m^3。这为解决北部地区严重缺水问题提供了有利条件。

浅层地下咸水是一项尚待开发的水源和地下调蓄区，面积为 9.9 万 km^2，其中地面以下即为咸水层或浅层淡水，厚度小于 10 m 的浅埋藏地区面积为 4.7 万 km^2，即地下咸淡水区面积相当。浅埋藏咸水区中，低矿化（2～5 g/L）浅层咸水面积为 24 166 km^2，多年平均综合补给量为 54.5 亿 m^3。低矿化咸水的利用和改造的研究工作已取得多方面的成果，它将成为黄淮海平原的一项新的水源和水循环中的一处重要调蓄场所。

浅层地下水不仅提供了大量水源，而且作为水循环的调节枢纽，对旱涝盐碱的综合治理有着极其重要的作用。当前如此，即使今后引用外来水源（如"引江"或"引黄"），更需要有这座巨大的地下水库来调蓄水量，否则，引入的大量水源在扩大灌溉的同时，因缺乏调节能力而大量补给地下水，恶化了区域水平衡状况，涝盐灾害将会日益加深和扩大。

Ambroggi 根据美国、巴基斯坦、以色列和突尼斯等国的大量资料，认为人类日益认识到地下水库已成为调节区域水循环的十分重要的手段。并认为，人类面临着一个全球性的问题不是淡水不足，而是没有重视地下水的使用问题[29]。

3. 水循环中的土壤调节和土壤水库问题

从水均衡模型中可以看到一个重要事实，即总水量的 74%（2 209 亿 m^3）是以入渗－储存－蒸散的方式在土壤中完成其全部转化过程的。其中19%的水分是通过土壤补给地下水，然后又进入土壤，经蒸散（二次转化）而完成其转化过程的。也就是说，总水量的3/4，2 000余亿 m^3 的水分是在土壤中进行转化的。土壤无疑是水循环中的一个重要场所。

前面谈到，在一定降水条件下，随着地下水埋深增加而入渗补给量相应减少，这是指补充地下水而言，但是随着埋深加大而增加了降水入渗，使土壤储水量增加。按水平衡观点，这只是改变量值在不同平衡要素间的分配问题，对整个水循环和调节同样是有利的。所以，在建立地下水调节和地下水库的观念的同时，也需要建立土壤调节和土壤水库的概念。

水分在土壤中的有效储量主要在萎蔫含水量和田间持水量之间，以 4 m 深土体计，最大亩蓄水能力约为 450～550 m^3。此值近于天然进入水量的亩均数，也就是说，以 4 m 土体大致具有存储整个进入水量的能力。当然，这只是一个理论计算值，只是说明土体对水分具有如此存储和调蓄能力，至于能否得到充分利用和发挥，还要决定于降水和其他水源的补给情况等多种条件。但是，足够的地下水埋深和采取减少地面径流流失，灌溉引渗等多种措施，以最大限度地增加入渗，减少入海水量，更多地把水分存储于土壤是可以大大改善区域水循环状况的。

土壤调节的另一方面是减少无效蒸散。海滦河平原水平衡模型中农田蒸散的有效系数仅 0.6 左右，若能提高到 0.75，就可以使约 80 亿 m^3 的水得到利用，这是一个相当可观的数字。目前荒废地尚多，土地利用系数仅 0.61，随着土地利用率的提高，土壤水分的利用和有效蒸散系数还可以增加。所以，减少无效蒸散和提高有效蒸散系数以增加农业生产量的潜力是很大的。调整作物种植结构，提高单位面积生产量，改进保墒和节水技术，精耕细作以及提高土地利用系数等措施都将进一步挖掘这方面的潜力。

以上所述，在区域水循环和水平衡分析中，建立广义水资源、土壤水资源以及土壤水调节和土壤水库的概念和进行土壤水循环中入渗、转化、储存、蒸散以及利用状况和调节管理技术方面的研究，不仅具有理论上的意义，对农业实践也会有重要的指导作用。

土壤水资源不同于地表水或地下水资源，它只能就地调节利用，变非生产性为生产性，而不能异地而用。但是，也有其所长，它的进入和储存不需专门投资，就是对作物的供应也是依靠土水势差，使下部的水分向上转运，也不需做专门的投能与投资。

参考文献

［1］石元春,辛德惠,等.黄淮海平原的水盐运动和旱涝盐碱的综合治理［M］.石家庄:河北人民出版社,1983.

［2］石元春,李韵珠,陆锦文.盐渍土的水盐运动［M］.北京:北京农业大学出版社,1986.

［3］石元春.半湿润季风区的水盐平衡［M］.//石元春,辛德惠,等.黄淮海平原的水盐运动和旱涝盐碱的综合治理.石家庄:河北人民出版社,1983,72-74.

［4］Морозоб А Т.Водно-содебоц бадаис орощаемых территорий Абгореферат Бокторский писеертачии АН СССР.1954.

［5］柯夫达 В А.盐渍土的发生与演变（上册）［M］.北京:科学出版社,1957.

［6］黑龙江省水利勘测设计院.黑龙江省北部引嫩地区水盐平衡分析（内部资料）,1978.

［7］华北农业大学（现中国农业大学）盐碱土改良研究组.旱涝碱咸综合治理的研究.华北农业大学.农业科技参考资料,1977,39.

［8］石元春.水盐平衡类型//黄淮海平原的水盐运动和旱涝盐碱的综合治理,1983:74-77.

［9］Berg C V D, Visser W C, Kovda V A.Water and salt balances［M］// Irrigation,Drainage and Salinity.An International Source Book FAO/UNESCO, 1973.

［10］石元春.土壤的盐量平衡［M］.//黄淮海平原的水盐运动和旱涝盐碱的综合治理.石家庄:河北人民出版社,1983,77-83.

［11］西安交通大学水利系.土壤盐渍化的防止与改良,1959.

［12］石元春.地块及区域的水盐平衡//黄淮海平原的水盐运动和旱涝盐碱的综合治理,1983:83-96.

［13］张原秀,等.藁城县南部地下水均衡计算（内部资料）,1978.

［14］河北省地理研究所水文研究室.南宫地下水库的调节计算（内部资料）,1978.

［15］陈焕伟,石元春.旱涝盐碱综合治理单元的水盐平衡分析［M］//石元春,李韵珠,陆锦文.盐渍土的水盐运动.北京:北京农业大学出版社,1986,41-67.

［16］石元春.大区和流域的水盐平衡以及黄淮海平原的水均衡分析［M］,见参考文献1,96-98.

［17］Л.К.Булинов.里海的盐分平衡及由于海平面下降而引起的变化//地表盐分的迁移积累和平衡,1963.

［18］石元春.黄淮海平原的水均衡分析［J］.北京农业大学学报,1982,8（1）:13-21.

［19］河北省地理研究所.海滦河流域降水分析（内部资料）,1979.

［20］胡学华.降低地下水位能不能减少径流增加有效降雨量（内部资料）,1979.

［21］黄淮海平原旱涝盐碱综合治理区划组.黄淮海平原综合治理区划说明书（内部资料），1981.

［22］天津勘测设计院二总队规划室.海滦河流流域水资源及其利用（内部资料），1979.10.

［23］地质部水文地质工程地质局.黄淮海平原地下蓄水水文地质图说明书（内部资料），1979.

［24］地质部水文地质工程地质局.黄淮海平原浅层地下水补给资源分区图说明书（内部资料），1979.

［25］水利部水文局.我国的水资源问题（内部资料），1980.

［26］华北农业大学土化系曲周基点.运用浅井 - 深沟体系，综合治理旱涝碱咸.华北农业大学教育革命通讯，1975（1）：44-64.

［27］华北农大曲周基点组.旱涝碱咸综合治理的研究.土壤学报，1978，1: 27-29.

［28］吴忱，吴金祥.古河道与地下水库（内部资料），1978.

［29］Ambroggi R P.地下水库调节水循环.Ground Water, 1978, 3.

8 区域水盐运动监测预报

【本章按语】

    在多年旱涝碱咸综合治理实践和水盐运动研究基础上，水盐运动研究课题组石元春、李韵珠、陆锦文等于20世纪80年代初开展了水盐运动监测预报研究（列入"六五"国家科技攻关课题），取得了一批重要成果，出版了《盐渍土的水盐运动》一书。"七五"国家科技攻关黄淮海项目中，此课题继续被列为重点后，为了加强数学模型和计算机技术的应用，李保国（当时为博士研究生）、汪强、陈研等一批年轻科技工作者充实到本课题研究组，以利于传统理论技术与现代理论技术的结合。基于"七五"研究成果，1991年出版了《区域水盐运动监测预报》一书。本章内容由该书摘编而成，摘引部分的出处列入了章末的"参考文献"。

    区域水盐运动是一种客观存在的自然现象，与气象、洋流、地震等一样，均有其自身发生、发展和演化的过程与规律。人们为了趋其利而避其害，需要在认识其发生发展和运行规律的基础上，希望做到预测而防患未然，预报而有利于调控管理。气象预报和地震预报人所共知，而对事关农业发展和近在足下的区域水盐运动的预报却不甚了了，因为对它的研究和了解太少了。本章将介绍"六五"和"七五"期间关于区域水盐运动监测预报方面的初步研究成果。

8.1 区域水盐运动监测预报研究概述[1]

    第二次世界大战以来，世界人口急剧增长，人们越来越意识到，必须充分应用科学技术对地球上越来越珍贵的水土资源进行合理地开发与利用。人们深刻地认识到，对付旱涝和土壤盐渍化，一个大中型农田水利工程绝非是某个乡村和田块的灌溉排水，而是把这个工程和整个流域和区域联系在一起，与整个区域的水盐运动状况及演变联系在一起。石元春（1983）提出，黄淮海平原的旱涝盐碱综合治理的实质，是对区域水盐运动的调节与管理，要做到对区域水盐运动科学的调节管理，重要的条件是能及时掌握区域水盐运动的状况以及对发展趋势的预测。社会和科学技术的发展，提出了对区域水盐运动监测预报的需要。

对预报对象运动规律的认识和资料积累是科学预报的基础，监测预报的方法和手段是科学预报和准确程度的前提。近代气象预报准确程度的大幅度提高，不仅得益于气象科学的进步，而且得益于地球资源卫星、气象卫星的监测，以及计算机的数据处理等现代监测手段及技术。当然，对运动规律的认识和有效的监测不能代替预报，预报还有着自身的理论和技术，正如气象预报乃是整个气象科学中的一个重要和独立的分支。

与气象预报相比，区域水盐运动的预报尚处酝酿和起步阶段。地下水水位和水质预报工作做得较多，基础稍好。张蔚榛（1983）[2]和陈葆仁（1983）[3]对地下水水位预报，做了系统和总结性地阐述；Konikow 与 Bredehoeft（1974）[4]、王秉忱（1985）[5]、孙讷正（1989）[6]等对区域地下水水质预报方面做了研究报道，而区域性土壤水盐运动预报的研究报道则很少。偶有实验室在有控条件下的预报模型的研究报道，也和实际的预报工作有很大距离。20 世纪 50 年代末，匈牙利土壤学家 Szaboles 和 Darab（1969）等[7]，就蒂萨河流域的大型水利灌溉工程，提出了为土壤盐渍化测报服务的专门性土壤调查，建立了以地下水临界深度为中心的制图系统（比例尺为 1∶100 000），以预测不同条件下灌溉后盐渍化的发展。联合国粮农组织（FAO）发行的《盐化与碱化的预报》（1976）一书中，Szabolcs 提出了盐化和碱化监测预报的土壤和水文调查方法。黑龙江省水利勘测设计院（1978）为审议和设计"引嫩"工程而进行的水量均衡计算，预测了引嫩后区域水盐变化趋势和应采取的预防措施。

早在 20 世纪 60 年代末与 70 年代初，在水文学及相关领域中，就有众多的探讨区域水文或流域水文的整体行为的系统模型（FAO，1979）[8]。这当中具有代表性的是 STANFORD 模型和 HSP 模型。STANFORD 模型（Crawford 和 Linsley, 1966）[9]涉及区域水文中的各个过程，可用于区域水文中径流量估测、土地利用管理、排水设计、旱涝预报、土壤侵蚀等方面。HSP 模型（Hydrocomp International, 1969）[10]的应用领域除了与上述 STANFORD 模型具有相似的功能外，还可用于流域地下水管理与水质评估等方面。Holtan 和 Lopez（1971）[11]、Fleming 和 Fahmy（1973）[12]、Fleming 和 Walker（1976）[13]、Wardlaw 和 Fleming（1977）[14]等众多学者，也针对不同的具体问题建立了有关的区域水文模型。在 1981 年，Tanji[15]对美国西部 20 世纪 60 年代和 70 年代的流域水盐模型进行了系统总结，概括为 10 个具有代表性的模型。欧洲从 70 年代末开始，英国、丹麦和法国合作开发研究欧洲水文系统 SHE（Systeme Hydrologique European），包括对径流、土壤水、地下水、蒸散、积雪融化模型的研究与联结，至今这项研究还在继续中。

石元春（1977）[16]曾就微咸水灌溉条件下的水盐状况预报及对相应的灌溉

管理做了系统的报道，随着黄淮海平原旱涝盐碱综合治理研究的深入发展，又提出了为实行区域水盐运动的科学调节和管理应做监测预报技术的研究。石元春和他的研究团队在这方面的主要成果有：应用地理分析法，在对测报区复杂的地理和人为因素进行综合分析的基础上，提出了区域水盐运动类型的划分原则，方法和制图技术；应用区域水均衡法和数理统计法进行了地下水水位预报的探讨；土壤水盐运动预报的有关参数研究，如不同质地土壤的持水性和导水率的特点，盐分扩散—弥散系数，并编制了一维非饱和流的计算机程序；在春季蒸发条件下，不同质地的层状土柱及田间土壤的基质势和含水量预测研究，以及不同区域水盐运动类型的土体季节性水盐运动的监测和预测；监测方法和手段的研究，如压力传感张力计、遥感技术在水盐监测上的应用等。

在此研究的基础上，提出了测报体系采取的技术线路是：在认识黄淮海平原水盐运动的特点和进行水盐运动类型划分的基础上，采用地下水—土壤两段式测报方法。以上研究成果编写出版了《盐渍土的水盐运动》一书（1986）[17]。

1986—1990年国家"七五"科技攻关中，使这个课题第二阶段的研究进入了一个新的阶段，提出了比较完整的区域水盐运动监测预报的PWS（Prognosis of Water and Salt）体系。PWS体系的主要内容包括资料与监测系统、地下水水位和水质的动态预报、土壤水分动态预报、土壤盐分动态预报，以及在各子系统预报的基础上，提出了系统预报的模型及对其实施和检验，以及PWS体系的信息系统。所建立的系统预报模型，可对区域地下水水位及水质、区域土壤水盐的分布动态进行预报，这正是PWS体系中对区域水盐动态系统预报的主要内容。

PWS体系有以下特点与内容：

● 运用系统分析、数学式，表达和建立概念模型，使对区域水盐运动这个复杂系统的认识，由传统的和经验性阐述发展为概念清晰、科学和规范化的表达，并为系统预报打下了基础。

● 在不同类型与条件的水盐监测预报区内，应用多种方法，如水动力学、水盐平衡、专家识别、数学模型等方法，发展建立了针对不同目的的4个子系统预报模型。各子模型的应用灵活，可根据预报要求，有针对性地选用建立的子模型，做出某一子系统在一定时段内的趋势性或定量化预报。

● 按4个子系统的自然关系，以其物质的流向和流量构成有序的系统预报模型。从实验室模拟到建立田间预报模型，又从单点到多点，特别是通过建立分布式动态模型和栅格化数据图幅叠加等方法，使多点预报扩展为完整的面的预报，并以直观和实用的图幅形式表达，以菜单选择的方法提供服务。既可做中长期预报，也可做季节的最小时段预报。

● 比较充分地应用了地理信息系统和计算机技术，初步建立了从信息（数据）输入、计算、管理到图幅和数据文件输出的计算机自动化运行系统。

8.2 区域水盐运动的系统分析[18]

对区域水盐运动进行预报研究，是基于对区域水盐运动实行科学的调节管理，以综合治理旱涝盐咸和提高农田水利用效率的需要而提出的。以上所述在一定时空条件和多种因素综合影响和制约下的水盐运动，是一个十分复杂的动态系统，进行定量化的预报，必须对此做出科学地系统分析和建立能够定量表达的各种方程或模型。

就综合治理旱涝盐咸和提高农田水利用效率而言，区域水盐运动的主要内涵指土壤水分和盐分、地下水水位和水质的动态和空间分布状况。这种水盐状况的演变是在气候（cl）、水文地质（hg）、地貌（gm）、土壤（sl）、农作物（植被）（vg）以及土地管理（人为因子）（lm）的综合影响下发展的。某一瞬间的区域水盐状况（RWS）可用下式表达：

$$RWS(t) = F(cl, hg, gm, sl, lm, vg, \cdots)\tau \cdot$$
$$RWS(t-1) + RWS(t-1) \tag{8.1}$$

式中：t 及 $t-1$ 指时间；τ 指从 $t-1$ 到 t 时段。

对此式右项进行如下转换：

$$F(cl, hg, gm, sl, vg, lm, \cdots)\tau \cdot RWS(t-1) + RWS(t-1)$$
$$= [1 + F(cl, hg, gm, sl, vg, lm, \cdots)\tau] \cdot RWS(t-1)$$

令 $\qquad F(cl, hg, gm, sl, vg, lm, \cdots)\tau = F(\quad)\tau$

则 $\qquad RWS(t) = [1 + F(\quad)\tau] RWS(t-1) \tag{8.2}$

对式（8.1），以环境因子、区域（空间）分布、系统分解三方面进行如下分析。

环境因子分解：

一般情形下，在农区区域水盐运动系统的环境因子可分为气候因子、地学综合体因子、土地管理（包括灌排条件、土地种植等）因子，据此把 $F(\quad)\tau$ 分解为：

$$F(\quad)\tau = [f_1(cl)\tau + f_3(vg, lm)\tau] \cdot f_2(hg, gm, sl) \tag{8.3}$$

令 $\qquad\qquad\qquad f_1(cl) = C \tag{8.4}$

$$f_2(hg, gm, sl) = G \tag{8.5}$$

$$f_3(vg, lm) = L \tag{8.6}$$

则
$$F(\quad)\tau=(C\tau+L\tau)G \tag{8.7}$$

其中 C、G、L 分别代表了区域水盐运动系统与气候因子、地学综合体、土地管理因子之间的函数。式（8.7）中 C、L 是随时间（t）变化的外部因子，G 是在一定区域内相对稳定，不受时间（t）影响的因子。关系运算表明：地学综合体是区域水盐运动系统的基础，气候因子与土地管理因子的联合，通过地学综合体而作用于区域水盐运动系统，从而引起该系统状态的改变。

空间因子分解：

对区域水盐运动系统研究的最终目的，是要得知区域水盐状况的空间分布。可以假设平面由众多的"点"组成，如得知每一点的水盐状况，区域分布即可得出。对区域上某一点 (x,y) 如不考虑周围点对其影响，据式（8.7）可得：

$$RWS(x,y)(t)=\{(C(x,y)\tau+[L(x,y)\tau]\cdot G(x,y)+1\}\cdot$$
$$RWS(x,y)(t-1) \tag{8.8}$$

而实际上，空间上点与点之间是相互关联的，见图 8-1。

设空间步长为 Δx，Δy，此时 $RWS(x,y)(t)$ 应为：

$$RWS(x,y)(t)=\{[C(x,y)\tau+L(x,y)\tau]\cdot G(x,y)+1\}\cdot$$
$$RWS(x,y)(t-1)+\sum_{x=x-\Delta x}^{x+\Delta x}\sum_{y=y-\Delta y}^{y+\Delta y}axy\cdot$$
$$RWS(x,y)(t-1)[不包括(x,y)点] \tag{8.9}$$

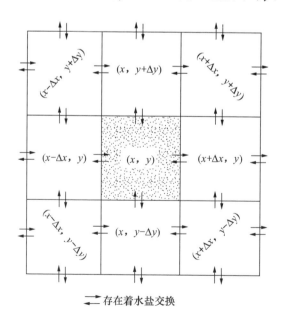

图 8-1 空间上某点 (x,y) 与周围点之间的关系

令
$$\sum_{x=x-\Delta x}^{x+\Delta x}\sum_{y=y-\Delta y}^{y+\Delta y}Axy \cdot RWS(x,y)(t-1)=A_e \cdot RWS(x_e,y_e)(t-1)\quad (8.10)$$

则

$$RWS(x,y)(t)=\{[C(x,y)\tau+L(x,y)\tau]\cdot G(x,y)+1\}\cdot$$
$$RWS(x,y)(t-1)+A_e \cdot RWS(x_e,y_e)(t-1)\quad (8.11)$$

式（8.11）中，$RWS(x_e,y_e)(t-1)$ 代表 (x,y) 点的周围点水盐状况，A_e 为周围点对 (x,y) 点的水盐状况的影响因子。

式（8.11）表明了区域内某一点的水盐状况与此点的 C、G、L 因子，前期水盐状况与周围点的水盐状况有关。

设所研究的区域 D，求出所有 $(x,y)\in D$ 的 $RWS(x,y)$，则区域水盐状况的分布可用集合表达为：

$$RWS_D(t)=\{RWS(x,y)(t) \mid (x,y)\in D\}\quad (8.12)$$

在环境因子分解和空间因子分解的基础上的水盐运动系统的分解如下：

在半干旱、半湿润冲积平原区，如区域水盐动态主要考虑地下水水盐动态与土壤水盐动态，即区域水盐动态可用地下水水盐与土壤水盐这些状态变量进行表示。可用式（8.13）表示：

$$RWS=[RWS_1,RWS_2,RWS_3,RWS_4]\quad (8.13)$$

式中：RWS_1 为区域地下水水位（埋深）；RWS_2 为区域地下水水质；RWS_3 为区域土壤水分；RWS_4 为区域土壤盐分。

它们之间的相互关系见图 8-2，如要求出某一个 RWS_i（$i=1,2,3,4$），则 RWS_j（$j\neq i$）也应被考虑。即：

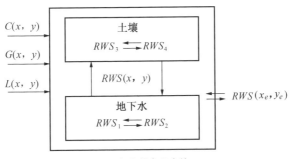

图 8-2 $RWS(x,y)$ 中地下水盐子系统与土壤水盐子系统的关系

$$RWS_i(t) = [(C_i\tau + L_i\tau) \cdot G_i + 1] \cdot$$
$$RWS_i(t-1) + \sum_{\substack{j=i}}^{4} r_{ji}RWS_j(t) \qquad (8.14)$$

式中：r_{ji} 为其他子系统对所考虑子系统的影响参数。

式（8.14）说明，某一子系统水盐状况与 C、G、L 及前期的水盐状况及其他子系统的水盐状况有关。

如考虑空间上一点某一子系统的水盐状况，则：

$$RWS(x,y)_i(t) = \{[C(x,y)_i\tau + L(x,y)_i\tau] \cdot G(x,y)_i + 1\} +$$
$$RWS(x,y)_i(t-1) + A_{ei} \cdot RWS(x_e,y_e)_i(t-1) +$$
$$\sum_{\substack{j=1\\j\neq i}}^{4} r_{ji}RWS(x,y)_j(t) \quad (i = 1,2,3,4 | (x,y) \in D)$$
$$(8.15)$$

式（8.15）即为区域水盐运动系统变化概念性的基本状况方程。它表明，在区域上的某一点的某一子系统的水盐状况，是由下述三方面综合作用的结果：

环境效应：气候、地学综合体、土地管理因子（人为因子）。

空间分布效应：周围点对此点的影响。

系统内部效应：区域水盐运动系统中其他子系统对所考虑子系统的影响。

对式（8.15）具体分析，进行简化，就可建立起水盐运动系统预报的概念模型。

8.3 区域水盐运动的概念性预报模型 [18]

区域水盐运动的预报模型包括分别建立预报区域地下水水位、水质、区域土壤水盐的模型，以及对各个子模型进行综合，生成区域水盐运动系统预报模型。

对建立各个子模型所要考虑的主要因子与各个子模型之间的关系做如下分析。

据式（8.15），预报区域地下水水位、水质、土壤水、土壤盐分状况的基本方程可表达为：

1. 区域地下水水位（埋深）状况

$$RWS(x,y)_1(t) = \{[C(x,y)_1\tau + L(x,y)_1\tau] \cdot G(x,y)_1 + 1\} \cdot$$
$$RWS(x,y)_1(t-1) + A_{e1} \cdot RWS(x_e,y_e)_1(t-1) +$$
$$\sum_{j=2}^{4} r_{j1}RWS(x,y)_j(t) \qquad (8.16)$$

2. 区域地下水水质状况

$$RWS(x,y)_2(t) = \{[C(x,y)_2\tau + L(x,y)_2\tau] \cdot G(x,y)_2 + 1\} \cdot$$
$$RWS(x,y)_2(t-1) + A_{e2} \cdot RWS(x_e, y_e)_2(t-1) +$$
$$\sum_{\substack{j=1 \\ j \neq 2}}^{4} r_{j2} RWS(x,y)_j(t) \qquad (8.17)$$

3. 区域土壤水状况

$$RWS(x,y)_3(t) = \{[C(x,y)_3\tau + L(x,y)_3\tau] \cdot G(x,y)_3 + 1\} \cdot$$
$$RWS(x,y)_3(t-1) + A_{e3} \cdot RWS(x_e, y_e)_3(t-1) +$$
$$\sum_{\substack{j=1 \\ j \neq 3}}^{4} r_{j3} RWS(x,y)_j(t) \qquad (8.18)$$

4. 区域土壤盐状况

$$RWS(x,y)_4(t) = \{[C(x,y)_4\tau + L(x,y)_4\tau] \cdot G(x,y)_4 + 1\} \cdot$$
$$RWS(x,y)_4(t-1) + A_{e4} \cdot RWS(x_e, y_e)_4(t-1) +$$
$$\sum_{j=1}^{3} r_{j4} RWS(x,y)_j(t) \qquad (8.19)$$

从式（8.16）到式（8.19）可得知，要预知 t 时刻的 $RWS(x,y)_i$ 除了环境因子与前期状况 $RWS(x,y)(t-1)$ 外，还要知道同期其他子系统的相互关系。为使各子系统在求解时相对独立，做如下分析与简化：

图 8-3 为 RWS_i 之间的相互关系图。设 RWS_1、RWS_2、RWS_3、RWS_4 分别为地下水水位、地下水水质、土壤水分、土壤盐分，各子系统的代号为 1、2、3、4。

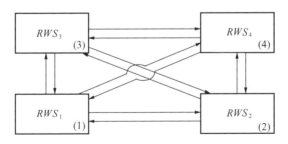

图 8-3　RWS_i 各子系统之间的关系

r_{ij} 代表各子系统之间的关系，则这 4 个子系统之间的关系矩阵为：

$$\begin{bmatrix} r_{11} & r_{12} & r_{13} & r_{14} \\ r_{21} & r_{22} & r_{23} & r_{24} \\ r_{31} & r_{32} & r_{33} & r_{34} \\ r_{41} & r_{42} & r_{43} & r_{44} \end{bmatrix} \qquad (8.20)$$

其中 r_{12} 代表地下水水位对下水水质的影响，其余类推。

对于矩阵（8.20），据区域水盐运动规律，某些子系统对其他子系统的影响（如地下水水质对地下水水位、土壤水分的影响；土壤盐分对土壤水分与地下水水位的影响）可忽略不计，故此矩阵（8.20）可简化为：

$$\begin{bmatrix} r_{11} & r_{12} & r_{13} & r_{14} \\ 0 & r_{22} & 0 & r_{24} \\ r_{31} & r_{32} & r_{33} & r_{34} \\ 0 & r_{42} & 0 & r_{44} \end{bmatrix} \tag{8.21}$$

关系矩阵（8.21）表明，在区域水盐运动系统中，地下水与土壤水的运动起着重要作用。这就是一般所谓"盐随水去（来）"的反映。进一步分析土壤水对地下水水质的影响 r_{32} 是通过土壤盐来联系的。即 r_{32} 的影响过程为 $r_{34} \rightarrow r_{42}$。因此，$r_{34}$ 的影响过程为 $r_{31} \rightarrow r_{14}$，而土体内盐分的增减只有通过与地下水的交换。略去中间过程，可把 r_{32}，r_{34} 视为零，这样矩阵（8.21）转换为矩阵（8.22）：

$$\begin{bmatrix} r_{11} & r_{12} & r_{13} & r_{14} \\ 0 & r_{22} & 0 & r_{24} \\ r_{31} & 0 & r_{33} & 0 \\ 0 & r_{42} & 0 & r_{44} \end{bmatrix} \tag{8.22}$$

关系矩阵（8.22）表明，在区域水盐运动系统中，地下水位对地下水水质（r_{12}）、土壤水（r_{13}）、土壤盐（r_{14}）起着重要的作用。这与石元春（1985）所阐明的"潜水位可能是人为调节区域和土壤水盐运动中大可借助的一个重要'杠杆'"相符合。这就促使在建立区域水盐动态系统预报模型时，应把地下水水位预报放在首位。然后再对地下水水质、土壤水、土壤盐做出预报。基于对关系矩阵（8.22）的分析，确定的系统预报模型中预报顺序如图8-4所示。

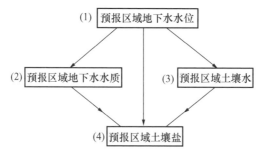

图8-4 区域水盐动态预报中对各子系统预报的顺序示意

括号内数字为顺序号；→表示预报结果的流向

据式（8.16）到式（8.19）以及关系矩阵（8.22）建立起来的区域水盐动态系统预报的最终概念模型如下。

第一步，预报区域地下水水位（埋深）状况：

$$RWS(x,y)_1(t) = \{[C(x,y)_1\tau + L(x,y)_1\tau] \cdot G(x,y)_1 + 1\} \cdot$$
$$RWS(x,y)_1(t-1) + A_{e1} \cdot$$
$$RWS(x_e, y_e)_1(t-1) +$$
$$r_{31} \cdot RWS(x,y)_3(t) \tag{8.23}$$

第二步，预报区域地下水水质状况：

$$RWS(x,y)_2(t) = \{[C(x,y)_2\tau + L(x,y)_2\tau] \cdot G(x,y)_2 + 1\} \cdot$$
$$RWS(x,y)_2(t-1) + A_{e2} \cdot$$
$$RWS(x_e, y_e)_2(t-1) + r_{12} \cdot$$
$$RWS(x,y)_1(t) + r_{42}RWS(x,y)_4(t) \tag{8.24}$$

第三步，预报区域土壤水分状况：

$$RWS(x,y)_3(t) = \{[C(x,y)_3\tau + L(x,y)_3\tau] \cdot G(x,y)_3 + 1\} \cdot$$
$$RWS(x,y)_3(t-1) + A_{e3} \cdot$$
$$RWS(x_e, y_e)_3(t-1) + r_{13} \cdot$$
$$RWS(x,y)_1(t) \tag{8.25}$$

在考虑区域问题时，由于土壤中水流的横向交换很小可忽略，即 $A_{e3} \approx 0$

故

$$RWS(x,y)_3(t) = \{[C(x,y)_3\tau + L(x,y)_3\tau] \cdot G(x,y)_3 + 1\} \cdot$$
$$RWS(x,y)_3(t-1) + r_{13} \cdot RWS(x,y)_1(t) \tag{8.26}$$

第四步，预报区域土壤盐分状况：
同样理由，取 $A_{e4} \approx 0$，则

$$RWS(x,y)_4(t) = \{[C(x,y)_4\tau + L(x,y)_4\tau] \cdot G(x,y)_4 + 1\} \cdot$$
$$RWS(x,y)_4(t-1) + r_{14} \cdot RWS(x,y)_1(t) +$$
$$r_{24} \cdot RWS(x,y)_2(t) \tag{8.27}$$

从式（8.24）到式（8.27）是利用系统分析所得出的概念模型，它为进一步建立定量化系统预报模型打下了理论基础，指出了建立定量化所需要兼顾的各方面内容。采取不同的方法途径就可建立起相应于式（8.24）至式（8.27）可求解的数学模型。

测报体系最终输出是要得到区域旱涝分布图和区域盐渍化程度图，根据得到的 $RWS(x,y)_i(t)$ 与研究区内作物受害指标（即旱、涝、盐渍指标），就可得到所要求的结果。

8.4 PWS 体系的结构、工作流程与监测系统[18, 19]

PWS 是 Prognosis of Water and Salt 的缩写，即区域性的水盐运动监测预报。

预报的目标和技术指标要求，决定于预报区区域水盐运动的特点和调节管理的需要。如针对某大中型水利工程设计中，需要提供的区域水盐运动发展趋势的预测预报、干旱半干旱地区灌区中近期（一年或多年）发展趋势的预测预报、为农田综合治理和水盐管理的预测预报等。本书内容以后者为主。由于黄淮海平原受半湿润季风气候的影响，区域水盐运动具有明显的季节特征，因此需要提供小流域或县级的，最小时限为一季的旱、涝、盐情预报。预报图幅比例尺可设计为 1:100 000。这是一个难度很大的技术指标。这类预报体系的建立，无疑也将有利于解决中近期工程建设提出的区域水盐预报任务。

PWS 体系的理论基础是半湿润季风气候区水盐运动理论，方法论是系统分析，技术体系是常规方法与地理信息系统（GIS）和计算机技术以及现代监测技术和手段的综合。

以上对区域水盐运动的理论性阐述和系统分析，决定了本体系的逻辑程序、基本结构和工作流程。主要内容是：

①前期工作和准备工作包括对本区水盐运动规律特点的研究和系统分析、相应的背景资料的收集，以及建立监测系统以取得预报所需的实测资料。

②分别对地下水水位、地下水质、土壤水分和土壤盐分 4 个子系统建立概念及预报模型，并在此基础上建立系统预报模型。同时，选用相应的方法实施和检验。

③应用地理信息系统和相关计算机技术，分别实现地下水水位、水质和土壤水分、盐分预报图输出的自动化，并进而分别生成旱情、涝情和盐情预报图及有关数据、表格和文字预报资料。

此体系的结构和工作流程见图 8-5。

测报区设在河北省南部的邯郸地区曲周县境内，测报区面积 487 km²，占全县总面积的 72.9%，有效水盐测报面积 364 km²。所建 PWS 体系测报的技术目标是要求于每年的 3、6、9 月份分别提出春、夏、秋 3 季的旱情或涝情以及盐情预报（图）及对策建议。测报区有 3 个分区，I 分区的监测系统于 1984 年 7 月初步建成启用，并于 1986 年底正式提供气象、地表水、地下水、土壤水、盐动态的各项观测数据。

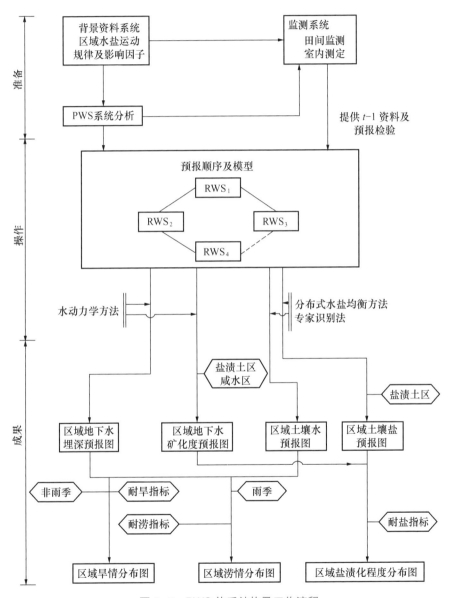

图 8-5　PWS 体系结构及工作流程

测报区内的水盐监测的总体布局和设置见图 8-6 和表 8-1。

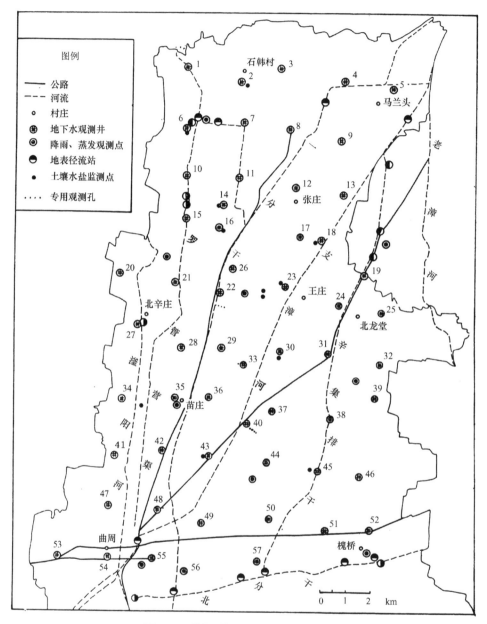

图 8-6　曲周测报区的监测系统布置图

表 8-1 曲周测报区各分区的水盐监测点的布局

分区号及名称		面积 /km²		地表径流测站 / 个	地下水测井 / 个	土壤水盐测点 / 个		气象站 /（个，点）
		流域控制	水盐监测			季度采样	月采样	
I	老漳河	172.5	253	15	60	48	12	8
II	东风渠	59.5	96	10	19		3	2
III	老沙河	132.3	138		31		2	3
	总计	364.3	487	25	110	48	17	13

8.5 区域地下水水位预报[20]

本节将介绍区域地下水位预报中的建模及模型的实施。

8.5.1 数学模型的建立

区域地下水水位动态进行预报用的是地下水动力学模型，可较详细地刻画出地下水系统随时间和空间的变化。但需对模型的有关参数及源汇项的处理做进一步的改进。Bear（1979）[21]对地下水流方程已有系统阐述。对建立浅层地下水的数学模型一般选用的方程为：

$$\frac{\partial}{\partial x}\left(KM\frac{\partial H}{\partial x}\right)+\frac{\partial}{\partial y}\left(KM\frac{\partial H}{\partial y}\right)+W_g(x,y,t)=\mu\frac{\partial H}{\partial t} \tag{8.28}$$

$$H(x,y,t)|\Gamma_1=\Phi(x,y,t)\quad(x,y)\in\Gamma_1 \tag{8.29}$$

$$\frac{\partial H}{\partial n}\Big|\Gamma_2=q_2(x,y,t)\quad\quad(x,y)\in\Gamma_2 \tag{8.30}$$

$$H(x,y,t)|_{t=0}=H_0(x,y)\quad(x,y)\in D \tag{8.31}$$

式中：H 为地下水水位；x、y 为笛卡尔坐标；M 为第一稳定隔水底板以上沙层总厚度；K 为渗透系数；μ 为给水度；t 为时间；Γ_1、Γ_2 为一类、二类边界；D 为测报区域；Φ 为水位或水头；q_2 为单宽流量；n 为 Γ_2 边界外法线方向；$W_g(x,y,t)$ 为地下水源汇项，即土壤水与地下水的变换量。

地下水水位动态主要受 $W_g(x,y,t)$ 的影响，K、M 对其影响并不显著（薛禹群等，1979）[22]，故 $W_g(x,y,t)$ 的处理直接影响模型的预报精度。对 $W_g(x,y,t)$ 的处理考虑如下。

在冲积平原区不同地学综合体类型（G）上，$W_g(x,y,t)$ 主要受气候条件（C）与土地管理因子（L）的控制。在数百平方千米的中比例尺成图范围内，一般可把区域的气候条件（C）视为一致，而人为因素（L）在空间（x,y,t）分布差异较大。从以上系统分析可知，C、L 是通过 G 作用于区域水盐运动系统的，具体到地下水子系统是 C、L 先作用于土壤水，然后渗漏补给地下水，或受 C 的影响地下水补给土壤水再蒸散到大气中。这就说明 $W_g(x,y,t)$ 在 G 不变时，主要受 C、L 的控制；另外也受到当前土壤水分含量的制约，这是由于土壤水与地下水是相互作用的。当研究对象是 1 m 土体的土壤水储量时，由于 1 m 以下土壤水含量比较稳定（鹿洁忠等 1985），故可做如下假定：当前土壤水分含量对 $W_g(x,y,t)$ 的影响可用前期地下水埋深 $d(t-1)$ 对 $W_g(x,y,t)$ 的影响来替换，即认为 $W_g(x,y,t)$ 是 C、G、L、$RWS_1(t-1)$ 的函数。这样的转换就把地下水子系统与土壤水子系统的数学模型求解独立起来。

据上述分析，$W_g(x,y,t)$ 可根据下式求出：

$$W_g(x,y,t) = Q_P(x,y,t) - Q_E(x,y,t) + Q_I(x,y,t) + Q_D(x,y,t) - Q_S(x,y,t) \tag{8.32}$$

$$Q_P(x,y,t) = \alpha(x,y,d) \cdot Pt \tag{8.33}$$

$$Q_E(x,y,t) = c(x,y,d) \cdot Et \tag{8.34}$$

$$Q_I(x,y,t) = \beta_1(x,y,d) \cdot Q_S(x,y,t) + \beta_2(x,y,d) \cdot Q_W(x,y,t) + \beta_3(x,y,d) \cdot Q_C(x,y,t) \tag{8.35}$$

式中：P 为降雨量；Q_D 为大型渠道补给（＋）、排泄（－）地下水量；E 为自由水面蒸发量；Q_S 为浅井开采水量；Q_P 为降雨补给浅层地下水量；Q_W 为深井开采水量；Q_E 为浅层地下水蒸发消耗量；Q_C 为河渠灌溉量；Q_I 为灌溉补给地下水总量；α 为降雨入渗补给系数；c 为潜水蒸发系数；β_1、β_2 为浅井、深井灌溉补给地下水系数；β_3 为渠灌补给地下水系数；d 为地下水埋深（L）；（x,y,d）表示该参数受空间坐标（x,y）与地下水埋深（d）的影响。

式（8.28）至式（8.35）为本地下水位预报所建立的数学模型。

对式（8.28）的求解主要有限差分法、有限元法和边界元法。边界元法（BEM）近年用得较多，但要求条件严格，在处理非均质、非线性、非稳定等复杂问题计算时效率大大降低（孙讷正，1989）。有限元方法具有网格剖分比较灵活和对边界条件处理比较容易，为本预报体系所采用。

8.5.2 模型的实施

下面以曲周测报区 Ⅰ 区为例，分别对模型实施中的参数分区与参数确定、源汇项与边界条件的处理、模型的运行与检验加以说明。考虑到模型的检验、调试模型与参数的方便性以及地下水观测孔的分布，在地下水观测井控制的范围内，剖分单元 316 个，有结点 187 个，其中内结点 131 个，边界结点 56 个。所有观测孔（57眼）都位于结点上，其中有26眼观测孔处在边界结点上（图8-7）。

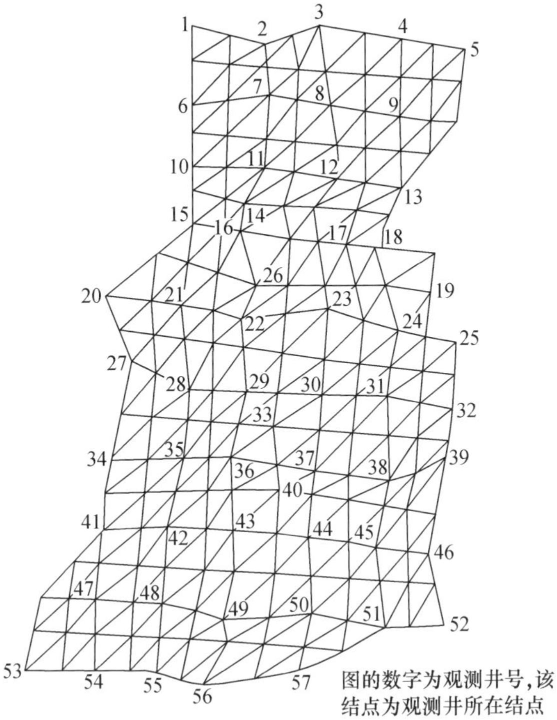

图8-7　测报区三角形单元割分示意图

1. 参数的分区

由数学模型式（8.28）至式（8.35）可知，参数分区需确定的参数有 K、μ、α、β_k 和 c。

渗透系数 K 与浅层地下水的含水沙层特性有关。据本测报区水文地质图件、综合水文地质剖面图件等及其他相关图件，参数 K 可代表6个类型分区（表8-2）。

表8-2　K 的分区所代表的水文地质类型

K 的分区号	类　型	K 的分区号	类　型
1	两个含咸水沙层	4	有一薄且不连续的含咸水沙层
2	一个含水沙层，但上部存在淡水沙层	5	多个含咸水沙层，上部出现薄淡水沙层
3	有一较厚的含咸水沙层	6	一个淡水沙层

给水度 μ 的分区根据综合水文地质剖面图、土体构型图以及所观测到的地下水水位变幅资料，可划分两个类型区，1区为沙层（细沙、中沙、粗沙、粉沙）

区；2 区为不同质地（沙、壤、黏）的交互层区。

模型中垂直交换项 $W_g(x,y,t)$ 中所选用的参数 α、c、β_k 分区，根据土体构型划分了 3 种类型。1 区为不同质地（沙、壤、黏）的交互层区；2 区为黏土层较厚和出现在地表区；3 区为通体轻壤或中壤区。

把上面的三类参数分区图边界线进行概化，分别叠加到剖分的区域三角形单元上，最后得到综合参数的单元分区图，共有 15 种类型区，见图 8-8。

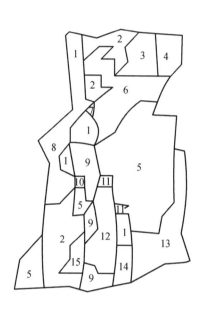

参数分区编号	K	μ	$\alpha\beta_k c$
1	2	2	2
2	2	2	1
3	1	2	1
4	1	2	3
5	4	1	2
6	3	2	1
7	3	2	2
8	2	2	3
9	4	4	2
10	4	2	3
11	5	2	1
12	5	1	2
13	8	1	2
14	6	2	2
15	4	1	1

图 8-8　综合参数分区图及代号表

2. **参数的确定**

● 参数 K 的确定。对区域内各分区的渗透系数 K，可通过选定典型点，进行抽水试验求出。此法工作量大和野外试验带有一定的随机性，所得结果难以被所建水动力学模型直接采用，但可作为模型的主要参考值或进行调试的初值。确定 K 值一般采用下述方法：

①如本区内有抽水试验结果，可参照此结果给出每个分区的初始 K 值。

②选取区内一年内地下水水位稳定时期的观测资料（一般是每年 1 月至 3 月初），不考虑源汇项的作用，用单纯形优化方法对 K 值进行优化，得到中间结果。

③选用一年完整的地下水水位观测数据，与其他参数（如 μ、α、c、β_k）一起，反复调试所建立的模型，最终确定模型实际运行所采用的 K 值。

选用 1985 年全区的地下水观测数据，参照河北地质大队邯郸中队在曲周所做的抽水试验结果（1978），曲周测报区 I 区 6 个分区所选用的 K 值见表 8-3。

表 8-3 *K* 值优化及最终调试结果　　　　　　　　　　　　　　　　　　　　m/d

K 分区号	选定初值	单纯形优化结果	最终调试结果
1	9.0	14.3	14.0
2	10.0	9.3	10.0
3	9.0	14.8	23.0
4	8.0	0.9	0.55
5	12.0	15.3	9.0
6	14.0	17.6	12.0

● 参数 μ 的确定。给水度 μ 的确定可通过抽水试验或地下水长期观测资料拟合等方法得到。水文地质工程地质研究所（1985）在黄淮海平原地区对此做了系统的研究与总结。参照此项工作所得每个类型区的 μ 值，结合曲周测报区所划分 μ 的类型，选定第一类型区 μ_1 在 $0.08 \sim 0.16$；第二类型区 μ_2 在 $0.03 \sim 0.07$。通过与其他参数的反复调试，确定：$\mu_1 = 0.09$ 和 $\mu_2 = 0.054$。

● 参数 α、c、β_k 的确定。在每一个给定的区内，α、c、β_k 与地下水埋深 d 关系密切，而 α、c、β_k 是影响模型预报准确度较灵敏的参数。曲周测报区 α、c、β_k 的确定是依据李韵珠、陆锦文（1986）的研究成果，参照水文地质工程地质研究所在黄淮海平原所得的成果（1985），按照深度 $d = 0, 1, 2, 3, 4, 5, 6$ m 给出每个类型区的一组初值，利用 1985 年的实测地下水水位资料与气象（降雨、蒸发）、灌溉资料，与 K、μ 一起反复对模型式（8.28）至式（8.35）进行调试得到的。

3. 源汇项 $W_g(x, y, t)$ 的处理

● 降水－蒸发子模型：已知 $\alpha(x, y, d)$，$c(x, y, d)$，输入逐日降水量与自由水面蒸发量后，即可利用式（8.33）和式（8.34）计算出每个单元的 $Q_P^i \tau$ 和 $Q_E^i \tau$，具体过程如下（对于 i 单元）。

$$Q_P^i \tau = \alpha_d^i \cdot P\tau \qquad (8.36)$$

$$Q_E^i \tau = c_d^i \cdot E\tau \qquad (8.37)$$

式中：i 为可反映空间 (x, y) 坐标；τ 为从 $t - 1$ 到 t 时段长；α_d^i、c_d^i 为地下水埋深为 d 时 i 单元的 α 和 c 值。

在模型运行时，所取时间步长为 5 d，考虑到次降雨量大小（王鹏文，1988）及滞后效应对 Q_P^i 修改为：

$$Q_P^i \tau = \alpha_d^i \cdot P(\tau - 1) \qquad (8.38)$$

• 深井与浅井子模型的处理：是按一定降雨年型，考虑主要作物（小麦、玉米、棉花）需水规律，给出一灌溉识别矩阵。识别矩阵中行表示月份，列表示月份中划分的时段（5 d 为一个时段，每月共 6 个时段）。根据灌溉识别矩阵确定灌水期。给定浅井每小时抽水 50 ～ 60 m³ 和深井每小时抽水 70 ～ 80 m³，每天抽水 6 ～ 10 h，再按每个单元的深、浅井数目即可求出 Q_S 及井灌补给地下水量。

• 渠系灌与补子模型的处理：在某一单元，当渠水位高于此单元地下水水位时，补给水量按此单元地下水水位每单位耕地面积补给 1 mm 计算，相反则地下水排泄量按每单位面积排泄 1 mm 计算，在河渠来水的情况下，还要通过灌溉识别矩阵判断是否抽取渠水灌溉，并且根据此单元的渠系灌溉系数（某一渠道可灌溉的面积占此单元内总灌溉面积的比例），与土地利用率推算出渠水的灌溉量。按照上述方法，对某一渠道沿其走向，依次一个单元接一个单元计算。在此过程中，某一河渠在某一单元流出的水量，等于上一单元的来水量与此单元内消耗与补给水量的代数和。

4. 边界条件处理及模型的运行

在调试渗透系数初期采用第一类边界条件，其余情形下均采用第二类边界条件。有关边界条件处理的详细过程可参照有关文献[23, 24, 25]。在边界条件确定后，模型就可上机运行。其运行过程见图 8-9。整体模型运行时输入的数据见表8-4。

表 8-4　模型所要求输入的数据

区域属性数据	动态（监测、决策、预报）数据
结点编号	逐日（或候、旬、月）降雨量
单元编号	逐日（或候、旬、月）自由水面蒸发量
下底界高程	每个渠系进、出水量及水位
含水沙层厚度	灌溉识别阵
地面高程	各地下水观测井实测数据
综合系数分区图	（某天或某一时段）
河渠系分布与数量	单井抽水量及抽水时间
降雨补给系数	第一类边界条件
浅层地下水蒸发系数	第二类边界条件
渠、井灌补给系数	

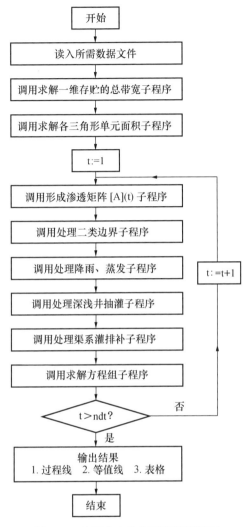

图 8-9　地下水水位模型运行流程图

5. 模型的检验及应用

模型检验选用的时段为 1985 年 8—12 月，计算值与观测值的拟合程度分 3 种类型（表 8-5）。类型 1、类型 2 基本达到了模型的预报精度，也就是说，模型的计算结果与实测数据的拟合率达 86.8%。由此说明模型中所选用的参数基本可用。从 53 个观测井中选取 4 个具有代表性的观测点，绘制出它们过程线比较图（图 8-10）。

表 8-5　模型输出结果与实测数据对比

类型	井数	拟合程度说明
类型 1	33	全年变化完全符合，90% 以上的点相差 20～30 cm
类型 2	13	全年变化基本符合，个别月份偏差达 60 cm 左右
类型 3	7	全年变化趋势正确，但在 3～5 个月当中，个别值相差 1 m 左右

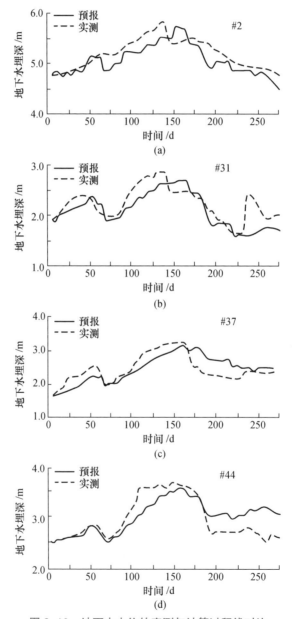

图 8-10　地下水水位的实测与计算过程线对比

8.6 区域地下水水质预报 [20]

某一区域内地下水的矿化度与化学组成，在短时期内是处于相对稳定状态的。但是在盐渍土和浅层咸水分布区，降雨、灌水对土壤盐分的淋洗以及水利工程和施用化肥等人为因素对浅层地下水水质的影响也不容忽视，故亦纳入了水盐运动预报的 PWS 体系。

8.6.1 预报模型的建立

定量地描述和预报区域浅层地下水水质动态采取的方法多为动力学模型法。

地下水的盐分运动主要取决于对流运动与弥散过程，故预报中多选用对流 – 弥散型水质模型。对流 – 弥散水质模型的构成见图 8-11（据孙讷正，1989）。其中①＋②＋③再加上④中的部分内容，即为第 5 节中建立的地下水水位动态预报的数学模型（见式 8.28 至式 8.35）。

图 8-11　对流 – 弥散型水质模型的构成（孙讷正，1989）

地下水运动的盐分对流 – 弥散方程与相应的定解条件可表达如下：

$$\frac{\partial}{\partial x}\left(MD_{xx}\frac{\partial C_g}{\partial x} + MD_{xy}\frac{\partial C_g}{\partial y}\right) + \frac{\partial}{\partial y}\left(MD_{yy}\frac{\partial C_g}{\partial y} + MD_{yx}\frac{\partial C_g}{\partial x}\right)$$

$$-\frac{\partial}{\partial x}(MV_x C_g) - \frac{\partial}{\partial y}(MV_y C_g) = \frac{\partial(C_g M)}{\partial t} + \frac{C'_M(x,y,t)}{\varepsilon} \quad (8.39)$$

其中：
$$V_x = -\frac{K}{\varepsilon}\cdot\frac{\partial H}{\partial x} \quad (8.40)$$

$$V_y = -\frac{K}{\varepsilon}\cdot\frac{\partial H}{\partial y} \quad (8.41)$$

在忽略分子扩散情况下：
$$D_{xx} = a_L V_x^2/V + a_L V_y^2/V \quad (8.42)$$

$$D_{yy} = a_L V_x^2/V + a_L V_y^2/V \quad (8.43)$$

$$D_{xy} = D_{yx} = (a_L - a_T)\frac{V_x V_y}{V} \quad (8.44)$$

式中：C_g 为地下水矿化度；ε 为有效孔隙率；C'_M 为源或汇中的溶质量；V_x、V_y 为在 x、y 方向的实际流速；D_{xx}，D_{xy}，D_{yx}，D_{yy} 为水动力弥散系数各分量；α_L 为沿水流方向的弥散度；α_T 为垂直于水流方向的弥散度；V 为水流的实际速度。

其余变量说明与式（8.28）相同。式（8.39）的定解条件为：

$$C_g\,(x,y,0) = C_0\,(x,y) \qquad\qquad (x,y) \in D \qquad\qquad (8.45)$$

$$C_g\,(x,y,t)\,|\,\Gamma_1 = C_1\,(x,y,t) \qquad\qquad (x,y) \in \Gamma_1 \qquad\qquad (8.46)$$

$$\frac{\partial C_g}{c'n}\bigg|\,\Gamma_2 = J_2 \qquad\qquad (x,y) \in \Gamma_2 \qquad\qquad (8.47)$$

式中：Γ_1、Γ_2 为一类、二类边界；D 为研究区域；C_0 为初始浓度；J_2 为浓度通量；n 为 Γ_2 边界外法线方向；C_1 为边界处浓度。

鉴于有限元方法对地下水水质对流 – 弥散型方程求解的一些优点，本地下水水质预报模型式（8.39）采用了有限元方法求解。

8.6.2 模型的实施

在数值方法确定后，模型实施中需解决参数确定、源汇项的处理等，并在应用中验证其合理性。以下以曲周测报区为例介绍模型的实施，测报区的单元剖分同于图 8-7。

1. 参数的确定

参数确定同于上述地下水水位预报模型，确定的参数主要有 α_L, α_T, ε，其分区同于参数 K（渗透系数）。本测报区内的 α_L, α_T, ε 分为 6 个分区（图 8-12），各分区的水文地质特征见表 8-6。每个区内参数确定采取给定初值，选取 1985 年全年与 1987 年上半年，区内 57 个地下水观测井所观测到的地下水矿化度资料进行拟合调试，假定 $\alpha_L = \alpha_T$，最终所确定 α_L 与 ε 值见于表 8-6。

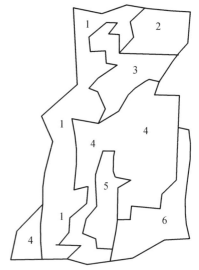

图 8-12 α_L, α_T, ε 的参数分区
数字表示分区。

表 8-6 α_L、ε 的分区特征及参数值

分区号	水文地质特征	α_L	ε
1	两个含成水沙层	0.15	0.15
2	一个合成水沙层，上部存在淡水沙层	0.10	0.13
3	有一较厚含咸水沙层	0.30	0.18

续表 8-6

分区号	水文地质特征	α_L	ε
4	有一薄且不连续的含咸水沙层	0.02	0.15
5	多个含咸水沙层,上部出现薄淡水沙层	0.04	0.30
6	一淡水沙层	0.05	0.15

2. 源汇项的确定

水质预报模型中源汇项 $W_g(x, y, t)$ 的处理也同于上述地下水水位预报模型,只需确定水量 $W_g(x, y, t)$ 中相应各分项所对应的浓度 C_i' 即可。据式(8.32)可得:

$$C_M' = C_P'(x, y, t) \cdot Q_P(x, y, t) - C_E'(x, y, t) \cdot Q_E(x, y, t) +$$
$$C_I'(x, y, t) \cdot Q_I(x, y, t) - C_G(x, y, t) \cdot Q_S(x, y, t) +$$
$$C_D'(x, y, t) \cdot Q_D(x, y, t) \tag{8.48}$$

式中: C_P' 为降雨补给时溶液浓度; C_I' 为灌溉补给时溶液浓度; C_E' 为浅层地下水蒸发补给土壤时溶液浓度; C_D' 为与河流交换时溶液浓度; C_G 为地下水溶液浓度。

由于地下含水层溶质浓度变化缓慢,且模型在调试与应用时采用的时段步长为 5 d,所以地下水消耗,如地下水补给土壤水或抽浅层水灌溉时,取此时溶液浓度即为前一时段的地下水溶液浓度 C_G,即:

$$C_E'(x, y, t) = C_G(x, y, t - 1) \tag{8.49}$$

研究区分布与区域水文地质条件与其他地学条件密切相关(石元春,1986),从而造成在不同地区土壤溶液浓度差别很大(王少英,1986)。按照图 8-12 的参数分区,据野外观测到的土壤溶液浓度给出的每个区的 C' 值,见于表 8-7。

表 8-7 不同分区内渗漏补给地下水的土壤水溶液浓度 C'

分区号	1	2	3	4	5	6
C'(g/L)	2.25	15.0	3.60	15.20	1.00	0.80

其中假定:

$$C' = C_P'(x, y, t) = C_I'(x, y, t) \tag{8.50}$$

河流补给地下水时,据实际观测取河水的溶质浓度为 0.85 g/L,即:

$$C_D'(x, y, t) = 0.85(\text{g/L}) \tag{8.51}$$

实际运行模型时, C_D' 值可据监测结果随时调整。

3. 边界条件的处理及模型的运行

同处理地下水位预报模型的边界条件相同，在参数调试时，采用第一类边界条件，其余情形下均采用第二类边界条件。模型在运行中，除要求表8-7中全部输入数据外，还要输入各分区的与水质模型有关的参数，以及各源汇分项的浓度。地下水水质模型的运行流程图与图8-9相类似，也就是说要对区域地下水水质进行预报，图8-9中的每一过程在一个时间步长内要反复一次（即进行两次）。第一步得到区域地下水水位的分布，第二步才能得到区域地下水水质的分布。

8.7 区域土壤水分动态预报[25]

近年来，国内外对土壤水分动态预报的方法主要有土壤水动力学方法、数理统计方法、水量均衡方法和遥感方法。在本书提出的 PWS 区域水盐动态监测预报体系中采用了水量均衡方法，建立了区域分布式水均衡模型。

8.7.1 区域分布式土壤水预报均衡模型

根据区域土壤水动态预报的概念模型（式8.26）：

$$RWS(x,y)_3(t) = \{[C(x,y)_3\tau + L(x,y)_3\tau]\cdot G(x,y)_3 + 1\}\cdot$$
$$RWS(x,y)_3(t-1) + r_{13}RWS(x,y)_1(t)$$

则整个区域 D 的土壤水分状况的分布式模型为式（8.52）：

$$RWS_{D3}(t) = \{RWS(x,y)_3(t) \mid (x,y)\in D\} \qquad (8.52)$$

对式（8.26）展开，则得：

$$RWS(x,y)_3(t) = RWS(x,y)_3(t-1) + r_{13}RWS(x,y)_1(t) +$$
$$C(x,y)_3\tau\cdot G(x,y)_3\cdot RWS(x,y)_3(t-1) +$$
$$L(x,y)_3\tau\cdot G(x,y)_b\cdot RWS(x,y)_3(t-1) \qquad (8.53)$$

式中：$RWS(x,y)_3(t-1)$ 为时段初在 (x,y) 处的土壤水分状况；$r_{13}RWS(x,y)_1(t)$ 为 (x,y) 处土壤水与地下水的交换作用；$C(x,y)_5\tau\cdot G(x,y)_3\cdot RWS(x,y)_3(t-1)$ 为气候因素在前期土壤水分状况和地学因子的影响下，对土壤水分状况所起的作用；$L(x,y)_3\tau\cdot G(x,y)_3\cdot RWS(x,y)_3(t-1)$ 为在前期土壤水分状况和地学因子影响下人为因子，如灌溉、栽培措施等对土壤水分状况的影响。

为了求解上述概念性模型，必须把空间 (x, y) 引入传统的土壤水均衡方程，建立土壤水分布式的均衡模型，则区域分布式土壤水均衡模型可表达为：

$$W_1(x, y)t = W_1(x, y)(t-1) + P_S(x, y)\tau + IR(x, y)\tau -$$
$$ETa(x, y)\tau + Q_1(x, y)\tau \qquad (8.54)$$

式中：$W_1(x, y)t$ 为预报时刻 t，(x, y) 处 1 m 土体的水分储量（mm）；$W_1(x, y)(t-1)$ 为时段初 $(t-1)$，(x, y) 处 1 m 土体的水分储量（mm）；$P_S(x, y)\tau$ 为时段 τ 内 (x, y) 处降雨量（mm）；$IR(x, y)\tau$ 为时段 τ 内 (x, y) 处灌溉水量（mm）；$ETa(x, y)\tau$ 为时段 τ 内 (x, y) 处通过 1 m 土层蒸散的水量（mm）；$Q_1(x, y)\tau$ 为时段 τ 内 (x, y) 处 1 m 土层下边界处，上下累计水分通量的代数和。

对于整个区域 D，在 t 时刻 1 m 土体的水分状况可表达为：

$$W_{1D}(t) = \{W_1(x, y)(t) \mid (x, y) \in D\} \qquad (8.55)$$

求解式（8.54）及式（8.55），可对区域 1 m 土体的土壤水分分布动态做出预报。

8.7.2 有关分量及参数的确定

在引入坐标 (x, y) 后，式中的各项即可表达为 $W_1(x, y)t$、$P_S(x, y)\tau$、$ETa(x, y)\tau$、$IR(x, y)\tau$……。由于各分量的影响因素众多（表 8-8），各分项是其影响因素的函数，如 $P_S(x, y)$ 是 C、G、L 的函数等。

表 8-8　分布均衡模型中的各项影响因子

项目	影响因子	项目	影响因子
P_S	C、G、L	I_R	L、G、$W_1(t-1)$
ETa	C、G、L、$W_1(t-1)$、P_S、I_R、RWS_1	Q_1	C、G、L、$W_1(t-1)$、P_S、Eta、I_R、RWS_1

RWS_1 为地下水位，C、G、L 分别表示气候、地学和人为因子。

各分量的确定方法如下（李保国，1990）[26]：

1. $P_S(x, y)$ 的确定

$P_S(x, y)\tau$ 为在 (x, y) 处 τ 时段内的降雨量据影响因素的分析，则：

$$P_S(x, y)\tau = F(C, G, L)(x, y)\tau \qquad (8.56)$$

由于 G 不随时间变化，所以在 (x, y) 处的 P_S 可简化为

$$P_S(x, y)\tau = F(C, L)(x, y)\tau \qquad (8.56.1)$$

在不考虑人为因素（L）对降雨的影响时，如不考虑作物的截留作用则

（8.56.1）式可进一步简化为：

$$P_S(x,y)\tau = F(C)(x,y)\tau \qquad （8.56.2）$$

如假定在同一气候带，地貌类型一致的几百平方千米范围内平原区域降雨量无变化，则为：

$$P_S(x,y)\tau = P\tau \qquad （8.56.3）$$

2. IR（x, y）的确定

$IR(x,y)\tau$ 为在 (x,y) 处 τ 时段内的灌溉量，据其影响因素分析，则为：

$$IR(x,y)\tau = F\left[G, L, W_1(t-1)\right](x,y)\tau \qquad （8.57）$$

当 $W_1(t-1)$ 亏缺时，需通过灌溉满足作物需水要求，如忽略不同水分亏缺程度的影响，则可简化为：

$$IR(x,y)\tau = F(G, L)(x,y)\tau \qquad （8.57.1）$$

则可在对 G、L 分区的基础上确定每一 (x,y) 处的 IR 值。

3. ETa（x, y）的确定

$ETa(x,y)\tau$ 为在 (x,y) 处 τ 时段内的蒸散量，根据影响因素的分析，则为：

$$ETa(x,y)\tau = K_s(x,y)\tau \cdot K_c(x,y)\tau \cdot E_0(x,y)\tau \qquad （8.58）$$

式中：E_0 为潜在蒸散量，或用实测水面蒸发量代替；K_c 为作物系数；K_s 为土壤系数，即土壤对农田可能蒸散需要水分的满足程度。

据 (x,y) 处的 E_0 值及作物栽培情况给出的 K_s 值，采用鹿洁忠（1985）[27]的推荐式，并将临界含水量值 $0.7W_f$ 调整为 $0.8W_f$，即：

$$K_s(x,y)\tau = W_1(x,y)\tau / W_T(x,y) \qquad （8.58.1）$$

其中
$$W_1(x,y)\tau = 0.5\left[W_1(x,y)(t-1) + W_1(x,y)(t)\right] \qquad （8.58.2）$$
$$W_T(x,y) = 0.8W_f(x,y) \qquad （8.58.3）$$

并令
$$W_1(x,y)\tau \geqslant W_T(x,y) \text{ 时，} K_s(x,y)\tau = 1$$
$$W_1(x,y)\tau \leqslant W_p(x,y) \text{ 时，} K_s(x,y)\tau = 0$$

式中：$W_f(x,y)\tau$ 为 1 m 土体的田间持水量，%（体积）；$W_T(x,y)\tau$ 为 1 m 土体的临界含水量，%（体积）；$W_1(x,y)\tau$ 为 1 m 土体时段 τ 内的平均储水量，mm；$W_p(x,y)\tau$ 为 1 m 土体的萎蔫含水量，%（体积分数）。

4. $Q_1(x, y)\tau$ 的确定

$Q_1(x, y)\tau$ 为 (x, y) 处 τ 时段内，1 m 土体下边界处水分通量的变化量，据影响因素分析可为：

$$Q_1(x, y)\tau = Q_{E1}(x, y)\tau = Q_{I1}(x, y)\tau + Q_{P1}(x, y)\tau \qquad (8.59)$$

式中：$Q_{E1}(x, y)\tau$ 为 τ 时段内，(x, y) 处通过 1 m 土体下边界处向上的水分累计通量，mm；$[Q_{I1}(x, y)\tau + Q_{P1}(x, y)\tau]$ 为 τ 时段内，在 (x, y) 处由于灌溉或降雨入渗，通过 1 m 土体下边界处向下的水分累计通量，mm。

如果假定地下水埋深不大于 4 m 时，1 m 土体下边界处的水分通量变化，可分别由浅层地下水的蒸发量、降雨入渗补给量和灌溉回归量代替，则：

$$Q_{E1}(x, y)\tau = Q_E(x, y)\tau \qquad d \leqslant 4 \text{ m} \qquad (8.59.1)$$

$$Q_{P1}(x, y)\tau = Q_P(x, y)\tau \qquad d \leqslant 4 \text{ m} \qquad (8.59.2)$$

$$Q_{I1}(x, y)\tau = Q_I(x, y)\tau \qquad d \leqslant 4 \text{ m} \qquad (8.59.3)$$

8.7.3 区域农田旱涝预报

农田旱涝是指对其上生长发育作物的供水量不足或过多而导致作物不能正常生长。

旱涝指标的确定是一个复杂的问题，它因土、因地、因作物及其不同发育阶段而异。通常的指标有两大类，一类是以灾害面积和减产的程度等作为指标，一类是以土壤水分状况对作物生育满足的程度作为指标。后一类指标中，常用的是相对含水量指标。主要考虑土壤对作物的供水程度，它综合考虑了降水量、土壤储水量（或有效储水量）、作物根系的发育深度，以及该阶段农田可能蒸散量等。相对含水量指标，即以田间持水量（或田间有效持水量）作为充分满足作物需水的指标，以田间实际含水量（或田间有效含水量）与它的比值作为可能受旱或受涝的标准。

本研究采用 1 m 土体的土壤田间持水量（W_{1f}）作为充分满足作物需水的指标，以田间实际含水量（W_{1t}）与它的比值 k 作为可能受旱或受涝的标准，可见表 8–9。

表 8–9　不同作物不同生育阶段的旱涝指标 k

作物	生育期	$k < 0.6$	k 为 $0.6 \sim 0.70$	k 为 $0.70 \sim 0.9$	$k > 0.9$
冬小麦 *	拔节期	旱	偏旱	适宜	涝
玉米、棉花	苗期	旱	偏旱	适宜	涝
玉米、棉花	开花吐絮	旱	偏旱	适宜	涝

* 冬小麦抽穗开花期 $k < 0.65$，旱；k 为 $0.65 \sim 0.75$，偏旱；k 为 $0.75 \sim 0.9$，适宜。

根据曲周测报区 53 个监测点水平衡方程的各分量预报值，可预报同一时间的土壤储水量，在求出其与田间持水量的比值，即 k 值后，以试验区土壤图为底图，采用本章第 9 节原理，即可绘出各时段内的旱涝预报图。

8.8 区域土壤盐分动态预报[28]

以上述区域土壤盐分预报的概念模型[式（8.27）]为依据，区域土壤盐分动态预报采用专家识别模型与分布式土壤盐分均衡模型相结合的方法，以下分述之。

8.8.1 区域土壤盐渍化专家识别模型

以盐渍化预报的概念模型为指导，据 C、L、G、RWS_1、RWS_2 对 RWS_4 的作用方式与产生的效果不同，采用专家识别与评判的办法，对 RWS_4 的变化趋势与变化等级做出预报。

专家识别内容含土壤水盐运行方向、盐渍化变化等级的判别与确定。

1. 土壤水盐运行方向的判别

石元春（1983）提出盐渍土水盐运动表现为蒸发－积盐、淋溶脱盐以及相对稳定 3 种形式，以及周年水盐动态可分为 5 个阶段：春季强烈蒸发积盐阶段（3—5 月）；初夏稳定阶段（6 月）；雨季淋溶脱盐阶段（7、8 月）；秋季蒸发积盐阶段（9—11 月）和冬季相对稳定阶段（12 月到翌年 2 月）。在此 5 个阶段中，蒸发、积盐期占 6 个月，淋溶、脱盐期占 2 个月，相对稳定期 4 个月。

据此，对 1 m 土体内盐总储量的变化方向预报的主要时段是：春季强烈蒸发积盐阶段、雨季淋溶脱盐阶段以及秋季蒸发积盐阶段。此 3 个阶段是积盐还是脱盐，按照水盐运动规律已经给出，即第一阶段是积盐，第三阶段是脱盐和第四阶段是积盐。积盐或是脱盐主要影响因子是气候因子 C 和土地管理因子（灌溉、作物等）L，以及地学综合体（G）中的地下水埋深和水质，通过对这些因子的分析即可做出判别。

2. 盐渍化等级的判别

石元春提出了以地貌为标志的地学综合体概念，以及与土壤盐渍化密切关系[29]。黄淮海平原的山前洪积冲积平原、滨海平原，以及黄淮海平原的主体泛滥平原；泛滥平原的自然堤、河间低平原、河间洼地等均有其相应的地下水埋深、矿化度以及土壤盐渍化表现。如泛滥平原的自然堤和河间黏质洼地一般不会出现盐渍化，可排除在返盐土壤类型之外；而大范围的河间平原的土壤盐渍化又与土壤质地剖面、地下水埋深和地下水矿化度密切相关。故以此三要素可对土壤积盐与脱盐及其程度与等级做出判断。

土壤剖面质地层次结构（土体构型）中，黏土层的厚度和部位对土壤盐渍化的状况影响很大，李韵珠和陆锦文[30]，刘思义和魏由庆[31]，朱耀鑫和陆锦文等[32]等已对此做了大量研究。据此研究成果，剖面层次结构主要考虑 1 m 土体内黏土层的厚度与部位，设 1 m 土体土壤剖面质地层次结构用 SPS 表示，专家评分的法则见表 8-10。地下水埋深和地下水矿化度对土壤盐渍化的影响的评分法则见表 8-11，表中的得分大小已通过调试，证明对于判断其对盐渍化程度影响是有效的。

表 8-10　1 m 土体土壤质地剖面层次对土壤盐渍化影响评分法则

SPS 编码	代表类型	得分 y_1
00	1 m 土体无黏土层	15
13	1 m 土体内出现 0～20 cm 厚黏土层	10
23	1 m 土体内出现 20～50 cm 厚黏土层	5
其他	1 m 土体内出现＞50 cm 厚黏土层	0

表 8-11　地下水埋深与矿化度对土壤盐渍化的评分法则

地下水埋深（d）/m	得分 y_2	地下水矿化度（C_g）/（g/L）	得分 y_3
$d \leqslant 1.5$	15	$C_g \leqslant 2.00$	
$1.5 < d \leqslant 2.0$	10	$2.0 < C_g \leqslant 6.05$	
$2.0 < d \leqslant 3.5$	5	$6.0 < C_g \leqslant 10.0$	10
$d > 3.5$	0	$C_g > 10.0$	15

3. 土壤盐渍化变化等级的确定

土壤积盐与土壤脱盐中，土壤剖面质地层次、地下水埋深与矿化度的作用是不同的。如黏土夹层对土壤的脱盐或积盐都有阻滞作用，在潜水浅埋深和高矿化情况下，会引起土壤强烈积盐；而在脱盐过程中较浅的潜水埋深却起顶托作用，二者作用方向相反。因此在确定积盐和脱盐过程时的评判办法与等级判别方法如下〔见式（8.60）、式（8.61）及表 8-12〕。

积盐过程（第一阶段和第三阶段）：设总分为 Y，增加盐渍化等级为 ΔSL，则：

$$Y = \begin{cases} y_1 + y_2 + y_3 & (y_2 \neq 0) \\ 0 & (y_2 = 0) \end{cases} \tag{8.60}$$

脱盐过程（第二阶段）：同样设总分为 Y′，减少等级为 $\Delta SL'$，则：

$$Y' = 15 - y_1 + y_2 + y_3 \tag{8.61}$$

表8-12 积盐过程增加与脱盐过程减少的等级判别

总分 Y	增加等级 ΔSL	说明	总分 Y'	减少等级 $\Delta SL'$	说明
$Y \leqslant 20$	0	不变	$Y' > 40$	0	不变
$20 < Y \leqslant 30$	1	轻（积盐）	$35 < Y' \leqslant 40$	−1	轻（脱盐）
$30 < Y \leqslant 35$	2	中（积盐）	$30 < Y' \leqslant 35$	−2	中（脱盐）
$35 < Y \leqslant 40$	3	重（积盐）	$20 < Y' \leqslant 30$	−3	重（脱盐）
$Y > 40$	4	极重（积盐）	$Y' \leqslant 20$	−4	极重（脱盐）

在已知 $RWS(x,y)_4(t-1)$ 情况下，依据表8-13即可求出当前时段土壤盐渍化程度的等级。设 $t-1$ 时段内 1 m 土体土壤盐渍化等级为 $SC(t-1)$。据研究中所依据的盐渍化等级标准见表8-13。

表8-13 1 m 土体盐储量与 SC 的对应关系

SC	1	2	3	4	5	6
1 m 土体盐储量 /（kg/m²）	$\leqslant 1.5$	$1.5 \sim 3.0$	$3.0 \sim 6.0$	$6.0 \sim 9.0$	$9.0 \sim 15.0$	> 15.0

则当积盐过程发生时，到阶段末：

$$SC(x,y)(t) = SC(x,y)(t-1) + \Delta SL(x,y) \tag{8.62}$$

当脱盐过程发生时，到阶段末：

$$SC(x,y)(t) = SC(x,y)(t-1) + \Delta SL'(x,y) \tag{8.63}$$

8.8.2 区域分布式土壤盐分均衡模型

区域土壤盐分均衡模型的建模原理同于区域土壤水分建模。对单位面积的 1 m 土体来说，盐分储量的增减，主要由灌溉所带来的盐分、1 m 深度处向上补给的盐分以及向下淋洗的盐分所决定。区域土壤盐分概念模型［式（8.27）］对空间 (x,y) 处土壤盐分的变化，仅考虑由对流作用引起，故可参照区域土壤水分分布式均衡建模方法而得出：

$$
\begin{aligned}
SS1(x,y)(t) = {} & SS1(x,y)(t-1) + I_R(x,y)\tau \cdot C_I(x,y)\tau + Q_{E1}(x,y)\tau \\
& \cdot C_g(x,y)\tau - Q_{I1}(x,y)\tau \cdot C_{I1}(x,y)\tau - Q_{P1}(x,y)\tau \\
& \cdot C_{P1}(x,y)\tau
\end{aligned}
\tag{8.64}
$$

式中：I_R、Q_{E1}、Q_{I1}、Q_{P1} 同式（8.59）；$SS1$ 为 1 m 土体盐储量（kg/m²）；C_I 为灌溉水的浓度（g/L）；C_g 为地下水浓度（g/L）；C_{I1} 为灌溉时在 1 m 处的土壤溶

液浓度（g/L）；C_{P1} 为降雨时在 1 m 处的土壤溶液浓度（g/L）。

由于雨水中含盐量很低，故式（8.64）未考虑降雨补给土壤的盐分。

式中 $C_I(x,y)\tau$ 的确定，可据测报区灌溉水质，取 $C_I(x,y)\tau$ 为常数，则 $C_I(x,y)\tau = 1.0$（g/L）。C_{I1}、C_{P1} 的处理是假定 $C_{I1} = C_{P1} = C_I$，且 C_I 与 $SS1$ 有关（图 8–13），得到 $SS1$ 与 C_I 的相关式为：

$$C_I = 2.142 + 19.39 \cdot SS1 \ (\%) \tag{8.65}$$

$$[\, r = 0.864\,9 > r(9)_{0.01} \,]$$

$$SS1 = 14 \cdot SS1 \ (\%) \tag{8.66}$$

式中：$SS1$ 为 1 m 土体盐储量（kg/m^2），转换时取土壤容重为 1.4，即可得：

$$C_I = 2.142 + 1.385 \cdot SS1 \tag{8.67}$$

由于 $SS1$ 变化很小，预报时取：

$$C_I(x,y)t = 2.142 + 1.385 \cdot SS1(x,y)(t-1) \tag{8.68}$$

关于 I_R、Q_{E1}、Q_{I1}、Q_{P1} 的确定方法，可参照区域地下水位及土壤水分动态预报中有关内容。则在确定出空间上每一点 $SS1(x,y)(t)$ 后，区域土壤盐分在时刻 t 的状态即为：

$$SS1_D(t) = \{\, SS1(x,y)(t) \mid (x,y) \in D \,\} \tag{8.69}$$

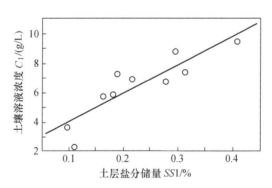

图 8–13　1 m 深度处土壤溶液浓度 C_I 与 1 m 土体盐分含量 $SS1$ 的关系

8.8.3　区域土壤盐渍化专家识别模型与分布式土壤盐分均衡模型的综合

区域土壤盐渍化专家识别模型得到的结果，是一个区域盐渍化等级的判别，仅能进行季节性的预报，虽模型简单易理解，但最终结果较粗略。对于没有观测土壤盐渍化动态的外部区域，可用它进行盐渍化程度的预报。而区域分布式土壤盐均衡的预报模型，比上述模型的预报在数值上能给出准确结果，可以进行旬至月的预报，在有观测数据的地区，且预报结果可直接与观测数据进行对比分析。这两类模型虽各处点 (x, y) 的 G、L、$RWS1$、$RWS2$ 因素不同，会导致最终计算结果的不同，但对于全区内盐渍化与非盐渍化的判别，观测点以外区域盐渍化的预报，区域分布式盐均衡预报模型则不及土壤盐渍化专家识别模型在这方面的功能。故将此两种模型预报结果进行综合则可产生互补效果。

设最终预报 (x, y) 处的盐渍化等级为 $SS(x, y)(t)$，那么：

$$SS(x, y)(t) = \begin{cases} SC(x, y)(t) & [SC(x, y) = 1] \\ Min\{SB(x, y)(t), SC(x, y)(t)\} & [SC(x, y) > 1] \end{cases} \quad (8.70)$$

式中：Min 为取最小值；SC 为区域专家判别模型预报的等级；SB 为区域盐均衡模型预报的等级。

$SB(x, y)(t)$ 通过表 8-13 把 $SS1(x, y)(t)$ 直接转换就可得到。SB 与 SC 的取值都为 $\{1, 2, 3, 4, 5, 6\}$。

8.9 区域水盐动态的系统预报 [33]

8.9.1 系统预报模型的生成

系统预报模型中各模型之间的联系见图 8-5，从中可知各模型不是简单结合就能形成系统模型的，而是各模型有序的结合。其中必须要解决各模型之间数据传输的问题，即模型之间的结合作用；并且要考虑各分模型的理论基础与建立的方法，以及它们之间的联系。

由于采用水动力学方法，建立了预报区域地下水动态的数学模型，对其求解可得到区域上每一处 (x, y) 的地下水水位 $H(x, y)$ 或地下水埋深 $d(x, y)$，以及地下水矿化度 $C_g(x, y)$，而前面所建立的区域土壤水盐分布动态预报模型，也是从某一点 (x, y) 出发来研究 $W1(x, y)$（1 m 土体的水储量）、$SS1(x, y)$（1 m 土体盐储量）或 $SS(x, y)$（1 m 土体盐渍化等级）。从理论上分析就可以按照空间二维坐标 (x, y)，把区域浅层地下水水位预报模型、区域地下水水质预报模型、区域土壤水分布动态预报模型以及区域土壤盐分布动态预报模型联结在一起，实现系统模型中各模型之间的有序联系，形成一个完整的区域水盐动态系统预报模型（图 8-14）。

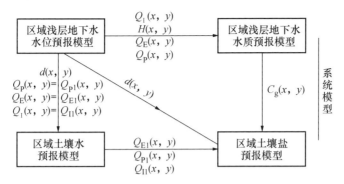

图 8-14　区域水盐动态系统预报模型的组成及各模型之间的联系环节

图 8-14 中，方框代表各分模型，"→"表示各模型之间的联系，即模型之间数据传输的方向。而箭头旁所列内容即为所传输的数据，也就是模型之间的联系环节。

8.9.2　系统预报模型实施流程

区域水盐动态系统预报模型中，对地下水水盐、土壤水盐的预报是有顺序联系着的，这就要求对区域水盐动态预报模型的实施也应有先后顺序，并且要与建模顺序相一致。系统预报模型的实施过程如下。

（1）区域地下水水位预报模型的实施　对此模型的实施要得出区域内每点 (x, y) 在 t 时刻的 $H(x, y)$、$d(x, y)$ 以及某一段内 (τ) 的 $Q_P(x, y)\tau$、$Q_E(x, y)\tau$、$Q_S(x, y)\tau$、$Q_W(x, y)\tau$、$Q_I(x, y)\tau$、$Q_C(x, y)\tau$。所得到这些结果将在下述其他模型的实施过程中得到应用。

（2）区域地下水水质预报模型的实施　据得到的 $H(x, y)$，求解用地下水动力学原理所建立的区域地下水水质预报模型，得出区域地下水矿化度 $C_g(x, y)$。

（3）区域土壤水分布动态预报模型的实施　把 $Q_P(x, y)\tau$、$Q_E(x, y)\tau$、$Q_S(x, y)\tau$、$Q_I(x, y)\tau$ 等因子作为输入，求解区域土壤水分分布均衡模型，得到区域 1 m 土体水储量 $W1(D)$。通过旱涝指标可将结果转化成区域旱涝分布图。

（4）区域土壤盐渍化分布动态预报模型的实施　据已知的 $d(x, y)$、$C_g(x, y)$ 等因子实施所建立的区域土壤盐渍化预报模型，得出区域土壤盐渍化季节性变化分布图或 SS_Dt。

按照研究与实用的要求，实施上述 4 个过程都要得出各要素状况的区域分布图。由于各预报对象的特性不同，图的表达形式与制图方法显然不会一致。对地下水动态分布图来说，如区域地下水水位、地下水埋深、地下水矿化度分布图，一般以等值线图的形式给出，对土壤水盐动态分布图，一般以土壤水储量分区、土壤盐储量或盐渍化程度等级分区图给出。在制图方法上，对于地下水动态图件来说，已知各点要素数值，通过插值方法如线性插值，就可得出此要素区域的等值线分布图。而要做出区域土壤水盐动态图件就要复杂得多。这是由于土壤水盐在水平方向的交换，一般在研究区域问题上可忽略不计。这样即使知道了各观测点土壤水盐要素的数值，但不能用插值的方法得出区域土壤水盐的分布状况。实际上这个问题一直是研究区域水盐动态的一个难题，即如何将所得到的点 (x, y) 的数据生成面 (D) 的数据。常规勾绘土壤特性分区图，采用所考虑的要素与环境相关，再与观测点的资料相结合，确定界线，这体现了地学综合体规律的思想。同样，土壤水分与土壤盐分分布状况图的绘制，也应采取这种方法进行。土壤水分、土壤盐分在区域内的分布正如前已所述与 G、L 关系甚大，也与地下水埋深或矿化度的分布关系极为密切，要得出准确的区域土壤水分、盐分状况分布图必须考虑上述因子在空间上的分布。对于后两项地下水埋深 (d) 与矿化度 (C_g) 通过对区域地下水动态预报模型的实施就可得到。

对于地学综合体 G，采取用研究区土壤类型分布图来反映。这主要归根于：①在一定气候类型区，区域土壤类型是区域自然条件地貌、沉积物类型、水文地质条件的综合反映，类型界线的确定已把区域地貌等地学因子的分布考虑在内；②到土种一级，土壤类型的划分已把影响水盐动态的主要因素之一，土壤剖面的质地层次排列——土体构型概括在其内。

对于土地管理因子 L，对区域水盐运动系统影响最大的是渠系分布与深、浅机井的分布。而这两幅图件可从实际调查中得到。

有了以上的准备与方案，应用地理信息系统技术，在计算机上就可实现对区域土壤水分、盐分的预报与制图。首先是据数字化土壤图或数字化水利工程图、数字化地下水状况分布图得出区域土壤水分、盐分初始分布的数字化图，再据所建立的预报模型的要求，生成另外需要的各种数字化图幅，按照模型的运算法则，对上述数字化图幅进行叠加，即可得到区域土壤水分、盐分分布状况的预报图。

整个系统模型的实施过程见图 8-15。

8.9.3 图幅的计算机处理

对图幅进行计算机处理，是实施区域水盐动态系统预报模型中一个主要内容。对地下水位（埋深）、地下水矿化度的输出结果，用等值线方法给出。可采用的方法是计算机自动联结三角网，进行线性插值绘制出等值线图（刘岳、梁启章，1981）。建立区域土壤水盐动态预报模型，必须得出初始土壤水分、土壤盐分储量分布图，此过程需计算机自动完成。并要求把区域土壤类型图输入计算机。此外，需要从地下水预报模型得出的 $H(x, y)$、$d(x, y)$、$C(x, y)$、$Q_P(x, y)$、$Q_E(x, y)$ 等数据，也须转化成与土壤类型图、初始化土壤水分、盐分分布图相

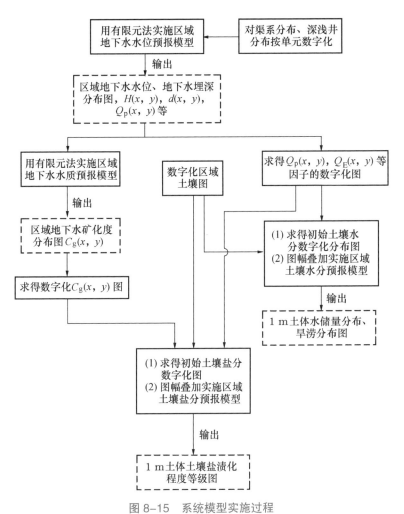

图 8–15　系统模型实施过程

互匹配的数据，才能完成对区域土壤水分、盐分预报模型的实施。所以对所需图件的计算机输入的图幅数字化、栅格数据的生成与图幅叠加的方法也是研究中的关键一环，是区域水盐运动信息系统的重要内容之一。

1. **栅格数据的生成**

通过转换栅格化程序，读入压缩存储方式的数据文件，即可生成栅格数据形式的数字化土壤类型图文件。曲周测报区土壤类型图（1：50 000）的数字化与输入采取人工扫描方式进行，采样点间距为 1 mm，即代表实地面积 50 m × 50 m 取一个点。从坐标纸上读出每个结点处的土壤类型特征码，这样输入图幅共需采取大约 1 000 × 900 个数据。实际数值化过程对于每一行只记录下类型发生变化处的坐标，输入数据可减半。

测报区土壤类型分布图中，共区分出土种 59 种类型。网格的特征编码相应取 01～59。但这不能充分反映出某个土种的具体特性。根据区域土壤水盐动态预报模型的需要，据每个土种的性质对 01～59 特征码进一步进行详细编码，单设一个文件存储，以反映出这 59 类土种的具体特性。

然后，从区域地下水位、水质预报模型中得到的数据，如 $H(x,y)$、$d(x,y)$、$C(x,y)$、$Q_p(x,y)$、$Q_E(x,y)$，生成区域土壤水盐预报所需的栅格化数据。

2. 点数据到面数据的扩展

据测报区各测点 1 m 土体的水储量与盐储量，生成测报区 1 m 土体水分储量与盐分储量的分布图，也是实施区域土壤水盐动态预报模型的关键一步。此项问题的解决，也就是完成数据从点到面的扩展，这是在得到土壤水分、盐分初始条件图幅时所必须进行的。

曲周测报区（Ⅰ区）面积为 253 km²，57 个有效观测点。所监测的土壤水分、盐分数据均按点给出，在几百平方千米上从几十个点到近百个点数据，欲绘制出 [（1∶50 000）～（1∶100 000）] 区域土壤水分、盐分动态类型分布图，从专题制图的要求上来讲是不可能实现的。为此，在本项研究中利用数字化土壤类型图，实现了观测点的数据到面数据的计算机自动扩展，采取的方法如下。

• 同土种类型的土壤所表现出的土壤水分、盐分动态相同原则。即某一监测点，肯定位于某一土种类型上，此监测点土壤水分、盐分监测数据即代表了此种土壤类型的土壤水分、盐分状况。这是因为同一种类型土壤一般所处的地学条件相同，土壤剖面的质地构型极相似，农业利用方式也相同。

• 空间分布最近原则。即对于同一类型内有两个以上监测点的，各监测点的数据同时以栅格大小为步长向点的四周扩展，直到把此类型区内所有栅格填充满为止。对于没有监测点的土种类型图斑在前一过程结束后，栅格内所填充数据，取离它最近的那一个有数据格中的数据。

• 盐渍化专家识别原则。区域土壤盐渍化识别模型建立的原理要考虑到地下水埋深 $d(x,y)$、地下水矿化度 $C_g(x,y)$。据 d、C_g 对土壤盐渍化的影响，对上述两步生成的盐渍化类型图进行修改。根据上述原则，就可完成区域土壤水盐监测点数据到面数据的扩展，实施过程参见图 8-16。

3. 栅格化数字图幅的叠加

把一幅以上的栅格化数据图幅，经空间坐标配准，按某一运算法则生成新的栅格化数据，这一过程即为栅格化数据图幅叠加，如图 8-17 所示。M_1，M_2，M_3，…，M_n。为被叠加的栅格化数据图幅。F_M 为图幅叠加的运算法则，M_R 为生成的栅格化数据图幅。

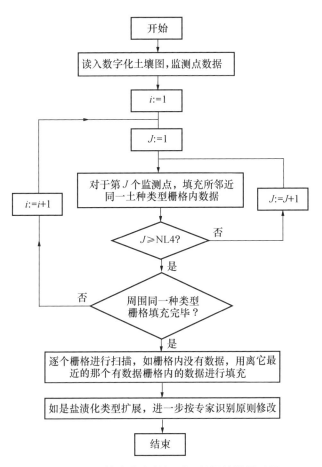

图 8-16　土壤水盐点数据到面数据的扩展过程

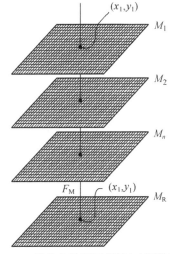

图 8-17　栅格化数据图幅叠加过程示意图

$$M_R = F_M (M_1, M_2, \cdots, M_n)$$

或 $\qquad M_R (x_i, y_i) = F_M [M_1, (x_i, y_i), M_2 (x_i, y_i), \cdots, M_n (x_i, y_i)]$ (8.71)

采用上述方法,可得出区域土壤水盐状况分布预报图。从而可对整个区域水盐动态系统预报实施模型。

8.9.4 系统预报模型中地下水动态预报模型的实施

系统预报模型中,对区域地下水水位(埋深)、区域地下水水质的预报,均采用参数分布式动力学预报模型。它们的实施过程在前文已有详尽论述,并验证了其模型的合理性,得出了在 PWS 体系中可采用所建立的参数分布式动力学预报模型。

从图 8-14、图 8-15 看出,地下水动态预报模型的输出结果,将作为区域土壤水盐分布动态预报模型的输入。这就要求把地下水动态预报模型所输出的区域地下水埋深 d、地下水水位 H、地下水矿化度 C_g,以及源汇项 Q_I、Q_P、Q_E 等因子进行数字化,生成相应的栅格数据图幅,即生成 $d(x, y)$、$H(x, y)$、$C_g(x, y)$、$Q_I(x, y)$、$Q_P(x, y)$、$Q_E(x, y)$ 等因子的栅格化数据图幅。

8.9.5 区域土壤水分分布动态模型的实施

根据上述区域分布式土壤水均衡模型(式 8.54)对区域土壤水分分布动态进行预报。由于模型中引入了空间坐标 (x, y),如把 (x, y) 视为一栅格,即可利用 GIS 的有关技术实施对区域土壤水分分布动态的预报。

第一步是生成各分项栅格化数据图幅。

首先是生成区域土壤水分特性数字化栅格数据图幅。据数字化土壤图、数字化各测点土壤质地构型图,按照点到面数据的扩展方法生成区域土壤水分特性,即测报区内 1 m 土体田间持水量(mm)与 1 m 土体萎蔫水量(mm)栅格化数据图。各种质地所采用的这两种水分特性参数见表 8-14。根据图 8-16 的法则自动绘制出的 1 m 土体田间持水量分级分布图和 1 m 土体萎蔫含水量(mm)分级分布图。其次是生成初始 1 m 土体水储量(mm)数字化栅格数据图幅。输入各监测点的 1 m 土体水储量,生成初始 $W_1 (t - 1)$ 栅格化数据。最后生成 Q_E、Q_I、Q_P 等所需的栅格化数据图幅。

表 8-14　各种质地土壤田间持水量与萎蔫含水量

质地名称	田间持水量 / (%, 体积)	萎蔫含水量 / (%, 体积)	质地名称	田间持水量 / (%, 体积)	萎蔫含水量 / (%, 体积)
砂土	15.6	3.9	中壤	32.9	12.3
砂壤土	23.4	6.5	重壤	36.4	15.4

续表 8–14

质地名称	田间持水量 /（%，体积）	萎蔫含水量 /（%，体积）	质地名称	田间持水量 /（%，体积）	萎蔫含水量 /（%，体积）
粉砂壤	26.0	7.3	黏土	43.5	23.2
轻壤	29.0	7.9			

第二步是图幅叠加运算生成区域土壤水分分布动态图。

按照图 8-17 栅格化数据图幅叠加原理，取 M_1，M_2，…，M_n 为模型中所需的各项，即式（8.54）中右端各项；根据 F_M 模型所阐明的运算法则，得到的 M_R 即为时段末 1 m 土体水储量（mm）$W_{1D}t$ 栅格化数据图幅。

至此，就完成了对区域土壤水分分布动态预报模型的实施。进一步如欲得区域土壤旱涝分布图，可对 W_1t 与 W_{1f} 进行相除运算，按照所给定的以 W_1t/W_{1f} 为标准的旱涝指标，生成栅格化旱涝分布数字化图，即完成了对区域土壤旱涝情况的预报与成图。

8.9.6　区域土壤盐分分布动态模型的实施

与区域土壤盐分分布动态预报模型的实施方法相同，采用栅格化数据图幅叠加方法。

区域土壤盐渍化专家识别模型的实施可根据上述专家识别模型，按以下步骤实施。

● 根据栅格化数字土壤示意图，按照模型中盐渍化判别原则，找出可能发生盐渍化土壤类型的栅格。据这些栅格所代表土壤类型的详细编码，得到栅格上所代表土壤类型具有的土体构型，按评分法则，得到一栅格化土体构型对盐渍化影响评分结果 y_1 数据的图幅。

● 根据区域地下水水位动态预报模型可得到时段平均地下水埋深 $d(x, y)$，对其进行栅格化，得到 d 的栅格化数据图幅。按评分法则，得到栅格化地下水埋深对盐渍化影响评分结果 y_2 数据图幅。

● 同上述方法，从区域地下水水质动态预报模型的结果 C_g，按评分法则，得到栅格化地下水水质对盐渍化影响评价结果 y_3 数据图幅。

● 根据各观测点实测的初始土壤盐分含量，按照点到面数据的扩展方法，生成 SC 初始栅格化数据图幅。

● 按照专家识别法则，对上述栅格化数据图幅进行叠加，就可得到所要预报时段 $SC(t)$ 栅格化数据图幅。图 8–18A 即为一张按此模型生成的栅格数据所输出的图幅。

区域分布式土壤盐分均衡模型的实施可按上述盐渍化分布均衡模型，采取图幅叠加的方法实施，即可得到所需预报时段的 $SS1(t)$ 栅格化 1 m 土体盐储量数

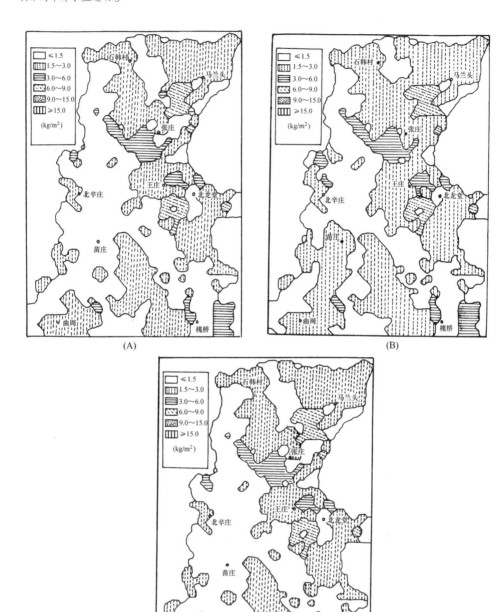

图 8-18 区域土壤盐分分布图

（A）专家识别模型输出结果；（B）分布式盐均衡模型输出结果；

（C）专家识别模型与分布式盐均衡模型综合输出结果

字化图幅。按盐渍土分级标准，把所得图幅转化成区域盐渍化等级分区数字化图幅 $SB(t)$。图 8-18B 即为分布式盐均衡模型的输出结果。

如需对区域季节性土壤盐渍化分布动态进行预报，可将上述两模型输出的图幅叠加，即得两者综合的盐渍化栅格化数字分布图（图 8-18C）。

8.10 区域水盐运动监测预报的信息系统及应用[34]

近年来，地理信息系统（GIS）技术日臻完善，已用于区域资源管理的许多方面。曲周试验区的 PWS 体系也借助 GIS 技术建立了区域水盐监测预报的信息系统，简称 PWSIS。其中包括数据库管理子系统、矢量数据管理子系统、应用子系统以及输出子系统（注：关于 PWSIS 的 4 个子系统的详细介绍，请见《区域水盐运动监测预报》，此处略）。模型的执行过程见图 8-19。以下重点介绍 PWSIS 的应用。

调用 PWSIS 数据库中 1987—1988 年的有关数据，进行历史性拟合预报并分析预报准确度，再用 1988 年 12 月的监测数据作为初始条件，把 1989 年视为平水年，对整个测报区水盐动态进行系统预报，以分析系统模型用于实时预报的准确度和存在的不足。系统预报模型所选用的时段、时间步长见表 8-15。

表 8-15　系统模型选用时段及时间步长（1987—1989 年）

预报时段	春季	夏季	秋季	冬季
代表时间	3.11—6.11	6.11—9.11	9.11—12.11	12.11—3.11
时间步长	土壤盐分预报模型中，除专家识别模型采用一季为时间步长外，其余模型时间步长均为 5 d			

以下根据 1987 年和 1988 年资料作历史性预报。输入系统模型的有关数据设置是：平水年的降雨量分布；小麦、玉米一年两熟；一年灌溉 7～8 次（其中小麦 4～6 次和玉米 2～3 次），所得 1987—1988 年的预报结果如下。

8.10.1　地下水位（埋深）预报的结果及分析

预报得出测报区内平均地下水埋深与实测平均地下水埋深、其误差分析以及过程线比较见表 8-16。其绝对误差为 0.09 m，相对误差为 2.99%，说明所建区域地下水水位预报模型能反映出全区整体地下水埋深动态，其准确度达 97%。

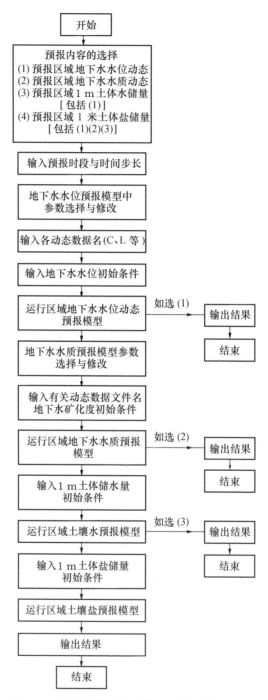

图 8-19　区域水盐动态系统预报模型的执行过程

表 8-16 测报区内季节性预报平均地下水埋深与实测值比较（1987—1988 年）

日期	实测值/m	预报值/m	预报值 – 实测值 Δd/m	相对误差 Rd/%	实测与预报平均地下水埋深动态图（实线为实测值，虚线为预报值）
1987.3.11	3.23				
6.11	4.12	4.11	−0.01	0.24	
9.11	2.79	3.00	0.21	7.53	
12.11	3.00	2.87	−0.13	4.33	
1988.3.11	3.22	3.10	−0.12	3.73	
6.11	3.97	3.94	−0.03	0.76	
9.11	3.02	3.06	0.04	1.32	
12.11		3.28			

注：$\Delta d = 1/6 \sum |\Delta d| = 0.09$（m）；$\overline{Rd} = \frac{1}{6} \sum Rd = 2.99\%$。

区域内整体动态反映不出区域分布状况，在检验模型对区域地下水埋深分布状况预报准确度时，采取对各观测井同一时刻预报并与观测的地下水埋深进行对比分析。地下水埋深验证点次为 357 点次，能满足相对误差在 16% 以下的占到 85.7% 以上。以 20% 为允许值，6 月份预报准确度为 84%，9 月份为 70.5%，作为一个大区的季节性预报是可用的。因模型中对井位与灌溉时间是概化处理的，在时空因子活跃时段（3—9 月）预报准确度稍差，对比分析结果见表 8-17。地下水水位预报模型输出图幅与实测图幅对比见图 8-20。50 个点抽样验证相对误差在 20% 以内的达 90% 以上。

表 8-17 区域地下水埋深分布状况预报准确度分析 *

日期	有效点数（nP）	绝对误差 $|\Delta d|$/m	相对误差（Rd）/%
1987.3.11	37		
6.11	37（50）	0.48	17.28
9.11	37（50）	0.65	18.27
12.11	52（55）	0.29	11.53
1988.3.11	54（57）	0.27	10.48
6.11	47（50）	0.43	17.22
9.11	30（45）	0.68	20.95
12.11	49（50）	0.36	13.33
$\sum nP = 306$		0.45	15.58

检验点数 *（VP）357　准确度 = $\sum nP/VP \times 100\% = 85.7\%$

* 检验点数（VP）＝有效点数（nP）＋ 数据异常点数；表中括号内的数据为检验点数。

数据异常：指可能观测点位置变化等导致实测值与预报值相差太大的数据。

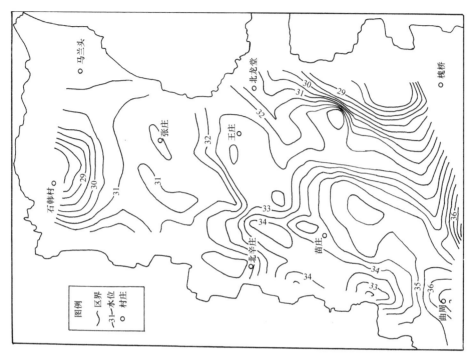

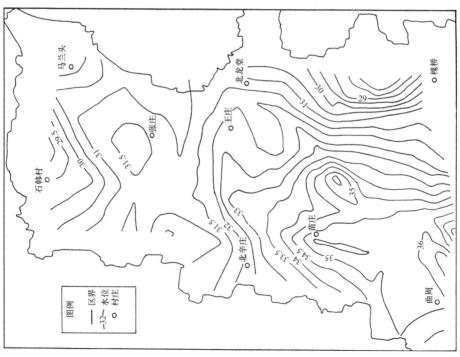

图8-20　曲周测报区测报区地下水水位（m）实测（左）和预报（右）等值线图（1988.6.11）

8.10.2 地下水水质预报的结果及分析

地下水水质预报结果表明,地下水矿化度在时间上变化很小,与实际观测结果一致。但在空间上变化较大,从 < 0.5 g/L 至 20 g/L,结果见于表 8-18。检验有效点次为 260 点次,平均绝对误差为 0.49 g/L,相对误差为 16.4%,预报准确度 84%。地下水水质预报结果与实测结果用矿化度等值线图输出对比实例见图 8-21。

表 8-18 区域地下水矿化度分布预报准确度分析

日期	有效点数（nP）	绝对误差 $|\Delta|$（g/L）	相对误差（Rc）/%
1987.6.11	45（50）	0.39	11.21
9.11	33（50）	0.49	12.81
11.11	42（50）	0.50	13.89
1988.3.11	40（50）	0.64	10.93
6.11	50（50）	0.64	33.25
$\sum nP = 210$		$\overline{|\Delta|} = 0.49$	$\overline{Rc} = 16.43$
检验点数（VP）$= 250$		准确度 $= \sum nP / VP \times 100\% = 84.0\%$	

8.10.3 1 m 土体水储量预报的结果及分析

1 m 土体水储量随时间变化较剧烈,更受到灌溉及相关因子的影响。1 m 土体水储量区域分布验证方法同上,结果见表 8-19。检验点次为 354 点次,平均绝对误差为 33.6 mm,平均相对误差为 11.66%。由于灌溉水量一次为 60 ~ 90 mm,33.6 mm 的绝对误差仅有或低于一次灌溉水量的一半。也就是说,模型的计算结果没有因为灌或不灌一次水而出现偏差。所以认为此计算结果能达到实际应用的要求。1 m 土体水储量预报精度为 86.4%,其中 6 月份(代表土壤水消耗期)、9 月份(代表土壤水补给期)的预报精度分别达 84.2% 与 90.7%。如把 1 m 土体的水储量预报结果转化成土壤旱涝等级,分析其预报的准确度,结果肯定高于此数值。1 m 土体水储量预报与实测分布对比见图 8-22,输出土壤旱涝分布状况见图 8-23。

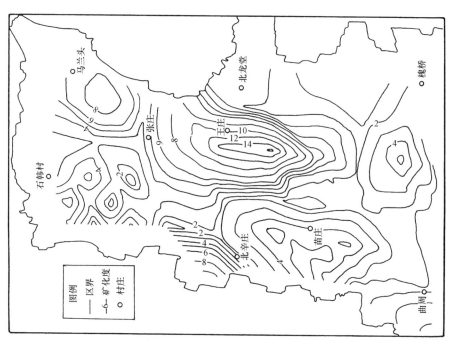

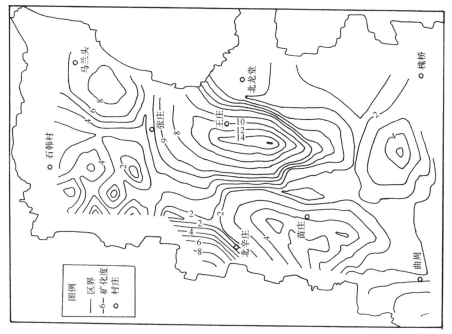

图 8-21 曲周测报区地下水矿化度（g/L）实测（左）和预报（右）等值线图（1987.6）

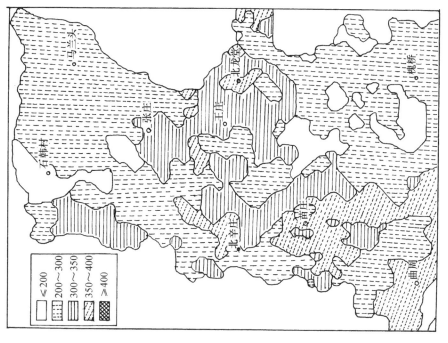

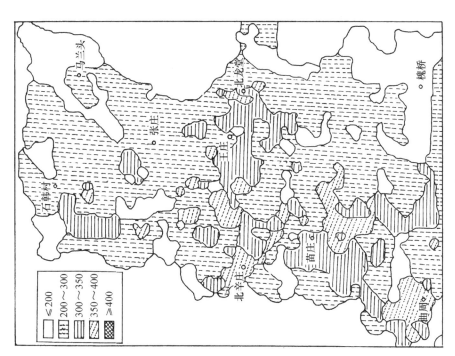

图 8-22　曲周测报区 1 m 土体水储量（mm）实测（左）和预报（右）分布图（1988.6.11）

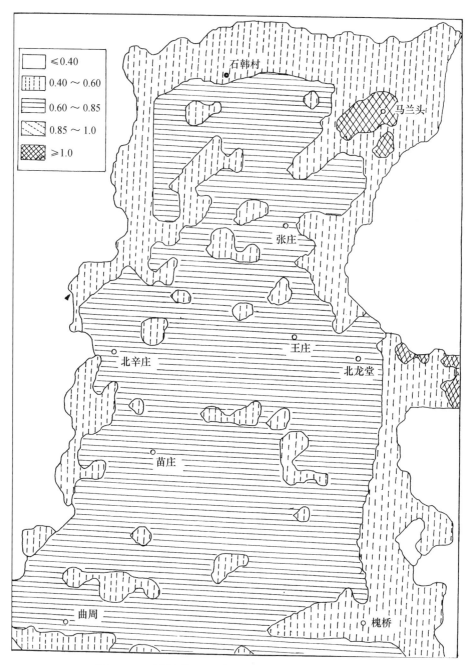

图 8-23　曲周测报区土壤旱情分布预报图（1988.6.11）

表 8-19　区域 1 m 土体水储量分布预报准确度分析

日期	有效点数（nP）	绝对误差 $|\Delta W|$/mm	相对误差（Rs）/%
1987.6.11	36（45）	41.41	15.84
9.11	53（57）	25.01	7.7
12.11	50（55）	40.07	13.21
1988.3.11	51（57）	27.71	9.47
6.11	44（50）	29.97	10.16
9.11	44（50）	39.92	14.43
12.11	28（40）	31.09	10.83
$\sum nP = 306$		$\overline{|\Delta W|} = 33.60$	$\overline{Rs} = 11.66$
检验点数（VP）= 354		准确度 $\sum nP/VP \times 100\% = 86.4\%$	

8.10.4　1 m 土体盐储量预报的结果及分析

区域 1 m 土体盐储量与区域地下水矿化度的变化规律相近，时间上变化很小而空间上差异较大。区域 1 m 土体盐储量在空间上变化范围从 0.4 ～ 15 kg/m²。预报时段内，1 m 土体盐储量变化结果分析见表 8-20，验证点次为 342 点次。由于测报区内大部分土壤为非盐渍化土壤，基数含盐量太低（< 1.5 kg/m²），故绝对误差较大。但土壤盐渍化预报的主要关注点是盐渍化等级的动态，而等级划分的间隔为 1.5 ～ 6 kg/m²（见表 8-13），所以 0.70 kg/m² 的绝对误差在实际应用中是可以接受的，预报准确度为 90.9%。其中 6 月份的准确度为 89.5%（代表春季返盐），9 月份为 93.9%（代表雨季脱盐），12 月份为 82.5%（代表秋季返盐）。按表 8-15 盐渍化等级的转换进行验证，预报的准确度平均为 93%（表 8-21）。区域 1 m 土体盐储量等级分布的实测值与预报值的对比见图 8-24。

土壤盐渍化等级预报，是用分布式盐均衡模型结合专家识别模型而得出的。由于专家识别模型决定了 I 等级中的盐渍化类型，这就能使 I、II 级的盐渍化等级的分布及面积变化较大（表 8-22）。

表 8-20　区域 1 m 土体盐储量分布预报准确度分析

日期	有效点数（nP）	绝对误差 $|\Delta SL|$/mm	相对误差（RSL）/%
1987.6.11	36（45）	41.41	15.84
9.11	53（57）	25.01	7.7
12.11	50（55）	40.07	13.21

续表 8-20

日期	有效点数（nP）	绝对误差 |ΔSL|/mm	相对误差（RSL）/%
1988.3.11	55（57）	0.65	25.99
6.11	50（57）	0.73	35.22
9.11	54（57）	0.68	30.39
$\sum nP = 311$		$|\Delta SL| = 0.70$	$RSL = 30.35$
检验点数（VP）342		准确度 $\sum nP/VP \times 100\% = 90.9\%$	

表 8-21　土壤盐渍化等级预报检验

日期	检验点数	符合点数	准确度 /%
1987.6.11	55	51	92.7
9.11	56	50	89.3
12.11	54	50	92.6
1988.3.11	56	54	96.4
6.11	54	50	92.6
9.11	54	51	94.4
$\sum 329$	$\sum 306$	平均：93.0	

表 8-22　不同盐渍化等级土壤面积变化　　　　　　　　　　　km²

时间	项目	盐渍化等级					
		<1.5（Ⅰ）	1.5～3.0（Ⅱ）	3.0～6.0（Ⅲ）	6.0～9.0（Ⅳ）	9.0～15.0（Ⅴ）	>15.0（Ⅵ）
1987.6.11	实测	184.9	42.2	19.0	3.3	1.5	0.0
	预报	168.3	63.5	15.1	4.5	1.5	0.0
1987.9.11	实测	180.9	44.5	19.1	7.1	1.5	0.0
	预报	179.2	57.0	14.9	1.2	1.3	0.0
1987.12.11	实测	207.3	21.2	17.5	5.5	1.7	0.0
	预报	146.9	76.6	20.3	7.4	1.5	0.0
1988.6.11	实测	185.9	45.3	16.6	4.8	1.4	0.0
	预报	164.7	75.0	11.0	1.2	1.5	0.0
1988.9.11	实测	189.1	55.9	7.7	0.65	0.0	0.0
	预报	182.2	53.7	13.2	3.4	1.4	0.0
1988.12.11	实测	140.6	93.3	11.0	8.3	0.0	0.0
	预报	156.6	81.1	15.0	0.65	0.0	0.0

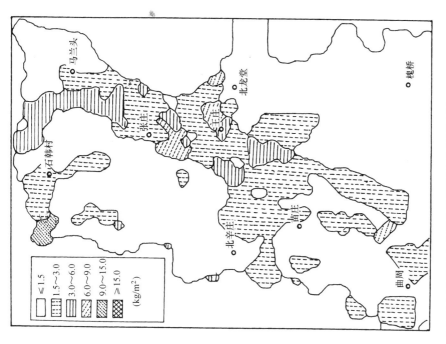

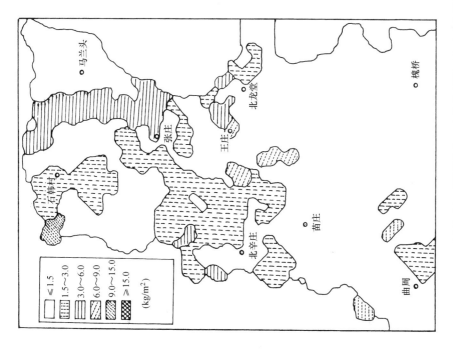

图 8-24　测报区 1 m 土体盐储量（kg/m²）实测（左图）及预报（右图）分布图（1987.6.11）

按照表 8-13 所划分的土壤盐渍化等级，Ⅰ、Ⅱ两级都可归为非盐渍化土壤，Ⅲ、Ⅳ、Ⅴ和Ⅵ分别为轻、中、重盐渍化土壤和盐土。后 4 级实测与预报显示分布及面积变化都很小，变化主要在Ⅰ、Ⅱ级间的转化。如地下水位抬高，按照所建立的专家识别模型，可使Ⅰ级转化成Ⅱ级，相反Ⅱ级就转化成Ⅰ级。所以可把Ⅱ级称为"潜在盐渍化土壤"。虽然Ⅰ、Ⅱ级预报拟合较差，潜在盐渍化土壤（Ⅱ）级预报的变幅较大，而实测较小，但全呈增加趋势。1988 年 12 月实测与预报的结果即可说明，这主要是由于 1988 年秋季降雨集中、地下水水位抬高所致。预报时Ⅰ、Ⅱ级消长大，特别是Ⅱ级类型如在区域内保持稳定，就可以尽早提醒有关部门，采取相应措施，防止次生盐渍化的发生。

8.10.5　1989 年实时预报结果及分析

以 1988 年 12 月 11 日监测数据作为系统模型的初始条件，视 1989 年为平水年，选用 1988 年降雨量、自由水面蒸发量及灌溉识别矩阵输入系统模型。系统模型运行选用 1989 年 3、6、9 月份的水盐状况。检验方法同历史性预报的检验方法相同，结果见表 8-23。

表 8-23　实时预报的结果检验（1989.6）

项目	检验点数	有效点数	绝对误差	相对误差 /%	精度 /%
地下水埋深	44	32	0.41（m）	14.76	72.72
地下水矿化度	51	42	0.35（g/L）	13.07	82.35
1 m 土体水储量	42	33	34.86（mm）	14.06	78.50
1 m 土体盐储量	56	48	0.69（kg/m²）	25.37	85.70
等级	56	51			91.07

从表 8-23 分析可得出如下初步结论：

在季节性实时预报中，即使时段为两季，系统模型对区域盐状况，即地下水矿化度与 1 m 土体内盐分储量的预报精度也相当高，都达到了 80% 以上，与历史性预报的准确度保持在同一水平。说明此系统模型完全可用于对区域盐分状况的实时预报。区域地下水埋深及 1 m 土体水储量的预报准确度与历史性预报准确度相比有所下降，但作为季节性实时预报已可满足农业生产的需要。

区域地下水埋深及 1 m 土体水储量预报与历史性预报准确度下降可能原因有：1989 年实际气象要素与所选用年份气象要素存在差异；计算时段为两季，即实时预报时段较历史性预报扩大了 1 倍；灌溉识别阵的选用与实际灌溉情形差异较大；检验点空间位置与模型在理论上所对应的点不符合，或检验点处的水利措施与模型考虑的不同等。这些问题正是模型需要进一步完善之处。

参考文献

［1］石元春.绪论［M］//石元春,李保国,等.区域水盐运动监测预报.石家庄:河北科学技术出版社,1991:5-7.

［2］张蔚榛.地下水非稳定流计算和地下水资源评价［M］.北京:科学出版社,1983.

［3］陈葆仁,洪再吉,汪福祈.地下水动态及其预测［M］.北京:科学出版社,1988.

［4］Konikow LF, Bredehoeft JD.Modeling Flow and Chemical Quality Changes in an Irrigated Stream-Aquifer System［J］.Water Resour.Res., 1974, 10: 546-562.

［5］王秉忱,陈曦,等.地下水水质模型［M］.沈阳:辽宁科学技术出版社,1985.

［6］孙讷正.地下水污染［M］.北京:地质出版社,1989.

［7］Szabolcs I, Darab K, Varallyay G.Methods for the prognosis of salinization and alkalinization due to irrigation in the Hungarian Plain［M］. Agrokemia es Talajtan 18.Suppl.1969: 351-376.

［8］FAO.Deterministic models in hydrology, FAO, Irrigation and Drainage［M］. Paper No.32, Rome. 1979.

［9］Crawford N H, Linsley R K.Digital simulation in hydrology: Stanford model IV［M］. Tech.Report 39. Stanford University, Civil Eng. Dept., 1966.

［10］Hydrocomp International.Hydrologic Simulation Programe, Operator's Manual, Palo Alto, Calif., 1969.

［11］Holtan H N, Lopez NC. USDAHL-70 Model of watershed hydrology［M］. USDA Tech. Bull.No.1435, ARS, Washington DC. Nov. 1971.

［12］Fleming G, Fahmy M.Some mathematical concepts for simulating the water and sediment systems of natural watershed areas［M］. Dept. of Civil Eng., University of Strathclyde. 1973.

［13］Fleming G, Walker R.A runoff-erosion model for land use assessment and managment［M］. Tech.Report of Civil Eng., University of Strathclyde. 1976.

［14］Wardlaw R B, Fleming G.An integrated surface/subsurface hydrological response model. Symp［M］. Optimal Development and Management of Groundwater I.A.H., Birmingham, 1977.

［15］Tanji K K.River basin hydrosalinity modeling［J］. Agric. Water Manage, 1981. Vol.4(1-3): 207-225.

［16］华北农业大学盐碱土改良研究组.旱涝碱咸综合治理的研究.华北农业大学《农业科技参考资料》(内部资料),1977(5):56-58.

［17］石元春,李韵珠,陆锦文.盐渍土的水盐运动［M］.北京:北京农业大学出版社,1986.

［18］石元春,李保国.区域水盐运动的系统分析和预报体系［M］//石元春,李保国,等.

区域水盐运动监测预报.石家庄:河北科学技术出版社,1991:19-26.

［19］李保国.背景资料系统与监测系统［M］//石元春,李保国,等.区域水盐运动监测预报.石家庄:河北科学技术出版社,1991:32-34.

［20］李保国,陈研.区域地下水动态预报［M］//石元春,李保国,等.区域水盐运动监测预报.石家庄:河北科学技术出版社,1991:37-57.

［21］Bear, J. Hydraulics of ground-water［M］. Mc Gran-Hill, Inc., New York, 1979.

［22］薛禹群,朱学愚.地下水动力学［M］.北京:地质出版社,1979.

［23］薛禹群,谢春红.水文地质学的数值法［M］.北京:煤炭工业出版社,1980.

［24］孙讷正.地下水流的数值模型和数值方法［M］.北京:地质出版社,1981.

［25］李保国.区域土壤水分动态预报,区域农田旱涝预报［M］//石元春,李保国,等.区域水盐运动监测预报.石家庄:河北科学技术出版社,1991,84-97.

［26］李保国.区域水盐动态系统预报模型研究［D］.北京:中国农业大学,1990.

［27］鹿洁忠,林家栋,等.河北省邯郸地区农田(小麦、玉米、棉花)水分收支状况［M］.北京:北京农业大学出版社,1986:225-242.

［28］李保国.区域土壤盐分分布动态预报模型［M］//石元春,李保国,等.区域水盐运动监测预报.石家庄:河北科学技术出版社,1991:136-141.

［29］石元春,辛德惠,等.黄淮海平原的水盐运动和旱涝盐碱的综合治理［M］.石家庄:河北人民出版社,1983.

［30］李韵珠,陆锦文,黄坚.蒸发条件下黏土层与土壤水盐运移［C］//国际盐渍土改良学术讨论会论文集.1985: 176-190.

［31］刘思义,魏由庆.马颊河流域影响土壤盐渍化的几个因素的研究［J］.土壤学报,1988, 25(2),100-118.

［32］朱耀鑫,陆锦文,石元春.黄淮海平原雨季的土壤水盐运动和黏土夹层的影响［M］//石元春,等.盐渍土的水盐运动.北京:北京农业大学出版社,1986:175-200.

［33］李保国.区域水盐动态的系统预报［M］//石元春,李保国,等.区域水盐运动监测预报.石家庄:河北科学技术出版社,1991:143-160.

［34］李保国,汪强.PWSIS的应用［M］//石元春,李保国,等.区域水盐运动监测预报.石家庄:河北科学技术出版社,1991:177-190.

9 黄淮海平原水盐运动的地学研究与理论体系的形成

【本章按语】

自 1973 年秋，我们一直在曲周实验区埋头于旱涝碱咸综合治理实践和水盐运动的研究，是 1979 年国家农委下达的"黄淮海平原旱涝盐碱综合治理区划"任务和国家科委下达的"六五""七五"国家科技攻关项目将我们的研究和视野扩展到了整个黄淮海平原，使我们开始了全球与中国季风现象、黄淮海平原易溶盐的古代和近代地球化学过程、旱涝盐碱综合治理区划、水分平衡等宏观性的和地学的研究。使我们有可能将点上研究与面上研究、微观性研究与宏观性研究、治理实践与理论总结结合起来。本章是黄淮海平原地学研究的汇集，也是对水盐运动研究的一次理论升华。如果说本书以上诸章是在"画龙"，那么本章的"地学综合体思想"和"半湿润季风气候区水盐运动理论的形成"可视为"点睛"之笔。

9.1 地学综合体思想

地球表层的岩石圈层、土壤圈层、水圈层、生物圈层以及大气圈层是一个相互联系和统一的有机整体，一个复杂和庞大的系统。对此，人们对它有一个由综合到分析、由分析到再综合的认识过程。中国的天人合一论和西方的神造论等古代朴素的自然观是从整体上综合认识自然体及其与人的关系的代表思想。15 世纪开始，以哥白尼日心说为标志的现代科学革命和技术革命以后，人们开始使用分析方法，也就是将一个复杂的研究对象分解成若干相对简单和独立的部分，分别寻求其本质属性和演化规律，如气候学、地质学、地貌学、水文学、土壤学、生物学等的主干学科以及他们的众多分支学科，这是 15 世纪以来科学认识自然界的重大发展和深化。19 世纪后期，人们又在分析方法的基础上进行再综合，也就是在新的基础上从整体上去认识自然界，如自然地理学、景观学、生态学等。

19 世纪初叶，德国著名地理学家洪堡德（1806）把自然地理环境看成一个整体，认为地球表面的各种自然现象之间存在着因果上和区域上的相互联系，提出景观是这种地理区域集合体的外观表现。帕萨格（1919）在他的《景观学基础》一书中提出景观是由景观要素——气候、水、土壤、植物和文化现象组成的地区复合体。而生态学则是研究生物体与生存环境之间的关系，"生态系统不仅包括有机综合体，也包括我们称之为生物群落环境的诸自然要素的统一体"（Tansley，1935）。

20世纪30年代，Bertalanffy提出了系统论思想，成为20世纪中叶的一种重要横断科学和方法论，受到科技界的广泛重视与推崇。对"系统"有各种理解，如"系统是有组织的和被组织化的全体""系统是有联系的物质和过程的集合""系统是许多要素保持有机的秩序，向同一目的的行动的东西""由若干要素以一定结构形式联结构成的，具有某种功能的有机整体"等。系统的共同特征是它的整体性、关联性、等级性、时序性，以及物质流、能量流及其动态平衡性等。对系统论的研究在于认识系统的结构与功能，以及系统、要素、环境三者的相互关系、动态规律以及系统的优化等。Bertalanffy强调，任何系统都是一个有机的整体，它不是各个部分的机械组合或简单相加，系统的整体功能是各要素在孤立状态下所没有的性质。

石元春继承了上述理论与思想，他根据多年的地学工作实践与研究，于20世纪80年代初提出了"地学综合体"概念。他认为在一定气候条件影响下的第四纪沉积物、地貌、水文和水文地质、土壤、植被等地学要素不是孤立存在和随机叠置，而是一个有规律和相互协调的，运动着的统一地学系统。地学综合体在结构上有气候、地表和人为活动三个层次。

气候是相对独立于地表层次之上的大气运行系统，是影响地表和人为活动的重要因素和营力。地表层次的基岩与第四纪松散沉积物（成因、岩性与年代）是构成此地学综合体的物质基础与骨架，地貌是第四纪沉积物受内外地质营力作用下的外在表观，二者是互为内容与形式的原生性地表层次要素。流水是搬运和塑造第四纪沉积物和地貌的主要营力，而水文与水文地质状况则是依附于第四纪沉积物和地貌的地表水与地下水要素；土壤和植被只是在第四纪沉积物、地貌、水文和水文地质条件下发育生成的，为次生性地学要素。所以，在一定气候条件影响下的某种第四纪沉积物和地貌类型必有其相应的水文、水文地质，以及土壤与植被的特征。由于地貌的外观性强，往往成为识别和区分地学综合体的标志，即某地貌类型可以反映该地学综合体及相应的气候、第四纪沉积物（成因、岩性和地质年代）、水文、水文地质、土壤和植被等地学要素的总和。

人为活动深受气候和地表层次诸要素的影响和制约，也在一定程度上影响着地表诸地学要素。

地学综合体在时间和空间上有着完全的整合性与一致性，具有良好的空间性（地上部与地下部在空间和区域上的规律性分布）、时序性（第四纪及近代沉积物的不同年代与时序）、等级性（指大区、中区、小区及微域）以及运动性（物质流和能量流）。

如上所述，将地球表面各圈层视为一个统一体和系统，是人们对它的认识由综合到分析，再到新的综合的过程和结果。在新的综合过程中往往是以某一个侧面为中心地去认识和诠释这个统一体，如果说生态学是以生物体为中心，土地学（研究土地及其立地条件的自然及经济特性）是以土地为中心，那么地学综合体则是以地学要素为中心地去认识和诠释这个统一体。

在黄淮海平原旱涝碱咸综合治理和水盐运动研究中，石元春不断运用和丰富着地学综合体思想，在气候层次的研究中提出了黄淮海平原的"半湿润季风气候"的"气候区"定位。地表层次的研究中提出了黄淮海平原由山前洪积冲积平原、（黄河、海河、淮河）冲积平原和（环渤海、黄海）滨海平原三类中区地貌及其相应的小区地貌，以及"高地形—深地下水位—地下淡水—褐土或褐土化潮土—旱作农业组合"等12类地学综合体组合；提出了河北曲周县7类小区级的地学综合体组合。从而以黄淮海平原和其中曲周县为例，在大区、中区、小区及微域的不同尺度上提出了不同等级和类型的地学综合体特征及其间的相关性。

不同地学综合体类型有不同的物质流，尤其是其中最活跃的水分和易溶性盐类，这是提出以水盐运动为重要研究对象的理论上原因。水盐运动受半湿润季风气候条件的影响，更在不同地学综合体组合中表现得多种多样。水盐运动与以地貌为代表的地学综合体有着很好的相关性和一致性，如上述的黄淮海平原的12类地学综合体组合均有其相应的水盐运动类型，即1类地学综合体为水盐稳定下行类型；2类地学综合体为水盐下行为主类；3类和7类地学综合体为水盐上下行相对平衡类型；4、5、6、8、9类地学综合体为水盐弱上行类型；10、11和12类地学综合体为水盐强上行类型。

地学综合体思想是我们对黄淮海平原进行地学研究和水盐运动及其调节管理研究的主要理论指导和方法。本章以下诸节将分别介绍对黄淮海平原的季风现象、对新生代易溶盐古地球化学过程、对近代地球化学过程、对旱涝碱咸综合治理区划等地学研究成果，最后以"半湿润季风气候水盐运动理论"的形成结束本章和本书。

9.2 季风现象和我国季风区域[1]

中国气候区划中，黄淮海平原属暖温带半湿润气候。当深感黄淮海平原突出的春旱夏涝并导致土盐（潜）水咸的时候，使我们追思到季风现象。是季风这种全球性气候现象才使得黄淮海平原降水集中和干湿季分明，才会有春旱夏涝和土盐（潜）水咸的。所以对黄淮海平原的气候认识中不能只有暖温带和半湿润而没有季风现象。

人们很早就在生产活动中感知到季风现象，如航海和水运中人们常常利用风向的季节变化特点来安排航行活动。但是，将季风现象作为一个气候科学问题进行专门研究，主要是在 20 世纪 20 年代以后才开始的。

"季风"一般是指盛行风随季节而明显变化的一种气候现象。换言之，在季风盛行的地区，风向必有明显的季节变换。许多气象学家（Hann, 1940；Conrad, 1937；Хромов,1950；高由禧，1962）从不同的角度提出了各种"季风指数"。"季风"是一种全球性现象，但主要表现在亚洲及非洲中部。季风现象形成的原因，历来各家之说甚多，主要有海陆热力差异季节变化说[2-4]和行星风带季节位移说[5、6]。高由禧（1962）则强调"季风现象是海陆分布、大气环流和具体地形等 3 种因素错综影响下的综合现象，具体地区要进行具体分析[7]"。

我国处于欧亚大陆东南部，东和东南濒临太平洋，西北则延伸到欧亚大陆腹地。因而海陆热力的季节差异很大，使我国尤其是东部地区具有明显的季风现象，是世界上主要季风区之一。冬季东亚海陆热力差异大，蒙古高压和阿留申低压十分发达，冷高压成为天气的主要控制系统，使我国东部地区盛行北风和西北风（冬季风），气候寒冷干燥。夏季里，海陆热力差异也很大，但作用方向与冬季相反，大陆上的印度热低压和海洋上的太平洋高压非常发达，成为控制天气的主要系统，故盛行东南风和南风（夏季风），温暖潮湿和多雨。而在春秋季节，则是冬季风和夏季风相互消长，因而冷暖干湿，变化无常。

我国地域辽阔，地形复杂，距海远近不同，各地区不同季节的行星环流差异很大，故各地季风现象表现各异。高由禧等[7]根据季风流场、气压场、湿度场和云雨等现象的季节变化，将我国划分为 5 个不同的季风气候区。

冬季风影响的南限位于南中国海面。此线以南，不受冬季风影响，而受东北信风或赤道东风带控制，为温度和雨量年分布比较均匀的"赤道季风气候区"。夏季风极峰到达的最北位置正是夏季风影响的北限，也是西风带季风区和副热带季风区、干燥气候和湿润气候的分界线。在此线以北和西北的地区，常年受偏北风控制，盛夏也很难受到来自海洋的夏季风的影响，为冬夏均干燥少雨的常年西风带区。西藏高原季风区的季风现象则是由于行星西风带和东风带的季节位移所造成。

综上所述，因海陆热力差异而产生的冬季风与夏季风季节更替的季风现象，在我国主要表现在东部的热带季风区和副热带季风区。热带季风区大抵在北纬 25°线以南的华南沿海和南海海域，这里一年经受四次不同季节风的更替，雨量的年变化上出现两个高峰（5—6 月和 8—9 月）。副热带季风区在北纬 25° 以北，到我国北部疆界（北纬 53° 左右），包括我国黄淮海平原在内的东部大陆的主要部分。这里一年中仅受两次季节风（冬季风和夏季风）的更替，雨水集中降于夏季。黄淮海平原属东部的副热带季风区中的华北亚区。

关于季风现象和中国东部地区的降雨特征以及与旱涝的关系，自 20 世纪 30 年代以来，我国的气象学家（竺可桢，1934；涂长望，1937、1944；陶诗言，1948、1957；叶笃正，1950、1958；高由禧，1948、1952、1962；徐淑英，1962 等）从不同角度进行了大量和卓有成效的研究，这些研究对于我们认识黄淮海平原的降水特征以及水盐运动和旱涝盐碱的发生规律十分重要。

首先，我国东部之所以有如此丰富的雨水，主要是由东南季风从海洋上带来的。正如高由禧所指出的，在副热带高压控制下，出现了地球上的主要沙漠区，如撒哈拉沙漠、阿拉伯沙漠、伊朗和阿富汗等地的沙漠，而同处于副热带高压控制下的同纬度的我国华中、华南地区，不仅未沦为不毛漠境，且为我国富饶的鱼米之乡，这主要归功于东南季风。

其次，我国东部地区的降雨主要是受季风，特别是夏季风所控制，年降水量随着夏季风行进的方向，自南而北逐渐减少，由 2 000 mm 减到 500 mm 左右。此外，各地区雨季的起讫、长短和降雨特点，也主要决定于夏季风影响下的候雨带有规律地由南而北地位移、停滞和南退过程的特点（高由禧、徐淑英，1962）[8, 9]。在夏季风进退活动的控制下，大雨带 5 月上旬出现于华南沿海，6 月中旬进抵长江沿岸停滞 20 余 d 后，7 月中旬向北急进，推及整个黄淮海平原，8 月中旬达东北及河套一带的最北位置。8 月下旬迅速南撤，不及半月，即退回华南沿海。因而黄淮海平原只有一个雨量高峰，即从 7 月中至 8 月中下旬，仅 40 天左右，而华中的雨季约 90 d，华南可达 130 d 左右。且有两个降水高峰（5—6 月和 8—9 月）。

黄淮海平原以南的地区的降雨量均大于 1 000 mm，雨季长，分配比较均匀，旱涝灾害较少。黄淮海平原以北的东北地区，虽纬度更高，但 4—9 月，气旋活动频繁，春秋两季雨水多于黄淮海平原，夏雨也不如黄淮海平原集中，故旱涝灾害较少。而根据夏季风在我国东部活动的特点和规律，使黄淮海平原成为我国东部地区雨季最短，降水最集中，年雨量分配最不均匀的一个地区。此外，在年降水量变率上也反映了如上特点。东北地区低于 20%，而黄淮海平原则大于 25%，北京为 29%，石家庄为 28%。旱季 4—6 月降水量变率也反映了同样趋势，石家庄 4 月和 5 月变率分别为 84% 和 78%。

以上诸多研究，说明了季风气候及其对我国东部地区的影响；说明了黄淮海平原的降水特征和旱涝频繁的特定性；说明了千百年来为什么这个地区的旱涝盐碱表现得如此突出和顽强；说明了国家对这个重要农区的旱涝盐碱综合治理以及相关农田工程应给以特殊关注和投入的必要性和重要性。

9.3 黄淮海平原易溶盐的古地球化学过程[11]

黄淮海平原是中生代晚期，在燕山运动影响下形成的一个独立的地质构造单元。这里隆起与拗陷起伏重叠，至第三纪末才开始为大量陆相沉积所充填，成为一个统一的拗陷区和堆积平原。晚第三纪以后，直到第四纪期间，这里的地壳运动一直以下降为主，大规模地沉积了深厚的第四纪松散沉积物[12]。

第三纪里，黄淮海平原是比较湿润和炎热的亚热带和热带气候，形成的强氧化环境使这里的沉积物表现为以富铁铝化和碳酸钙的淋溶淀积以及易溶盐遭到淋失为特征的地球化学过程。重矿物以石榴石、磁铁矿、钛铁矿等稳定性矿物为主。进入第四纪，黄淮海平原的古气候发生剧烈变化，多次冰期及其间冰期交互更替，气候转寒和出现多次波动。岩石特征、沉积环境、孢粉和重矿物等方面的分析结果均说明，第四纪期间，这里主要是弱氧化和弱还原的沉积环境，特别是中更新世晚期以来，角闪石等非稳定性矿物显著增加和碳酸钙开始富集。自上更新世以来，才开始出现了易溶盐积聚的古气候和地质环境。这可以从以下的环境标志特征中得到说明（图9-1）：

①庐山-大姑间冰期和全新世的古植被以稀树草原为主。木本植物中以栎和榆为代表的阔叶树种增加，有逐渐取代针叶树种之势[12]。草本植物数量大增，特别是半旱生型的蒿属和藜科植物所占比重明显大于下更新世和中更新世。

②土层颜色由棕红色调转化为以灰色和黄色为主。

③砂层风化很弱，土层中极少见到风化长石的白色斑点。

④重砂矿物组合中，角闪石和磷灰石含量很高，而稳定性矿物所占比重较小。

⑤碳酸钙的积聚逐渐取代了铁锰的移动和富集，其积聚形式也由结核状过渡到以粉状为主，溶淀过程明显减弱。

⑥冲积平原的北部和中部，矿质化地下水普遍出现。

环境标志的上述特征[12, 13]描绘出了上更新世的庐山-大姑间冰期及全新世时期温凉、半湿润半干旱气候和稀树草原的古地理景观。在这种条件下，氧化和还原过程很弱，碳酸钙的淋溶淀积过程也逐渐减弱，在地势低平的冲积平原和滨海平原上开始出现了易溶盐的积聚，使黄淮海平原北部的上更新世和全新世的沉积物中普遍出现富含易溶盐的咸水。

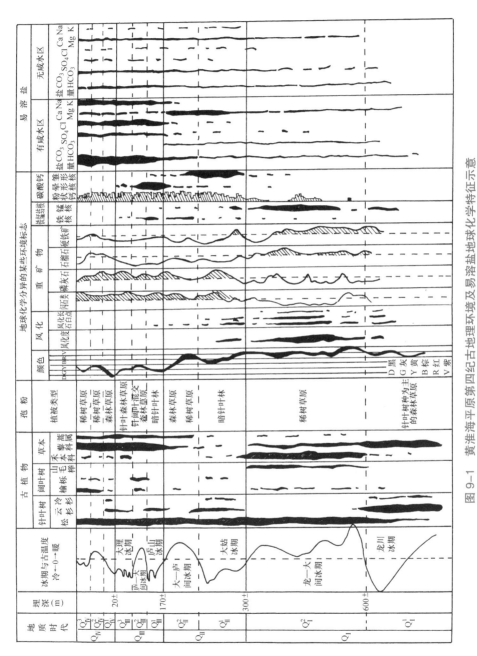

图 9-1 黄淮海平原第四纪古地理环境及易溶盐地球化学特征示意

（古植物和孢粉部分据河北省地质局资料，环境标志部分据李凤林资料）

关于黄淮海平原北部地下咸水成因曾有海成陆成之争。随着大量资料的积累和研究，更多方面地证实了陆相蒸发积盐过程是出现咸水的主要成因（不包括滨海平原）。构造运动中的南翘北塌现象以及上更新世和全新世曾有四次较大海浸，但影响范围主要在滨海一带，主要海相层均未能超越沧州隆起的西部边界。最大的海浸方向是沿黄骅、盐山、海兴的一部分指向西或西偏北的方向，越过沧州隆起抵冀中拗陷地区[12]。

晚更新世以来所存在的易溶盐积聚环境也可从滨海地区海湾地貌条件下海水蒸发浓缩和易溶盐强烈聚积的事实中得到证实。莱州湾在离海 10 km 左右，存在着一带宽约 10 km，长约 200 km，基本平行于海岸线的地下卤水带。埋藏于地面以下至 80 m 的沉积物内，厚 30 ～ 60 m，其化学成分近于海水而矿化度却高于海水 3 ～ 5 倍，达 100 ～ 180 g/L。这主要是在晚更新世以来的干旱气候以及潮间浅滩 – 砂坝泻湖的封闭性的地貌条件的作用下，海水长期蒸发浓缩而成[14, 15]。

关于上更新世开始出现的比较干燥的温凉气候和古地理环境以及易溶盐在古冲积平原和滨海平原积聚的现象，我们还可以从黄淮海平原周围的地层和古地理环境的对比中得到说明。根据刘东生等对我国黄土高原第四纪沉积物的大量研究证实，第四纪古气候波动甚多，虽多次转变得比较湿润，但黄土主要是在干燥沉积条件下堆积的，且总的趋势是向干燥方面转化[16]。中更新统的离石黄土中的褐土型埋藏古土壤[17, 18]和上更新统的马兰黄土中黑垆土型埋藏古土壤层以及南京一带下更新统沉积物中发育的古红壤和上更新统的下蜀黄土中的古黄褐土[19]，都说明了第四纪古气候逐渐向干燥转化的总趋势和上更新世气候较之中下更新世显然变得更加干燥。

一些学者[20, 21]认为，自第四纪以来，我国北方地区长期受蒙古高压反气旋的影响，有着强大的季风区。马溶之在论及我国第四纪古地理环境时提出，上更新世的自然地带已经基本上类同于现代[19]。上更新统沉积物中，南京一带的古黄褐土、黄土高原北部的埋藏黑垆土以及黄淮海平原山麓一带上更新统黄土状母质上发育的褐土等事实，也证明了上更新世自然地带的形成类同于现代的观点。因此，在当时的黄淮海平原低洼的冲积平原和滨海平原上出现易溶盐的累积现象也是不言而喻的了。

古代的易溶盐积聚过程也受着古地貌、沉积物和水文条件的制约而发生空间上的地球化学分异。但是，在第四纪中持续下降的构造盆地中形成的黄淮海平原，老地层为新地层所覆盖和处于水下环境，易溶盐的空间分异在水文地质作用下进行着再分化过程，原始积盐所表现的细小差异已经减小或消失，而代之以水文地质的分异过程[22]。但是古代积盐无疑会深刻地影响和表现在近代的水文地质现象上。

上更新世以来的易溶盐的地球化学过程，在大区范围内可明显分化为以下

4 个积聚带：

①山前平原及南部平原的 $HCO_3^- - Ca^{2+} - Mg^{2+}$ 积聚带。

②冲积扇扇缘洼地的以硫酸盐为主的 $SO_4^{2-} - Ca^{2+} - Mg^{2+}$ 和 $SO_4^{2-} - HCO_3^- - Ca^{2+} - Mg^{2+}$ 的积聚带（有石膏和芒硝的化学沉积）。

③冲积平原的 $SO_4^{2-} - Cl^- - Na^+ - Mg^{2+}$ 及 $Cl^- - SO_4^{2-} - Na^+ - Mg^{2+}$ 积聚带。

④滨海平原的 $Cl^- - Na^+$ 积聚带。

在冲积平原上，古河道带和现河道及其两侧（主要为全新世 Q_{IV} 沉积物），沉积物颗粒较粗和有淡水补给，因而在咸水体以上形成宽窄厚薄不等的淡水水体，多属 $HCO_3^- - Ca^{2+} - Mg^{2+}$ 或 $HCO_3^- - SO_4^{2-} - Ca^{2+} - Mg^{2+}$ 化学类型。

9.4 黄淮海平原易溶盐的近代地球化学过程[23]

近代易溶盐的地球化学空间分异是在多种地学因素综合影响下进行的一种复杂的地球化学过程。黄淮海平原是一个三面环山、一面临海的大型构造盆地，易溶盐的地球化学分异不同于我国内陆的封闭或半封闭盆地而有自身鲜明特点和规律性。空间上的大区分异和总体格局受着半湿润季风气候、大中区地貌以及古代积盐状况的深刻影响。

易溶盐及其运移的主要载体是水，特别是大气降水与蒸发。黄淮海平原南北跨 8 个纬度（北纬 32° ～ 40°），长 800 余 km，年降水量由 1 000 mm 渐减到 500 mm，干燥度由 0.9 增高到 1.6。降水与蒸发的如此巨大变化，必将导致易溶盐淋溶、迁移和积聚上的明显差异。南部盐分下行运动强而往北渐弱；反之，上行运动北盛而南弱。同为滨海平原，黄海滨海平原土壤有明显脱盐过程，为苏北重要粮棉产区，而北部的渤海滨海平原则水源缺乏，盐土广布，荒地成片。

携带易溶盐的水体在空间上的运移是深受地形和地貌制约的。地表水和地下水自高处到低处，自山麓到海洋，运移于大气、土壤和第四纪沉积物等介质，发生着一系列物理的和化学的交换与变异过程，尤其是表现于溶液浓度与化学组分上。在迁移过程中，由于不同盐类的不同溶解度，以及盐类间的相互作用而溶液浓度与化学组分不断发生变化，并分化出 HCO_3^- 积聚带—$SO_4^{2-} - Cl^-$ 积聚带—$Cl^- - SO_4^{2-}$ 积聚带—Cl^- 积聚带的一般性地球化学分异模式[24, 25, 13]。熊毅等曾提出华北平原（黄淮海平原北部平原）地下水化学组成水平分布方面的示意图（图 9-2）；石元春提出了黄淮海平原地下水矿化度与化学组成，以及与土壤盐渍化程度和盐分组成之间的相关性。在此易溶盐地球化学分异的一般规律的背景下，由于复杂多样的地学要素而使地球化学的分异表现得丰富多彩和鲜明的区域性。

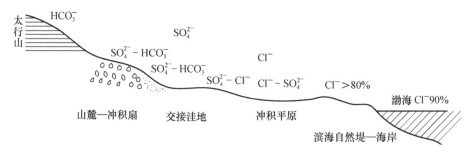

图 9-2　华北平原地下水质水平分布示意图（引自《华北平原土壤》，1961）[24]

大中区地貌及相应的地学要素的空间变化是影响易溶盐空间分异的重要因素。在黄淮海平原广袤的河流泛滥平原上，横贯中部和高悬于地上的黄河河床成为一道分水岭，将平原分为南北两部。黄河以南的黄泛平原乃黄河大型冲积扇的南翼，扇形地下部的一片广阔的古沼泽洼地又使它在易溶盐分异上明显地区别于扇形地中上部的豫东平原。同样，北部海河平原的徒骇河—马颊河等河流的中上游与下游之间在易溶盐展布上表现出显著差异。黄淮海平原北部自上更新世以来的古代积盐过程所形成的地下咸水，无疑加重了现代积盐过程和土壤盐渍化程度，而黄河等诸河故道一线则是较为深厚的地下淡水区，当然会减弱积盐过程和提供了丰富的地下水资源。所以古代积盐过程对易溶盐的近代地球化学的空间分异也产生着深刻影响，

在气候、地貌和古代积盐过程等要素的综合影响下，黄淮海平原的易溶盐化学流在空间上有规律地进行着迁移、积聚和分异过程。按其空间分异特征和易溶盐在土壤—潜水中淋溶和积聚的特点，可以划分为如下五个大区和若干亚区，各大区和亚区的基本资料可见于表 9-1。

Ⅰ. 淋失转运带的重碳酸钙盐积聚区

Ⅱ. 淋失带的重碳酸钙镁盐积聚区

Ⅲ. 苏打积聚区：

　　Ⅲ$_1$ 碳酸氢钠积聚亚区

　　Ⅲ$_2$ 苏打 - 硫酸盐 - 氯化物积聚亚区

Ⅳ. 碱金属中性盐积聚区：

　　Ⅳ$_1$ 低矿化淋失亚区

　　Ⅳ$_2$ 矿化强积盐亚区

Ⅴ. 氯化钠积聚区：

　　Ⅴ$_1$ 高矿化强积盐亚区

　　Ⅴ$_2$ 高矿化自然脱盐亚区

从表 9-1 可见，上述 5 个易溶盐积聚大区中，山前洪积冲积平原为易溶盐淋失转运带的重碳酸钙盐积聚区（大区Ⅰ），而环渤海 - 黄海的滨海平原为近海易溶

表9-1 黄淮海平原易溶盐地球化学分区说明

分区	样貌	年降水量/mm	地下水 旱季埋深/m	地下水 矿化度/(g/L)	地下水 化学组成	土壤 主要类别	土壤 易溶盐积聚类型	易溶盐积聚程度
淋失运转区	山麓洪积冲积平原	600~700	>5	<0.5	HCO₃⁻-Ca²⁺	褐土	碳酸钙溶积，易溶盐淋失	淋失
重碳酸钙镁积聚区	淮北低洼平原	750~850	1~2	<1	HCO₃⁻-Ca²⁺-Mg²⁺	脱沼泽化浅色草甸土（砂姜黑土）	非盐化	不积盐
苏打积聚区 碳酸氢钠积聚亚区	黄河南冲积区低平原	650~800	2左右	1左右	HCO₃⁻-SO₄²⁻-Na⁺-Mg²⁺	浅色草甸土，碱化土壤（瓦碱），盐化土壤	碱化盐化	轻—中
苏打积聚区 苏打硫酸盐—氯化物积聚亚区	黄河浸润洼地和积水地	600~700	1~1.5	1左右	HCO₃⁻-Cl⁻(SO₄²⁻)-Na⁺	苏打盐化土壤，浅色草甸土	苏打盐化	中—重
氯化物—硫酸盐积盐聚区 低矿化淋失亚区	海河冲积平原古河道带及浅层淡水区	500~600	3左右	1~2	HCO₃⁻-Cl⁻(SO₄²⁻)-Na⁺	浅色草甸土，轻盐化土壤	易溶盐淋失或硫酸盐—氯化钠盐化	不积盐或轻度积盐
氯化钠积盐聚区 氯化物硫酸盐积聚亚区	海河冲积平原浅层咸水区	500~600	2左右	2~5~10	Cl⁻-SO₄²⁻-Na⁺-Mg²⁺	盐化土壤，盐土，浅色草甸土	氯化物—硫酸盐盐化	中—重
高矿化强积盐亚区	渤海滨海平原	550~650	1~2	>10	Cl⁻-Na⁺	滨海盐土及盐化土壤	氯化钠盐化	重
高氯化自然脱盐亚区	黄海滨海平原	850~1000	1~2	>10	Cl⁻-Na⁺	脱盐的滨海土壤（非盐化和轻盐化）滨海盐土	氯化钠盐化或易溶盐淋失	轻—中

注：盐类组成的离子排列上，前面的是主要离子。

盐强烈积聚带的氯化钠积聚区（大区"Ⅴ"），皆具典型性易溶盐地球化学分带的特点，地学要素与积盐类型比较单纯。而处于此二大区之间的广大泛滥平原的其他 3 个大区的情况则要复杂得多。

9.4.1 重碳酸钙镁盐积聚区（大区Ⅱ）的积盐类型

大区Ⅱ在黄淮海平原的最南部，黄河大型冲积扇南翼的尾段。这里是现淮河水系主要支流洪河、谷河、颍河、西肥河等主要支流由西北向东南流入淮河及洪泽湖的淮北低洼平原，也曾是黄河大型冲积扇的扇缘沼泽洼地，遗留下大面积脱沼泽化的土质黏重的砂姜黑土。本区降水量高、潜水矿化度低而埋藏浅的地下水状况以及低洼易涝的地形和砂姜黑土不利于易溶盐积聚的这些特殊条件，使这里表现为重碳酸钙镁积聚区而土壤中少有盐分积聚。

9.4.2 苏打积聚区（大区Ⅲ）的积盐类型及其组合

苏打积聚区主要分布在大区Ⅱ以北，黄河冲积扇南翼的中部和上部，苏北和皖北的花碱土地区（见图 9-3）。本区的基本特征是在降水量高和潜水矿化低的条件下，以碳酸氢钠和碳酸钠为主的易溶盐类在土壤和潜水中积聚。

苏打积聚区的潜水矿化度多低于 1 g/L，属 $HCO_3^- - Ca^{2+} - Mg^{2+}$ 或 $HCO_3^- - Cl^- - Na^+ - Mg^{2+}$ 型水。大量研究证实[25-32]，在弱矿化潜水条件下往往引起碱金属重碳酸盐和碳酸盐在土壤中积聚和使土壤碱化。宋荣华等（1978）[32] 通过模拟试验，认为黄淮海平原的低矿化水中 $NaHCO_3$ 含量高，在蒸发积盐过程中土壤的 $CaCO_3$ 和 $MgCO_3$ 难于溶解，溶液中钙镁离子含量相对较低，故而使得 Na_2CO_3 和 $NaHCO_3$ 在土壤表层积聚。本区普遍分布的瓦碱土及其低矿化碱性潜水是苏打积聚区代表性的易溶盐积聚类型。

随着易溶盐在潜水和土壤中的积累和增加，其化学组成也发生着相应的变化。潜水矿化度低于 0.7 g/L，土壤一般不发生盐化，土壤和潜水均表现为 $HCO_3^- - Ca^{2+}$（Mg^{2+}）积聚类型。在微域地形、土壤质地剖面或潜水埋深等有利于易溶盐类积累时，潜水矿化度提高到 2～4 g/L，化学组成为 $Cl^- - HCO_3^- - Na^+ - Mg^{+2}$ 类型，土壤表层盐量增加到 0.2%～0.4% 左右，为中度盐化的碱金属中性盐类土壤。如易溶盐进一步积累，潜水矿化度可达 4～5 g/L，土壤含盐量增加到 0.4% 以上，潜水和土壤均属 $Cl^- - SO_4^{2-} - Na^+ - Mg^{2+}$ 类型。

以上 4 种易溶盐积聚类型所构成的组合特征是，碳酸氢钠积聚型（弱矿化潜水和轻盐化土壤），碱金属中性盐积聚型（低矿化潜水和中度盐化土壤）以大小和形状各异的斑块，零散分布于重碳酸钙积聚型（极弱矿化潜水和非盐化土壤）之中。

在强蒸发条件下，苏打积聚区也可出现高盐化的苏打–硫酸盐–氯化物积聚类型，主要分布在黄河两岸的浸润洼地，冲积扇扇缘以及积水洼地的外缘。它是在具有稳定的弱或极弱矿化水不断补充并通过土体强烈蒸发的特定条件下发生的一种地球化学现象。黄河滩地比两岸洼地高出 4～8 m，河水的不断侧渗补给和地表地下径流不畅而使洼地潜水高和雨季地面积水。地下水的矿化度在 1 g/L 左右，化学组成为 $HCO_3^--Cl^--Na^+$ 或 $HCO_3^--SO_4^{2-}-Na^+$ 类型。Na_2CO_3 和 $NaHCO_3$ 等盐类在土壤中大量积累，从而构成了低矿化，高盐量和含大量苏打的苏打 - 硫酸盐 - 氯化物的易溶盐的积聚类型。

这种高盐量苏打 - 硫酸盐 - 氯化物积聚类型一般出现在洼地中的微域高地和洼地的周边部分，而最低洼的地方，因积水时间长，脱盐条件好而易溶盐积聚过程微弱，以重碳酸钙 - 镁型盐类为主。此外，由于黄河历史上决口泛滥甚多，两岸多有决口扇形地，使浸润洼地中常有地势稍微高起的砂性很强的扇形地的中下部。这里地势较高，潜水较深和砂性强，易溶盐积聚过程也弱。以上多种易溶盐积聚类型，构成了黄淮海平原中的一种特殊的，以苏打强烈积聚为特征的易溶盐积聚类型组合。

9.4.3 硫酸盐 - 氯化物积聚区（大区Ⅳ）的积盐类型及其组合

本区主要分布在黄河以北的冲积平原上，古代及近代积盐过程强度均显著高于平原南部的苏打积聚区。地下水矿化度普遍较高和有大面积咸水，使得这里的盐渍土和潜水的含盐量较高和表现为硫酸盐 - 氯化物型。只是在较大型的古河道带和现河道两侧有浅层淡水发育，表现为低矿化的易溶盐淋失的重碳酸钙（镁）积聚类型。

这里的易溶盐空间分异和所表现的多种积盐类型主要是受复杂的中小区地貌及其相应的地形、沉积物质、土壤、水文和水文地质等条件的影响。作为一个典型的游漫型堆积平原，地上或半地上河及其遗弃的大量故道，犹如凸出的经络、交织成网，将平原分割为无数大小不一、形状相异的地貌单元。其主要的地貌类型有居于高处的古河道及自然堤、河间微倾平地以及河间低地三种，群众俗称之"岗地""坡地"和"洼地"。

古河道自然堤部分地势较高（较两侧地面高 1～3 m 不等），土质偏轻，地表地下径流条件较好，潜水埋深较大，易溶盐在土体中淋失大于积聚，潜水中则补给大于蒸发的状况。河间低地的地势低洼，雨季积水，其静水压力使本区水分和盐分向四周转移扩散，并形成一个不厚的淡水透镜体。这里沉积物细，有数十厘米到 1 m 多厚的黏质土壤，土体下部也常有多层黏土夹层，限制了水盐的上行运动，因而使河间低地也表现为易溶盐的淋失转运类型。而处于上述古河道自然堤高地与河间低地之间的微斜平地的处境就不妙了，地面径流流失多，入渗少，土壤多为壤质，成为易溶盐的主要积聚区。易溶盐积聚的类型及其组合为：$SO_4^{2-}-Cl^-$ 型（土壤属"白碱"类型）、$Cl^--SO_4^{2-}$ 型（土壤属"盐碱"类型）和 Cl^--

Ca^{2+}-Mg^{2+} 型（土壤属"卤碱"类型）。在易溶盐积聚区，白碱型多处于相对高处，盐碱型处于稍低处，盐碱型的局部高地发展为卤碱，而局部低处和土壤质地偏砂或偏黏者多为非盐化或轻盐化土壤。

本区以 Cl^--SO_4^{2-} 积聚型分布最广，属于代表性的易溶盐地球化学类型。在以氯化物为主的咸水的影响下，土壤中普遍表现为氯的积聚。随着盐分积聚过程的发展，硫酸盐也在土壤中累积，形成了碱金属的 SO_4^{2-}-Cl^- 的积聚类型。易溶盐在土壤和地下水间的频繁交换，使土壤和潜水中都出现了氯离子的富集，氯硫比值在 3 以上。而 SO_4^{2-}-Cl^- 积聚型则多出现在决口扇形地中下部等稍高的地形部位上。因土壤质地偏轻，地下水埋深偏大，故土壤脱盐条件稍好于 Cl^--SO_4^{2-} 积聚型。硫酸盐的相对富集，也与在这种条件下的水盐季节性运动有关。硫酸盐溶解度低，受温度的影响大，雨季里这里脱盐条件较好，氯离子大量淋出土体，硫酸盐则因下部土层温度较低而淋积于中下部土层。秋季地下水位和中下部土层的土温较高，易于硫酸盐的向上层积聚。到了春季，地下水位较深，土温下高上低，故不利于硫酸盐的上行。群众中也有"秋返硝、春返盐"的说法。

Cl^--Ca^{2+}-Mg^{2+} 积聚型多出现在 Cl^--SO_4^{2-} 积聚区的微域高地，呈小块盐斑形式出现。这主要是由于这种特点的微域地形条件下，雨水和灌溉水将微域高地周围的水分和盐分转积于此，而这里水盐下行运动条件又差，故形成强烈聚盐现象。迁移力极高的氯化钙、氯化镁也在土壤和潜水中得以在此富集。

盐渍地区的微域高地所产生的这种"烛心"作用，是各类盐斑形成的重要因素之一。熊毅等曾对此多有阐述[24, 32-34]，山东农学院盐土改良试验组也从多方面证实了这个过程[35, 36]。毋庸置疑，半湿润季风气候条件下，降水量较多而集中以及干旱季节的灌溉，大大强化了这个过程。黄淮海平原的土壤-潜水积盐普遍以斑块或岛状形式出现也是与此有关的。

以上 4 种易溶盐积聚类型以各式各样的配合图形展示。在自然条件较好，盐分积聚强度不大的地区，非积盐类型成为基本背景，而硫酸盐-氯化物积聚型和氯化物-硫酸盐积聚型以盐斑形式零星分布其间。随着积盐强度加大，而盐斑面积增加和出现氯化钙-镁积聚型盐斑。在积盐强度很大的地区，非积盐的类型也以斑块状零星分布，4 种类型以不同比例，各自有规律地出现在一定的地学条件之下。

在黄淮海平原北部冲积平原上的硫酸盐-氯化物积聚区内的另一个亚区是分布在古河道带及浅层淡水区的低矿化-淋失转运亚区。

海河平原上古河道密布，凡多条古河道交互重叠，构成规模较大，具有一定地貌地形，水文、水文地质和土壤特征的，可称之为古河道带。海河平原上的较大型的古河道带有两条，一条是黄河与卫河、漳河的故道共同构成的一条西南东北向的古河道带，另一条是大致沿马颊河左岸的一条黄河的古河道。古河道带和黄河故道地势均高出两侧地面 2～5 m，宽度 3～5 km 到十几千米不等。沉积物较粗，地形起伏较大，地表地下径流条件较好，地下水埋深一般多大于 3 m，下面有 10 ～ 30 ～ 40 m 厚的浅层淡水。此亚区内，属易溶盐淋失强而上行运动较弱的淋失转运类型，根据年代的早晚、地形部位的高低和其他条件，可区分为以下的积聚类型及其组合：早期古河道高滩地上的易溶盐淋失和碳酸钙溶积类型、广大的河滩高地及一般平地上的碳酸钙和重碳酸钙积聚类型，以及局部洼地上的硫酸盐－氯化物积聚类型。

苏打积聚区和 $Cl^--SO_4^{2-}$ 积聚区的综合资料归纳于图 9-4。

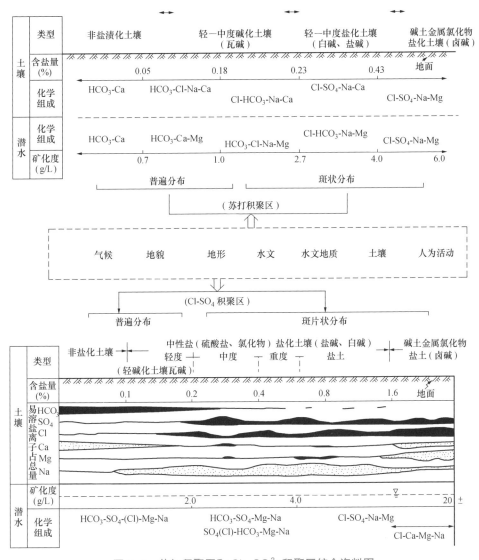

图 9-4　苏打积聚区和 $Cl^--SO_4^{2-}$ 积聚区综合资料图

（苏打积聚区根据孙怀文资料整理，$Cl^--SO_4^{2-}$ 积聚区根据熊毅等资料整理）

9.5 黄淮海平原的旱涝盐碱综合治理区划 [37]

半湿润季风气候影响下的黄淮海平原降水充沛而集中，干湿季分明，加之平原地形低平和径流不畅而易溶盐积于土壤和浅层地下水，旱涝碱咸严重制约着这里的农业生产。黄淮海平原地域辽阔，其地学综合体的气候、地貌诸要素空间变异多样，本节将介绍为服务于旱涝盐碱综合治理的区划研究成果（《黄淮海平原的旱涝盐碱综合治理区划》编写组，1982）。

按气候、中区地貌类型及流域在引水排水和治理上的特点进行划分了太行山 – 燕山山前平原区等 9 个一级区和 61 个二级区。以下是 9 个一级区的简介。

9.5.1 太行山和燕山山前平原区

太行山东麓和燕山南麓的山前洪积冲积平原沿山麓呈条带状分布，面积 38 100 km²，占黄淮海平原总面积的 14.3%。这里的年降雨量 500～600 mm，燕山山前平原可达 700 mm。这里处于平原地形的高位，为上更新世和中更新世黄土状沉积，十数条较大河流出山后形成的洪积冲积扇切入早期的黄土状堆积平原，使地形沿山前呈波状起伏，新老沉积物交互更替，组成一个复合的洪积冲积扇群。这里地面径流通畅、自然排水良好，无涝害和土壤盐渍化的威胁。

本区处于平原各水系的上游，浅山区又建有大量水库以调蓄水量，故地表水源较为丰富。地下径流状况良好，属全淡水富水区。地下水埋深多大于 5 m，矿化度小于 1 g/L，单井（井深 30～80 m）出水量多在 30～50 m³/h。土壤以褐土为主，还有少量潮褐土。老的沉积母质为黄土状物质，多为中壤。近代河流沉积物多为砂壤和沙。河床部分为活动性粗沙和细沙。

本区是黄淮海平原水土资源最佳，涝害和盐碱威胁几无的稳产高产农区。存在的主要问题是多年因地下水采大于补而逐渐扩大的地下水降落漏斗以及黄土状沉积物地区的水土流失和干旱问题。主要治理途径是做好引渗工程，拦蓄汛期雨水和河流弃水回补地下水，做到采补平衡；黄土状沉积物地区加强土地平整，注意保持水土和培肥土壤；近代沉积物的洪积冲积平原地区要合理规划行洪河道及滩地利用，以及植树造林和防风固沙。

9.5.2 海河冲积平原区

海河冲积平原是古黄河及海河各支流泛滥沉积而成，面积 42 500 km²，占总面积的 16%。年降雨量 500～600 mm，年蒸发量 1 800～2 000 mm。南部地形深受古黄河影响，广泛分布着西南东北向的黄河故道，古河床高地及缓岗叠置。海河各支流冲积扇前缘同冲积平原之间形成如永年洼、大陆泽、宁晋泊、千顷洼、白洋淀、文安洼等大大小小的交接洼地，素有"七十二连洼"之说。本区除永定河扇缘、廊坊、永清、坝县西部、肃宁、河间、安平、饶阳等地为局部全淡水区外，其他大面积均为咸水区。土壤以潮土及盐化潮土为主。

本区春季干旱而地上水源不足和深层水采大于补，近 5 000 km² 的冀枣衡漏斗中心地下水埋深达 30 m，沧州漏斗中心达 66 m。雨季沥涝而骨干河道防涝标准仅为三到五年一遇，田间配套工程差。由于旱涝碱咸交相为害，作物产量低而不稳。

治理的主要途径是实行旱涝碱咸的综合治理。首先解决好排涝排咸出路，提高排涝标准，有排咸改碱任务地区，排灌渠系分开，排咸河道不得建闸和蓄水。其次充分利用当地水资源，在防治土壤次生盐渍化的前提下，扩大地上水灌区、利用洼淀沟渠蓄水、积极开发浅层淡水和微咸水，合理开发深层淡水；发展养殖业、增施有机肥、扩种绿肥、粮肥间（轮）作，用地养地，以提高土壤肥力。

9.5.3 徒骇 – 马颊 – 卫河平原区

本区位于徒骇、马颊河流域及小清河与黄河之间地区，包括河南省的新乡、滑县、内黄、清丰、南乐等县的部分土地，山东省的聊城、德州两地区的全部，惠民地区的西部以及济南市的历城、章丘两县。本区面积 31 250 km²，占总面积的 11.7%。

本区年降水量 600 ～ 700 mm，春季降水稀少，春旱严重，历时长。盛夏雨水集中，降水强度大。旱涝气候特征是春至初夏重旱、盛夏涝和秋偏旱。区内地貌类型复杂，由缓坡地、低平地、河滩高地，沿黄决口扇形地和背河槽状洼地组成，其中以缓平坡地为主。潜水埋深一般在 2 ～ 3 m，矿化度 1 ～ 2 g/L，局部地区 2 ～ 5 g/L。土壤比较复杂，以潮土为主，高地有褐土化潮土，低平地和坡地与洼地交接的边缘地带多盐化潮土，古黄河的背河槽状洼地有大片盐土。

本区治理途径是确保徒骇、马颊及其二、三级支流等骨干排水河道的通畅和完善田间排水工程；充分利用浅层地下淡水，以井助排；因地制宜地利用黄河水沙资源，井渠结合，以灌带补；用地与养地结合，发展绿肥，实行粮肥轮作、林（桐、枣）粮间作。本区有古黄河河滩高地、缓坡地、低平地、背河洼地、沿黄决口扇形地及浸润洼地等 9 种治理类型。

9.5.4 豫北黄河平原区

豫北黄河平原区包括河南省新乡和安阳地区的平原部分，属于金堤河，天然文岩渠流域，两河均流入黄河。面积仅 8 000 km²，占总面积的 3%。年降水量 600 ～ 650 mm，春季与初夏严重干旱，夏季高温多雨，常成涝灾渍害。本区地形地貌、水文地质和土壤的形成受黄河决口改道的变迁影响极大，中小地形起伏大，岗坡洼相间，地貌类型主要有古黄河河滩高地，沿黄浸润洼地、浅平洼地和黄河故道沙丘洼地。土壤以潮土和盐化潮土为主。

黄河有丰富的水沙资源，河水水质良好，有自流灌溉条件，但流量变幅大，主流游移，引水困难。此外，黄河水含沙量很高，灌渠淤积严重，排水渠道受黄河顶托，大大降低了排涝排咸能力和加剧了洼涝盐碱的威胁。地下水质较好，是重要的灌溉水源，潜水位一般在 2～4 m，发展井灌溉可兼有调控地下水位功能。沿黄地带因黄河河床比黄河背河浸润洼地高 3～8 m，每千米河段平均年侧渗补给水量达 100 万 m³，浸润范围 8 km 左右，导致渍涝与盐碱。

治理的主要途径首先是改善排水出路，当前可建闸提排抢排，以后可按流域规划统筹解决。大力发展井灌，有条件地发展引黄灌溉，以井保丰，引黄补源，合理灌排，严控地下水位，保证不淤河道和土壤不发生次生盐化。本区有黄河内滩地、黄河浸润洼地、浅平洼地、黄河故道沙丘洼地等 4 种治理类型。

9.5.5 南四湖湖西平原区

本区位于黄河以南，南四湖、梁济运河以西，废黄河以北。包括菏泽地区的绝大部分，济宁地区的鱼台、金乡、嘉祥三县全部和济宁县一部分。面积 19 080 km²，占总面积的 7.2%。

本区年降水量 650～800 mm，春季降水量 100～120 mm，高于鲁北，夏涝严重。境内地势低平，主要排水出路—南四湖出口泄量小，骨干排水河道标准低。支流与田间工程配套较差，滨湖一带不能自排，涝灾较严重。区内潜水矿化度一般为 1～2 g/L，多含重碳酸盐，土壤有明显的碱化现象。

本区治理的主要途径是扩大南四湖出口泄量，疏通湖内行洪障碍，整治骨干排水河道及其支流，打通排水出路，搞好田间排水工程配套，保证排水畅通。其次是充分利用浅层地下淡水资源，发展引河，引湖灌溉，但要坚持井渠并用，以井助排，控制地下水位。在湖水影响范围内及某些封闭洼地，要考虑提灌提排。重视发展绿肥，合理安排轮、间、套作，用地和养地相结合以及建立农田防护林网，实行林（桐、枣）粮间作。本区除徒骇－马颊－卫河平原区中所具有的诸综合治理类型外，尚有咸水低平地及滨湖洼地两种综合治理类型。

9.5.6 淮北平原（花碱土）区

本区位于黄淮海平原南部，包括河南省开封、商丘、周口 3 个地区，安徽省的宿县、阜阳和江苏省的徐州、淮阳等地区的有关县（市），面积 56 700 km²，占总面积的 21.3%。

本区年降水量 700～900 mm，多以暴雨形式集中降于 7—8 月份，年变率大，易旱易涝。本区是黄河、淮河、沂沭河合力营造形成的冲积大平原。由于受历次黄河泛滥决口影响，形成许多风蚀沙丘，丘间低地以及黄河堆积而成的决口扇形地、扇缘洼地、背河洼地、河间洼地、缓坡地、低平地和高起的黄河故道，共同塑造了本区的地貌景观。本区河道除江苏淮阴地区的六塘河水系直接独流入海外，颖、涡、奎濉等河流属淮河水系，西北东南向汇经洪泽湖入海。排水河道除涝标准很低，多为三年一遇，雨季地面径流常因宣泄不及或受下游河湖水位顶托而泛滥成灾。

本区潜水埋深 1～3 m，矿化度 1 g/L 左右，化学组成以重碳酸盐为主，属淡水富水区。土壤多属于黄泛冲积母质的潮土与花碱土（包括沙碱、瓦碱、面碱、盐碱、卤碱等盐碱化潮土和盐土，群众统称为花碱土）插花分布。花碱土是本区分布最广的一种低产土壤，面积 56 700 km²，占本区面积的 21.3%。本区土壤普遍瘠薄，有机质含量低和缺磷。

治理的主要途径是首先处理好淮河排水出路，提高排水河道的治理标准，健全排水系统。豫东要积极开发浅层地下水，发展井灌种稻，改良盐斑；苏北、皖北利用地面水，辅以地下水适当发展水稻绿肥轮作。花碱土一般碱害大于盐害，治理中要突出"碱害"，要从除涝治碱着手，在解决排的基础上，大力扩大灌溉水源，种稻改碱。种植绿肥，培肥改碱，以及施用石膏、磷石膏，化学改碱。深耕结合翻压绿肥也是改良碱化土壤的一种好办法。风沙危害较重的黄泛区，要大力发展林业，加强生物改良措施，防冲防淤，搞好水土保持，做到农林牧结合。

9.5.7　淮北低洼平原（砂姜黑土）区

本区位于黄淮海平原最南部，从洪河以东至洪泽湖之滨，南以淮河为界，北至界首、亳县及新汴河，包括安徽省阜阳、宿县两个地区及淮南、淮北、阜阳、宿州 4 个市，共 17 个县（市）。

本区位于暖温带南部，年均气温 15℃ 左右，年均降雨量 800～950 mm，地表水和地下淡水资源较丰富。本区系一古老冲积平原，少受黄泛影响，河间低平洼地比邻相接，地下径流滞缓，潜水埋深 1～2 m，雨季可升到 1 m 以上和接近地表。本区为淮河水系，主要支流有洪河、谷河、颍河、西肥河、茨河、涡河、北肥河、浍河等，大致平行地由西北向东南流入淮河及洪泽湖。诸支流除涡河外皆为半地上河河道狭小，水利失修，排水条件很差。加以砂姜黑土为本区主要土壤，质地黏重，结构不良，胀缩性大，干时坚硬，湿时泥泞，适耕期短，难耕难耙，30 cm 以下开始出现砂姜，保水排水能力差，易旱易涝。这种地形、水文和土壤条件使之成为"大雨大灾，小雨小灾，无雨旱灾"的黄淮海平原的重灾和低产区。

治理的主要途径是首先要整治淮河干支河道，提高防洪排涝能力和切实做好骨干河道排水系统配套工程，拆除一切妨碍排水的堵坝。力争在短期内建成一个大、中、小固定排水沟和条田沟，腰沟等相结合的比较完整的排水系统。沟洫系统需达到三、五年一遇的排涝标准。中小沟要排灌分开，不宜建闸蓄水。利用沿河可利用的河水发展灌溉外，大部分地区要积极发展井灌。要广辟肥源，发展绿肥，改土培肥。本区划分为颍河西部、颍河涡西、涡河东部及沿淮4个综合治理亚区。

9.5.8 渤海滨海平原区

渤海滨海平原区北起抚宁乐亭，南到胶莱河口，沿渤海湾呈宽约60 km的条带状分布，长达300余km，面积23 800 km²，占黄淮海平原总面积的8.9%。

由于受渤海影响，年均温度较同纬度平原区低0.5～1.0℃，春季月平均风速大2～3 m/s，年降水量500～600 mm，南多北少，集中降于夏季。本区海拔为2～5 m，地形低平，潜水埋藏浅，地下径流十分滞缓，矿化度高达10～50 g/L。主要地貌类型有滨海低平地、河流三角洲（黄河、滦河、海河）及海滩地，现黄河三角洲海岸线仍以每年2～5 km的速度向外推进。土壤以滨海盐土和盐化潮土为主，表层含盐量多在1%以上，氯化钠型，未经改良，难以利用。

本区地上和地下水源十分缺乏，天然排水条件很差，大片盐碱荒地至今未能利用。治理的主要途径首要的是因地利用，适地种植耐盐碱和瘠薄的植物，多种经营，全面发展。根据需要建设必要的灌排工程，保证排洪排涝排咸和必要的灌溉。在地上水源缺乏的地方，利用洼淀、坑塘蓄水，周边植苇。无灌溉条件的洼碱地，修筑深沟台田，围埝平种，蓄淡压盐。利用滩涂地发展养殖业及盐场等的潜力也很大。

9.5.9 黄海滨海平原区

本区位于江苏省东部，南起长江北岸，北抵干榆，东滨黄海，西至盐河，通扬河一线，面积18 900 km，占平原总面积的7.0%。本区跨两大气候带，苏北灌溉总渠以北属暖温带，以南属亚热带，年平均降水量950～1 100 mm，集中降于夏季。地貌类型除广阔的滨海低平原外，大大小小的洼地散布其间，河网密度，有利于排水爽盐。这里降水和河水都比较丰富，但浅层地下水为咸水，土壤类型为滨海盐土，盐化潮土和水稻土。在自然降水淋盐、人工排水排盐和耕种条件下土壤多处于脱盐过程。

本区垦种利用历史较短，是江苏省重要的粮棉产区。苏北灌溉总渠以北，气候偏旱和灌溉水源较缺，以种植旱杂粮为主；灌溉总渠以南，雨量充沛、灌溉条件较好，大面积种稻；东部新垦区则以植棉为主。本区水热资源丰富，土壤条件较好，远优于渤海滨海平原，不利的条件是地势低平，不利排水，雨季客水压力大，易形成洪涝灾害。

治理的主要途径是开沟挖河打通盐分去路；建堤造闸、杜绝盐分来源；提高入海骨干河道和垦区沟网化标准。同时，全面规划、加速实行江、淮东调工程，解决灌溉冲洗水源和坚持养用结合：合理种植，培肥土壤，改革耕作制度，逐步建立农、林、牧结合的新的农作制度。海涂资源开发利用的潜力也很大。

9.6 半湿润季风气候区水盐运动理论及其形成

黑龙港地区降水十分集中，春季干旱少雨，夏季雨涝成灾。在地貌上，这里处于太行山东麓冲积平原的中下部，东临渤海，地势低洼。这个特点不仅造成雨季里地表水汇集，加重涝害，且地下水位高抬，径流减缓，水质变咸，引起大片土壤的盐碱化。此外，咸水层的存在也限制了浅井的建设而影响了抗旱能力。所以，春旱夏涝，土碱水咸在地理上的这种"共存性"说明了旱涝碱咸四害不是孤立存在而是有着密切内在联系和相互制约的。

这是 1974 年即曲周试验区进行旱涝碱咸综合治理试验第一年的技术总结报告里的一段叙述，它代表我们早期对旱涝碱咸四害的认识，即旱涝碱咸在地理上的"共存性"和四害间有着密切内在联系。在继续进行了 4 年旱涝碱咸综合治理试验后，于 1977 年编写的《旱涝碱咸综合治理的研究》一书提出了"季风气候区旱涝碱咸地理景观"概念，对季风气候区旱涝碱咸的发生规律及水盐动态与调节做了比较系统的阐述。

1979 年，通过承担编制《黄淮海平原旱涝盐碱综合治理区划》[37] 的任务，将水盐运动研究扩展到了整个黄淮海平原，开始对全球与中国的季风现象、黄淮海平原易溶盐的古代和近代地球化学过程以及水量平衡等（见本章第 2、3、4 节及本书第 7 章第 8 节）进行了宏观性和地理学的研究。在 1983 年出版的《黄淮海平原的水盐运动和旱涝盐碱的综合治理》一书中，设专章系统阐述了"季风现象与黄淮海平原的水盐运动"（该书第 2 章）和"半湿润季风区的水盐平衡"（该书第 4 章）。此后的"六五"和"七五"期间，我们的水盐运动研究重点放在了监测预报上（见本书第 8 章），在 1991 年出版的《区域水盐运动监测预报》一书中正式提出了"半湿润季风气候区水盐运动理论"。

以下是我们在大量旱涝碱咸综合治理实践和水盐运动观察研究中总结出的一些理论性认识。

首先认识到黄淮海平原的旱涝碱咸共存是半湿润季风气候区的一种独立存在的地理景观和生态系统。在同一个区域同时出现旱涝碱咸现象是以往地理学研究中鲜有报道的，因为他不是以往研究中传统意义上的地理景观，而是需要具备一定地学条件才可能出现。

正如科夫达所指出的，"一般说来，原生的和次生的（人为的）盐渍土作为典型的和必然的景观组成存在于干旱和半干旱区域"（1985）[38]。的确，在传统的地理学和景观学，盐渍化景观总是和干旱和半干旱气候联系在一起的，中东的两河流域、埃及的尼罗河三角洲、美国的西部、中国的西北等全球典型的盐渍化景观皆然。在这些地区，干旱与盐碱共存，在农区没有灌溉就没有农业，有灌溉水源即无旱灾，降水量少一般不至渍涝，所以盐碱与旱涝是不会"共存"的。反之，在年降水量超过 600 mm 或 1 000 mm 的半湿润气候区和湿润气候区，虽能致涝和偶有季节性干旱，但这里的降水量却足以将易溶盐淋洗出土体而无盐碱之虞，所以旱涝也不会与盐碱"共存"，更难以在第四纪时期形成地下咸水。

旱涝碱咸在同一个地区"共存"需要同时具备降水量较高、干湿季分明和潜水埋藏较浅 3 个条件，缺一不可。黄淮海平原有较为丰富的 500 ~ 1 000 mm 年降水量，季风现象又将 80% 的降水量集中于夏季而一年中干湿季分明，加以平原地势低平，径流不畅，这才铸成了旱涝碱咸并存的地理景观。全球典型季风气候区内具有半湿润气候条件的地区，主要在中国的黄淮海平原、中部非洲和南亚次大陆。

从理论上提出和确立半湿润季风气候区旱涝碱咸共存是一种独立存在的地理景观和生态系统是重要的，这是一种新的地理景观类型的发现与提出，也只有从一个统一的地理景观的视角才可能科学地揭示和认识其本质特征。过去将半湿润气候、季风现象和低平原地形三者分而论之，将旱涝碱咸隔离开来，是不可能认识这种复杂自然现象本质的，更谈不上科学和有效的治理。

在半湿润季风气候区旱涝碱咸地理景观中，气候、第四纪沉积物、地形和地貌、水文和水文地质、土壤和植被等地学要素在时间和空间上是相对稳定的，而物质流中的水分和其中的易溶性盐分则是时空最为活跃和不断运动着的要素。降水量集中导致春旱夏涝，旱季水盐自土壤和潜水上行蒸发积聚，雨季下移，在总体上上行大于下移的条件下而产生土壤盐化和潜水矿化，地形等地学要素的空间差异更增加了水盐的水平和区域分化。所以，水盐运动是发生旱涝碱咸的内在原因，旱涝碱咸是水盐运动的一组外在表现，这是我们提出的半湿润季风气候旱涝碱咸地理景观的水盐运动观。

在长期的黄淮海平原水盐运动研究中，揭示了水盐在土壤和潜水中季节性上行与下行，积盐与脱盐的更迭；揭示了不同尺度和等级的气候、地貌、水文地质、土壤等对水盐运动的影响以及黄淮海平原不同的水盐运动类型；揭示了黄淮海平原的水盐平衡特征与类型；研究了新生代地质时期和近代的易溶盐地球化学空间分异规律等。

旱涝碱咸的密切内在联系特性决定了必须实行综合治理；旱涝碱咸是水盐运

动的外在表现的特性决定了综合治理的实质是对区域水盐运动的调节与管理；水盐运动调节管理的目标应当是将表现为春旱夏涝，土碱水咸的自然态水盐运动状况调节为有利于农业生产的能抗旱能防涝、土壤脱盐和浅层地下咸水淡化的人为管理的水盐运动状况。

通过大量和成功的治理实践以及试验资料的总结说明，区域水量是调节管理的中心，浅层地下水是调节管理的枢纽，地下水位是调节的杠杆，以及监测预报是调节管理的重要依据。以上是我们提出的旱涝碱咸综合治理观，"综合治理"首先是治理对象上的综合，并根据不同的地学条件提出了不同的水盐调节管理模式（参见本书第6章），即治理方法上的综合。

从独立地理景观的确立、水盐运动观以及旱涝碱咸综合治理观的提出，到1991年正式提出"半湿润季风气候区水盐运动理论"，是我们经过近20年实践和理论研究出来的成果，对黄淮海平原具有普遍意义。此理论可概括为如下4点。

● 黄淮海平原的半湿润季风气候和低洼平缓地形及其表现的旱涝碱咸共生与交相为害现象是一种独立存在的地理景观和生态系统。

● 半湿润季风气候地理景观的本质特征在于水盐运动，旱涝碱咸是水盐运动的一组外在表现，地学条件的空间差异使水盐运动与旱涝碱咸表现出它的复杂性和多样性。

● 旱涝碱咸的密切内在联系特性决定了治理对象必须综合，方法上也必须综合；水盐运动是旱涝碱咸发生的内在原因，故综合治理的实质是对区域水盐运动的调节与管理。水盐运动调节管理的目标应当是将表现为春旱夏涝，土盐和地下水咸的自然态水盐运动状况调节为有利于农业生产的能抗旱能防涝、土壤脱盐和浅层地下咸水淡化的人为管理下的水盐运动状况。

● 在技术战略层面上，区域水量是调节管理的中心，浅层地下水是调节管理的枢纽，地下水位是调节的杠杆，水盐运动的监测预报是调节管理的依据。科学的水盐调节与管理以及农业技术措施并举是取得综合治理成功的基本途径和保障。

参考文献

[1] 石元春. 季风现象和黄淮海平原的水盐运动 [M] // 石元春，辛德惠，等. 黄淮海平原的水盐运动和旱涝盐碱的综合治理. 石家庄：河北人民出版社，1983: 12-16.

[2] Hally E. Account of the trade winds and monsoons [M]. philos. Trans. R.S. 16, London. 1686.

[3] Воейков, А И. Климат области муссонов восточной Аэнн [M]. нзв. Pro, т.15. Ио5. 1879.

［4］Ramage C S.Monsoon Meteorology. 1971.

［5］Хромов С П. Муссон как георафйческая реалъность нзв. всес. Геогр. Обш, т.82. 1950.

［6］Flohn H. Studien Zur allgemeinen Zirkulation der Atmosphare［M］. Be richte des D. wd. ind. U.S Zone, Nr.18, 1950.

［7］高由禧.东亚季风的若干问题［M］.北京：科学出版社,1962.

［8］高由禧,徐淑英,郭其蕴,等.中国的季风区域和区域气候.东亚季风的若干问题［M］.北京：科学出版社,1962.

［9］高由禧,徐淑英.东亚季风进退与雨季的起讫.东亚季风的若干问题［M］.北京：科学出版社,1962.

［10］程纯枢,王炳忠.我国的降水量变率.1980.

［11］石元春.易溶盐的古地球化学过程［M］//石元春,辛德惠,等.黄淮海平原的水盐运动和旱涝盐碱的综合治理.石家庄：河北人民出版社,1983: 20-25.

［12］李风林.黄淮海平原第四系（内部资料）.1978.

［13］河北省地质局.河北平原（重点黑龙港地区）地下水资源评价及合理开发利用勘察报告.1977.

［14］韩有松.莱州湾海岸地貌及晚第四纪地质基本特征和关于地下卤水成因的初步讨论［J］.鲁盐科技,1979.

［15］陈国平.关于莱州湾沿岸地下卤水的几点看法［J］.鲁盐科技,1979.

［16］刘东生.中国的黄土堆积［M］.北京：科学出版社,1965.

［17］石元春.晋西地区的黄土及其形成过程［J］.中国第四纪研究,1958,1（1）：252-253.

［18］朱显模.关于黄土层中红层问题的讨论［J］.中国第四纪研究,1958,1（1）：74-82.

［19］马溶之.对第四纪地层的成因类型和中国第四纪古地理环境的几点意见［J］.中国第四纪研究,1958,1（1）.

［20］西尼村　В М. 在中央亚细亚最新的调查对奥勃鲁契夫院士理论的发展［J］.中国第四纪研究,1959,2（1）.

［21］费道罗维奇　В А. 结合黄土在欧亚大陆的分布条件来探讨黄土成因问题.干燥区和黄土层的地理问题［M］.北京：科学出版社,1958.

［22］熊毅,席承藩.华北平原第四纪沉积物的性质及其演变［J］.中国第四纪研究,1卷Ⅰ期,1958.

［23］石元春.近代易溶盐的古地球化学空间分异［M］//石元春,辛德惠,等.黄淮海平原的水盐运动和旱涝盐碱的综合治理［M］.石家庄：河北人民出版社,1983: 25-31.

［24］中国科学院土壤及水土保持研究所,水利电力部北京勘测设计院土壤调查总队.华北平原土壤［M］.北京：科学出版社,1961.

［25］科夫达　V A.中国之土壤与自然条件概论［M］.北京：科学出版社,1960.

［26］科夫达　V A.盐渍土的发生与演变［M］.北京：科学出版社,1964.

［27］田兆顺，董汉章.华北平原瓦碱的特性和形成［J］.土壤学报，1965, 13（1）.

［28］孙怀文，高立峰.安徽淮北"花碱土"的类型和积盐规律及其水盐运动的特点［J］.土壤通报，1964.

［29］倪尔玺，徐世保.皖北花碱土的积盐特性及小麦井灌初步研究［J］.土壤通报，1964.

［30］苏北农学院土壤农化教研组.苏北花碱土的盐渍特性及其与农作物生长的关系［J］.土壤通报，1965.

［31］中国科学院南京土壤研究所盐土室.瓦碱的形成和改良.1978年全国盐渍土学术交流会议资料.

［32］宋荣华，单光宗，陈德华，等.低矿化地下水条件下土壤盐碱化研究中几个问题的探讨.1978年全国盐渍土学术交流会议资料.

［33］张景略.河南黄泛区苏打盐碱土的形成、类型及改良利用途径（内部资料）.

［34］单光宗，宋荣华，陈德华，等.河南省封丘县沿黄背河洼地盐渍土的形成及其改良利用途径.1978年全国盐渍土学术交流会议资料.

［35］山东农学院盐土改良试验组.耕地盐斑的调查与改良试验初报.1978.

［36］山东农学院盐土改良试验组.鲁西北四区耕地盐斑的盐分状况及其变化规律的初步认识.1978.

［37］黄淮海平原旱涝盐碱综合治理区划编写组.黄淮海平原旱涝盐碱综合治理区划（内部资料）.1982.

［38］科夫达　V　A.水盐平衡和盐渍化引起的耕地损失.国际盐渍土改良学术讨论会论文集，中国济南，1985: 113-118.